"101 计划"核心教材

数学领域

数值线性代数

高卫国　魏轲　柏兆俊　编著

中国教育出版传媒集团

高等教育出版社·北京

内容提要

数值线性代数旨在高性能计算平台上高效且准确地实现各种矩阵运算，是科学与工程计算的核心支柱，同时也为数据科学和人工智能等前沿研究领域提供了关键的底层算法。本教材涵盖数值线性代数的理论、算法及典型应用，从浮点数表示与误差分析入手，系统介绍线性方程组、最小二乘问题、特征值分解和奇异值分解等经典数值线性代数问题的理论、算法及分析；在此基础上，通过扩散系统、Markov 链、图绘制、主成分分析、非负矩阵分解和谱聚类等典型案例，展示矩阵计算在各个领域的应用潜力；最后，简要介绍压缩感知、线性降维、随机数值线性代数和深度神经网络等密切相关的前沿主题。

本书可作为高等学校计算数学、数据科学、计算机科学和人工智能专业的教材，也可供相关科技工作者参考使用。

总　序

　　自数学出现以来，世界上不同国家、地区的人们在生产实践中、在思考探索中以不同的节奏推动着数学的不断突破和飞跃，并使之成为一门系统的学科。尤其是进入 21 世纪之后，数学发展的速度、规模、抽象程度及其应用的广泛和深入都远远超过了以往任何时期。数学的发展不仅是在理论知识方面的增加和扩大，更是思维能力的转变和升级，数学深刻地改变了人类认识和改造世界的方式。对于新时代的数学研究和教育工作者而言，有责任将这些知识和能力的发展与革新及时体现到课程和教材改革等工作当中。

　　数学"101 计划"核心教材是我国高等教育领域数学教材的大型编写工程。作为教育部基础学科系列"101 计划"的一部分，数学"101 计划"旨在通过深化课程、教材改革，探索培养具有国际视野的数学拔尖创新人才，教材的编写是其中一项重要工作。教材是学生理解和掌握数学的主要载体，教材质量的高低对数学教育的变革与发展意义重大。优秀的数学教材可以为青年学生打下坚实的数学基础，培养他们的逻辑思维能力和解决问题的能力，激发他们进一步探索数学的兴趣和热情。为此，数学"101 计划"工作组统筹协调来自国内 16 所一流高校的师资力量，全面梳理知识点，强化协同创新，陆续编写完成符合数学学科"教与学"特点，体现学术前沿，具备中国特色的高质量核心教材。此次核心教材的编写者均为具有丰富教学成果和教材编写经验的数学家，他们当中很多人不仅有国际视野，还在各自的研究领域作出杰出的工作成果。在教材的内容方面，几乎是包括了分析学、代数学、几何学、微分方程、概率论、现代分析、数论基础、代数几何基础、拓扑学、微分几何、应用数学基础、统计学基础等现代数学的全部分支方向。考虑到不同层次的学生需要，编写组对个别教材设置了不同难度的版本。同时，还及时结合现代科技的最新动向，特别组织编写《人工智能的数学基础》等相关教材。

　　数学"101 计划"核心教材得以顺利完成离不开所有参与教材编写和审订的专家、学者及编辑人员的辛勤付出，在此深表感谢。希望读者们能通过数学"101计划"核心教材更好地构建扎实的数学知识基础，锻炼数学思维能力，深化对数学的理解，进一步生发出自主学习探究的能力。期盼广大青年学生受益于这套核心教材，有更多的拔尖创新人才脱颖而出！

田　刚

数学"101 计划"工作组组长

中国科学院院士

北京大学讲席教授

前　言

　　编写本书的动机源于机器学习、数据科学和人工智能等领域快速发展的需求。这些领域大量使用矩阵计算工具，因此对数值线性代数的理解至关重要，但是又和传统计算数学侧重理论的视角有所不同。弥合数值线性代数与机器学习、数据科学和人工智能等发展需求之间的差距，为学生提供处理实际数据和复杂计算任务的工具和见解，是本书的主要出发点。

　　本书在内容的选择上经过仔细斟酌，力图在适应传统科学和工程计算需求的同时，满足更多领域的需求，并强调关键计算方法，典型应用以及解决实际问题的技能训练。作为教材，不仅适用于计算数学或数值分析方向的学生，还面向专注于机器学习、数据科学和人工智能的学生。

　　基于上述考虑，本书的写作理念是，扎实的数值线性代数训练应包含若干基本组成部分：理论与算法基础，对实际应用的熟悉程度，以及将理论和算法应用于实际问题的能力。为了实现这一目标，本书针对性地作了如下内容安排，以尽可能使得理论学习与实践应用相结合。

　　理论与算法基础：着重介绍矩阵分析的核心概念，包括四大矩阵分解 (LU 分解、QR 分解、特征值分解和奇异值分解)，以帮助读者建立扎实的理论基础。重点放在直观理解和算法流程上，尽量避免烦琐的证明，将更多空间留给算法本身及其应用场景的讨论。

　　实际应用案例：在每个算法介绍之后，展示其在数据科学、机器学习和工程计算等领域的具体应用。通过这些典型案例，读者可以感受数值线性代数工具在实际问题求解中的重要作用，从而更好地理解这些方法如何应用、何时有效。

　　实践技能训练：通过综合案例分析和编程练习，帮助读者掌握如何将理论和算法应用于现实世界的问题中。书中设计了多种真实数据和模拟数据的数值实验，使读者能够动手操作和实现算法，并在实际问题中验证其效果和局限性。

　　本书包含了多个案例主题，并采用不同的处理方式，包括：

　　扩散系统：一个描述物理世界流量和势能关于时空变化的模型；

　　最小二乘的变形：正则化最小二乘和带线性约束的最小二乘；

　　Markov 链和网页排序：基于 Markov 链、有向图上节点的排序问题；

图绘制：将给定图中的节点映射到一个有限维欧氏空间；

主成分分析：将高维数据投影到一个低维空间；

非负矩阵分解：矩阵的非负低秩近似；

2 维 Poisson 方程：常见于静电学、机械工程和理论物理的偏微分方程；

谱聚类：一个基于图 Laplace 矩阵特征向量的聚类方法。

此外，本书还在最后介绍了压缩感知、线性降维、随机数值线性代数和深度神经网络四个进阶主题。

矩阵分解和数值线性代数基本问题是本书的两条主线，以此为基础构成本书的主要章节：

第一章：介绍学习数值线性代数应掌握的基本概念；

第二章：介绍 LU 分解和线性方程组的直接法；

第三章：介绍 QR 分解和最小二乘问题的数值方法；

第四章：介绍单一特征值和多个特征值的算法；

第五章：介绍奇异值分解算法和低秩逼近；

第六章：介绍求解线性方程组和特征值问题的迭代法；

第七章：介绍和数值线性代数密切相关的前沿主题。

本书涉及内容较多，节内用短划线————分割知识点，以★标注的小节侧重数值分析，以☆标注的小节侧重算法实现，课时有限的情况下可以适当取舍。

本书是经过高卫国、魏轲和柏兆俊共同筹划、选材、编写和统稿完成的，魏轲承担了大部分章节的撰写工作。本书得到复旦大学"七大系列百本精品教材项目建设计划"资助，内容曾在复旦大学和加州大学戴维斯分校的多次教学中使用，感谢学生们的反馈，帮助我们改进和完善内容。由于编者水平有限，不妥之处在所难免，敬请读者不吝指正。

编　者

2024 年 10 月于上海

目　录

第一章

基础知识

本章介绍学习数值线性代数所需要的一些预备知识. 我们首先在 1.1 节介绍和向量、矩阵有关的基本内容, 包括矩阵–向量乘积、矩阵–矩阵乘积以及向量和矩阵的范数等. 1.2 节将介绍矩阵的存储方式及其对算法运算速度的影响. 在 1.3 节我们将对矩阵计算里常用的四大分解进行一个总体概述. 计算机上浮点数的表示及舍入误差将在 1.4 节介绍, 而 1.5 节将阐述有关误差分析的一些基本知识.

1.1　向量、矩阵及其范数

1.1.1　向量和向量范数

向量 (vector), 作为一个基本的数学概念, 是指由若干个数组成的 1 维数组. 它能够用来表示实际应用中很多不同类型的数据, 如时间序列数据、数字信号及其编码等. 为了方便讨论, 在无特别说明的情况下, 本书中的向量主要指实向量, 即向量的每一个元素均是实数. 此外, 所提到的向量通常是指列向量. 有关向量的基本运算, 如向量转置、向量的数乘、向量的加减等, 都可以在线性代数教材中找到. 这里我们仅给出两个向量之间欧氏内积的定义.

给定两个 n 维向量 $x = [x_1, x_2, \cdots, x_n]^{\mathsf{T}}$ 和 $y = [y_1, y_2, \cdots, y_n]^{\mathsf{T}}$, 它们的**欧氏内积** (Euclidean inner product) $\langle x, y \rangle$ 定义如下:

$$\langle x, y \rangle = \sum_{i=1}^{n} x_i y_i = y^{\mathsf{T}} x.$$

在不引起歧义的情况下, 我们大多数时候会将欧氏内积直接简称为内积.

向量范数 (norm) 是衡量向量 "大小" 或 "能量" 的一个度量, 它需要满足一些基本性质.

定义 1.1　向量范数 $\|\cdot\|$ 是一个 $\mathbb{R}^n$ 到 $\mathbb{R}$ 的非负函数, 满足以下三个公理化条件:

(1) 正定性: 对所有的 $x \in \mathbb{R}^n$ 有 $\|x\| \geqslant 0$, 而且 $\|x\| = 0$ 当且仅当 $x = 0$;

(2) 齐次性: 对所有的 $x \in \mathbb{R}^n$ 以及 $\alpha \in \mathbb{R}$ 有 $\|\alpha x\| = |\alpha| \|x\|$;

(3) 三角不等式: 对所有的 $x, y \in \mathbb{R}^n$ 有 $\|x + y\| \leqslant \|x\| + \|y\|$.

给定向量范数, 我们自然可以通过 $\|x - y\|$ 定义向量 x 和 y 之间的距离.

向量的 ℓ_p-范数是一类常见的向量范数, 其定义如下:

$$\|x\|_p = \left(\sum_{i=1}^{n} |x_i|^p \right)^{1/p}, \quad p \geqslant 1. \tag{1.1}$$

可以证明当 $p \geqslant 1$ 时, 向量的 ℓ_p-范数满足向量范数的三个公理化条件. 但是需要注意的是, 当 $0 < p < 1$ 时, 式 (1.1) 中定义的函数并不是向量范数, 见习题 1.1. 典型的向量 ℓ_p-范数包括 ℓ_1-范数、ℓ_2-范数和 ℓ_∞-范数:

$$\|x\|_1 = \sum_{i=1}^n |x_i|,$$

$$\|x\|_2 = \left(\sum_{i=1}^n |x_i|^2\right)^{1/2},$$

$$\|x\|_\infty = \max_{1 \leqslant i \leqslant n} |x_i|.$$

显然, 向量的 ℓ_2-范数可以由向量的内积得到, 即 $\|x\|_2 = \sqrt{\langle x, x \rangle}$. 向量的内积与 ℓ_2-范数满足 Cauchy–Schwarz 不等式

$$|\langle x, y \rangle| \leqslant \|x\|_2 \|y\|_2.$$

类似地, 我们有

$$|\langle x, y \rangle| \leqslant \|x\|_1 \|y\|_\infty.$$

以上两个不等式均是 Hölder 不等式的特例

$$|\langle x, y \rangle| \leqslant \|x\|_p \|y\|_q, \quad 对 \ 1 \leqslant p, q \leqslant \infty \ 且 \ \frac{1}{p} + \frac{1}{q} = 1.$$

此外, 向量的 ℓ_1-范数、ℓ_2-范数和 ℓ_∞-范数满足如下等价关系:

$$\begin{aligned}
\|x\|_2 &\leqslant \|x\|_1 \leqslant \sqrt{n}\|x\|_2, \\
\|x\|_\infty &\leqslant \|x\|_1 \leqslant n\|x\|_\infty, \\
\|x\|_\infty &\leqslant \|x\|_2 \leqslant \sqrt{n}\|x\|_\infty,
\end{aligned} \tag{1.2}$$

证明留作习题 1.2.

给定 $p \in [1, \infty]$, ℓ_p-范数下的单位球 B_p 为 ℓ_p-范数小于等于 1 的向量所组成的集合, 即

$$B_p = \{x \in \mathbb{R}^n : \|x\|_p \leqslant 1\}.$$

图 1.1 显示了 $n = 2$ 时不同 ℓ_p-范数下单位球的形状. 显然, 它们具有不同的几何特征. 例如, ℓ_1-范数下的单位球在坐标轴上是 "尖" 的, 而 ℓ_2-范数下的单位球是各向同性的. 不同范数所呈现的几何特征可以揭示向量的不同属性, 这在信号与数据处理问题中起着重要作用, 能够为挖掘信号和数据的内在结构提供不同的选择. 我们还可以从图中得到以下结论: 当 $1 \leqslant p \leqslant q$ 时有 $\|x\|_p \geqslant \|x\|_q$. 此外可知 B_p 是凸集和闭集, 证明留作习题 1.4.

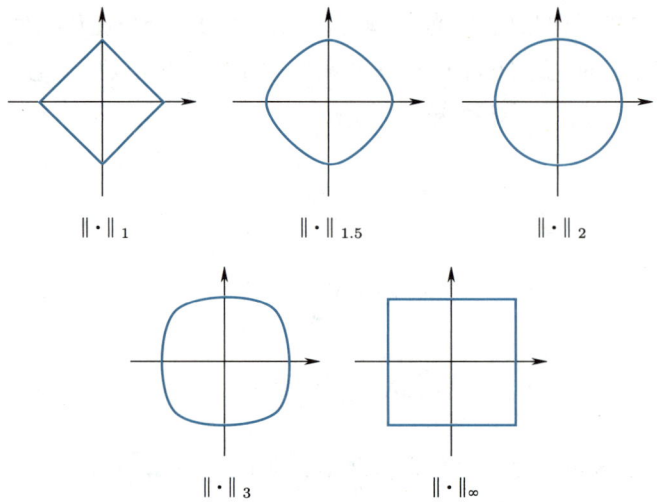

图 1.1　$\mathbb{R}^2$ 中不同 ℓ_p-范数下的单位球

在本小节的最后, 我们再介绍一个刻画向量特征的方式, 即向量的**稀疏度** (sparsity), 用 $\|\cdot\|_0$ 表示. 具体地, $\|x\|_0$ 指向量 x 中非零元素的个数

$$\|x\|_0 = \#\{x_i \neq 0,\ 1 \leqslant i \leqslant n\}.$$

当 $\|x\|_0$ 比较大时, 我们称 x 为稠密向量; 反之, 则称 x 为稀疏向量. 需要特别指出的是, $\|x\|_0$ 并不满足向量范数定义中的齐次性, 因此它并不是严格意义上的向量范数. 不过, 为了叙述上的统一, 通常称 $\|x\|_0$ 为 x 的 ℓ_0-范数, 读者应当注意其中的差别. 图 1.2 展示了一个长度为 64, 但是仅有 5 个非零元的稀疏向量.

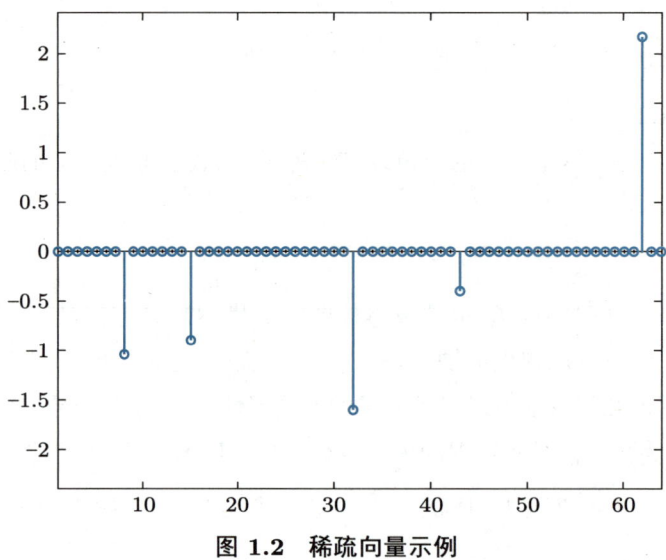

图 1.2　稀疏向量示例

由于实际应用中很多信号和数据 (在经过一定的变换后) 都具有稀疏性或者近似稀疏性 (即大部分元素值都很小), 向量的 ℓ_0-范数是信号与数据处理中非常重要的概念, 尤其是在高维信号与数据处理的问题中. 简单来说, 如果 x 是一个非常稀疏的向量 (即 $\|x\|_0$ 远小于 x 的长度), 那么 x 中的关键信息量或者自由度会远低于向量的长度 (也就是说 x 存在于一个低维空间中). 因此, 即使在不知道 x 中非零元素位置的情况下, 也可以对信号 x 进行压缩采样 (即采样数远小于 x 的长度), 并能够实现从采样到信号的重构. 稀疏向量的采样和重构问题本质上对应着欠定线性方程组的求解, 本书第七章 7.1 节将详细讨论这一方面的内容.

1.1.2 矩阵和矩阵范数

矩阵 (matrix) 是一个 2 维数组. 简单起见, 本书一般考虑实矩阵的情形. 矩阵可以用来表示更多类型的数据. 比如, 一个黑白图片可以用一个矩阵表示, 其中矩阵的每个元素为图片的像素值. 矩阵还可以用来表示图数据, 包括无向图 (undirected graph) 和有向图 (directed graph).

以图 1.3 中的无向图 $G = (V, E)$ 为例, 其中 $V = (v_1, \cdots, v_6)$ 代表所有的节点, E 代表所有的边. 定义如下 6×6 对称矩阵:

$$A = (a_{ij}) = \begin{bmatrix} 0 & 0 & 1 & 0 & 0 & 1 \\ 0 & 0 & 1 & 0 & 1 & 0 \\ 1 & 1 & 0 & 0 & 1 & 0 \\ 0 & 0 & 0 & 0 & 0 & 1 \\ 0 & 1 & 1 & 0 & 0 & 0 \\ 1 & 0 & 0 & 1 & 0 & 0 \end{bmatrix}, \quad 其中\ a_{ij} = \begin{cases} 1, & 节点\ v_i\ 和\ v_j\ 相连, \\ 0, & 节点\ v_i\ 和\ v_j\ 不相连. \end{cases} \tag{1.3}$$

不难看出, 该矩阵完全决定了图的连接结构, 通常被称为无向图的**邻接矩阵** (adjacency matrix).

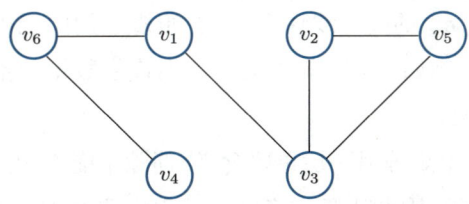

图 1.3 一个包含 6 个节点、6 条边的无向连通图示例

秩 (rank) 是矩阵论中的一个重要概念. 用 rank(A) 表示矩阵 A 的秩, 有

$$\text{rank}(A) = A \text{ 的行向量所张成的线性空间的维数}$$

$$= A \text{ 的行向量的极大线性无关组中向量的个数}$$

$$= A \text{ 的列向量所张成的线性空间的维数}$$

$$= A \text{ 的列向量的极大线性无关组中向量的个数}.$$

如果把矩阵 A 的每一行或每一列看成一条数据, 则矩阵的秩刻画了不可约数据的条数或者说所有数据所在空间的维度. 此外,

一个 n 阶方阵 $A \in \mathbb{R}^{n \times n}$ 非奇异 (即 A 是可逆矩阵) 的充分必要条件为 rank(A) = n.

有关矩阵秩的更多内容可以参考相关的线性代数教材, 这里我们不做详细的介绍. 此外, 矩阵的转置、矩阵的数乘、矩阵的加减等定义都非常直观, 这里也不再一一赘述. 类似于向量欧氏内积的定义方式, 我们同样可以定义两个大小一致的矩阵之间的**欧氏内积** (或直接简称为**内积**). 具体定义如下:

$$\langle A, B \rangle = \sum_{i=1}^{m} \sum_{j=1}^{n} a_{ij} b_{ij}, \quad \text{其中 } A = (a_{ij}), B = (b_{ij}) \in \mathbb{R}^{m \times n}. \tag{1.4}$$

给定矩阵 $A = (a_{ij}) \in \mathbb{R}^{m \times n}$ 和向量 $x \in \mathbb{R}^n$, 它们的乘积 $Ax \in \mathbb{R}^m$ 的第 i 个元素由 A 的第 i 行和向量 x 做内积得到, 即

$$(Ax)_i = \sum_{j=1}^{n} a_{ij} x_j.$$

另外, 我们还可以从向量线性组合的角度去理解矩阵–向量乘积. 设 $a_1, \cdots, a_n$ 为 A 的所有列向量, 易证有

$$Ax = \sum_{j=1}^{n} x_j a_j. \tag{1.5}$$

也就是说, Ax 是 $a_1, \cdots, a_n$ 的一个线性组合. 在很多应用问题中, 这种理解方式往往更能反映 Ax 的实际意义. 例如, 若矩阵 A 的每一列代表数据的不同特征, 则 Ax 就表示所有特征的一个线性组合.

矩阵–向量乘积赋予了矩阵另一层重要含义, 即除了能够用来表示数据, 还能用来定义有限维空间的线性运算. 因此矩阵在实际应用中有非常重要的作用. 具体地, 给定任一矩阵 $A \in \mathbb{R}^{m \times n}$, 我们可以自然地定义一个从 $\mathbb{R}^n$ 到 $\mathbb{R}^m$ 的线性映射

$$x \mapsto Ax.$$

此时矩阵可以看作是对向量的一个作用, 是一个线性算子. 接下来考察几个这方面的例子.

例 1.1 定义 2×2 矩阵

$$Q = \begin{bmatrix} \cos\theta & -\sin\theta \\ \sin\theta & \cos\theta \end{bmatrix}.$$

对任意 $x = [r\cos\phi, r\sin\phi]^{\mathsf{T}} \in \mathbb{R}^2$, 有

$$Qx = \begin{bmatrix} r\cos(\phi+\theta) \\ r\sin(\phi+\theta) \end{bmatrix}.$$

也就是说, Qx 其实是将 x 沿着逆时针方向旋转了 θ 度. 因此, 通常称 Q 为旋转矩阵 (rotation matrix).

例 1.2 排列矩阵 (permutation matrix) 可以通过对单位矩阵进行列重排或者行重排得到. 因此, 它的每一行和每一列都只有一个元素为 1, 其余元素全是 0. 设 P 是一个排列矩阵, 易知 Px 会重排 x 的元素, 例如

$$\begin{bmatrix} 0 & 0 & 1 \\ 1 & 0 & 0 \\ 0 & 1 & 0 \end{bmatrix} \begin{bmatrix} x_1 \\ x_2 \\ x_3 \end{bmatrix} = \begin{bmatrix} x_3 \\ x_1 \\ x_2 \end{bmatrix}.$$

卷积 (convolution) 是信号和图像处理中的重要概念, 和 Fourier 变换及小波分析有密切的关系, 其本质上是一类特殊的矩阵–向量乘积. 对于有限维的情形, 卷积的定义依赖于边值条件. 我们在下述例子中考虑循环边值条件以及循环卷积.

例 1.3 给定信号 $x = [x_1, \cdots, x_n]^{\mathsf{T}}$ 以及卷积核 (又称滤波器) $w = [w_1, \cdots, w_n]^{\mathsf{T}}$, 它们的循环卷积 $y = w \circledast x \in \mathbb{R}^n$ 的每个元素通过如下方式计算:

$$y_k = \sum_{j=1}^n w_j x_{(k+1-j)|n} = \sum_{j=1}^n w_{(k+1-j)|n} x_j,$$

其中 $\cdot|n$ 表示对 n 取余. 固定卷积核 w, 显然 $w \circledast x$ 是关于 x 的线性运算, 因此此循环卷积可以表示成矩阵–向量乘积的形式

$$y = Cx,$$

其中 C 是如下形式的循环矩阵 (circulant matrix):

$$C = \begin{bmatrix} w_1 & w_n & w_{n-1} & \cdots & w_2 \\ w_2 & w_1 & w_n & \cdots & w_3 \\ w_3 & w_2 & w_1 & \cdots & w_4 \\ \vdots & \vdots & \vdots & & \vdots \\ w_n & w_{n-1} & w_{n-2} & \cdots & w_1 \end{bmatrix}.$$

有关循环矩阵的基本性质见习题 1.6.

在实际应用中, 卷积核通常只在少数几个连续位置上不为零, 即具有局部感受野 (local receptive field). 由于不同的卷积核会起到不同的作用, 因此可以通过设计卷积核以实现不同的目的. 比如, 与 $w_1 = [1, 1, 0, \cdots, 0]^{\mathsf{T}}$ (简记为 $w_1 = [1, 1]$) 进行循环卷积会计算信号相邻两个元素的加和, 而与 $w_2 = [-1, 1, 0, \cdots, 0]^{\mathsf{T}}$ (简记为 $w_2 = [-1, 1]$) 进行循环卷积则会计算信号相邻两个元素之间的差. 以 $x = [-1, 1, -1, 1, \cdots, -1, 1]^{\mathsf{T}}$ 为例, 有

$$
w_1 \circledast x = \begin{bmatrix} 0 \\ 0 \\ \vdots \\ 0 \\ 0 \end{bmatrix}, \quad w_2 \circledast x = \begin{bmatrix} 2 \\ -2 \\ \vdots \\ 2 \\ -2 \end{bmatrix}.
$$

在信号和图像处理过程中, 根据不同的任务设计或者学习卷积核是一个核心问题.

在常微分方程或偏微分方程的数值求解过程中, 矩阵对应着方程中微分算子的离散形式.

例 1.4 简单起见, 考虑带有 Dirichlet 边值条件的常微分方程 (即 1 维 Poisson 方程)

$$
\begin{cases}
-x''(t) = f(t), & a < t < b, \\
x(a) = \alpha, \ x(b) = \beta.
\end{cases}
$$

设 $h = (b - a)/n$, $t_i = a + ih$, $i = 0, \cdots, n$. 显然 $t_0 = a, t_n = b$. 我们可以通过如下差分方法去近似 $x''(t)$, 然后求解该方程在 $t_i, i = 1, \cdots, n-1$ 处的近似解 $x_i \approx x(t_i)$:

$$
\begin{aligned}
x''(t_i) &\approx \left(\frac{x(t_i + h) - x(t_i)}{h} - \frac{x(t_i) - x(t_i - h)}{h} \right) / h \\
&= \frac{x(t_i - h) - 2x(t_i) + x(t_i + h)}{h^2} \\
&\approx \frac{x_{i-1} - 2x_i + x_{i+1}}{h^2}.
\end{aligned}
$$

令 $f_i = f(t_i)$, $i = 0, \cdots, n$. 将以上差分近似代入原方程, 并利用边值条件 $x_0 = \alpha$, $x_n = \beta$, 就能得到关于变量 $x_1, \cdots, x_{n-1}$ 的线性方程组

$$
\frac{1}{h^2} \begin{bmatrix} 2 & -1 & & & \\ -1 & 2 & -1 & & \\ & \ddots & \ddots & \ddots & \\ & & -1 & 2 & -1 \\ & & & -1 & 2 \end{bmatrix} \begin{bmatrix} x_1 \\ x_2 \\ \vdots \\ x_{n-2} \\ x_{n-1} \end{bmatrix} = \begin{bmatrix} f_1 + \alpha/h^2 \\ f_2 \\ \vdots \\ f_{n-2} \\ f_{n-1} + \beta/h^2 \end{bmatrix}. \tag{1.6}
$$

该线性方程组的系数矩阵可以看作 (负的) 2 阶微分算子的离散形式.

给定两个矩阵 $A = (a_{ij}) \in \mathbb{R}^{m \times p}$ 和 $B = (b_{ij}) \in \mathbb{R}^{p \times n}$, 它们的乘积 AB 为一个 $m \times n$ 矩阵, 其中 AB 的第 (i, j) 个元素为 A 的第 i 行和 B 第 j 列的内积, 即

$$(AB)_{ij} = \sum_{\ell=1}^{p} a_{i\ell} b_{\ell j}. \tag{1.7}$$

设 $b_1, \cdots, b_n$ 为矩阵 B 的所有列向量, 易知

$$AB = \begin{bmatrix} Ab_1, \cdots, Ab_n \end{bmatrix}.$$

此外, 我们还有下述命题中的等价表达形式.

命题 1.2 设 $a_1, \cdots, a_p$ 为矩阵 A 的所有列向量, $b_1^{\mathsf{T}}, \cdots, b_p^{\mathsf{T}}$ 为矩阵 B 的所有行向量, 有

$$AB = \sum_{\ell=1}^{p} a_\ell b_\ell^{\mathsf{T}}. \tag{1.8}$$

证明 经过简单计算可知

$$\left(\sum_{\ell=1}^{p} a_\ell b_\ell^{\mathsf{T}} \right)_{ij} = \sum_{\ell=1}^{p} \left(a_\ell b_\ell^{\mathsf{T}} \right)_{ij} = \sum_{\ell=1}^{p} (a_\ell)_i \left(b_\ell^{\mathsf{T}} \right)_j = \sum_{\ell=1}^{p} a_{i\ell} b_{\ell j}.$$

命题得证. $\square$

命题 1.2 表明我们可以把矩阵–矩阵乘积分解成一组秩 1 矩阵的加和. 这种观点有利于我们发现组成矩阵–矩阵乘积的所有秩 1 块中比重比较大的部分并在此基础上进行合理的近似. 特别地, 本书第七章 7.3 节所介绍的矩阵–矩阵乘积的随机计算方法就是基于式 (1.8) 中的秩 1 分解形式. 进行成分分解是数值计算中非常重要的想法之一, 类似的想法还会在矩阵的特征值分解和奇异值分解中出现.

基于矩阵–矩阵乘积, 式 (1.4) 中矩阵内积的定义可以被等价表述为

$$\langle A, B \rangle = \mathrm{trace}(B^{\mathsf{T}} A) = \mathrm{trace}(A^{\mathsf{T}} B),$$

这里 $\mathrm{trace}(\cdot)$ 表示矩阵的**迹**, 即矩阵对角线元素的加和. 进一步地, 矩阵内积和矩阵乘积之间还满足如下关系:

$$\langle AB, C \rangle = \langle A, CB^{\mathsf{T}} \rangle = \langle B, A^{\mathsf{T}} C \rangle. \tag{1.9}$$

该结论在有关的矩阵运算中非常有用, 证明留作习题 1.8.

我们同样可以对矩阵定义范数. 与向量范数类似, 矩阵范数也需要满足相应的公理化条件.

定义 1.3　**矩阵范数** $\|\cdot\|$ 是一个 $\mathbb{R}^{m \times n}$ 到 $\mathbb{R}$ 的非负函数, 满足以下三个公理化条件:

(1) 正定性: 对所有的 $A \in \mathbb{R}^{m \times n}$ 有 $\|A\| \geqslant 0$, 而且 $\|A\| = 0$ 当且仅当 $A = 0$;

(2) 齐次性: 对所有的 $A \in \mathbb{R}^{m \times n}$ 以及 $\alpha \in \mathbb{R}$ 有 $\|\alpha A\| = |\alpha|\|A\|$;

(3) 三角不等式: 对所有的 $A, B \in \mathbb{R}^{m \times n}$ 有 $\|A + B\| \leqslant \|A\| + \|B\|$.

此外, 满足

(4) 相容性[①]: 对所有的 $A \in \mathbb{R}^{m \times p}$, $B \in \mathbb{R}^{p \times n}$ 有 $\|AB\| \leqslant \|A\|\|B\|$

的矩阵范数称为**相容矩阵范数** (consistent matrix norm).

由于 $m \times n$ 矩阵可以看作长度为 mn 的向量, 我们自然可以用 $\mathbb{R}^{mn}$ 空间的向量范数来定义 $\mathbb{R}^{m \times n}$ 空间的矩阵范数, 其中最常用的是与向量 ℓ_2-范数对应的矩阵 **Frobenius 范数** (简称 F-范数). 给定一个 $m \times n$ 矩阵 $A = (a_{ij})$, 其 Frobenius 范数定义如下:

$$\|A\|_F = \sqrt{\sum_{i=1}^{m} \sum_{j=1}^{n} a_{ij}^2} = \sqrt{\langle A, A \rangle} = \sqrt{\text{trace}(A^{\mathsf{T}}A)}.$$

另外, 我们还可以从矩阵作为线性算子的角度来定义矩阵范数. 设 $\|\cdot\|$ 为 $\mathbb{R}^m$ 和 $\mathbb{R}^n$ 上的向量范数, 定义

$$\|A\| = \max_{x \neq 0} \frac{\|Ax\|}{\|x\|} = \max_{\|x\|=1} \|Ax\|. \tag{1.10}$$

不难验证式 (1.10) 定义了 $\mathbb{R}^{m \times n}$ 上的矩阵范数, 证明留作习题 1.13. 该范数通常被称为由向量范数诱导的矩阵**算子范数** (operator norm), 它度量了矩阵作为一个线性算子能够多大程度改变向量的范数. 由算子范数的定义易知

$$\|Ax\| \leqslant \|A\|\|x\|, \quad \|AB\| \leqslant \|A\|\|B\|,$$

即算子范数是相容矩阵范数. 实际上, 同样可以证明矩阵的 Frobenius 范数也满足相容性, 见习题 1.9. 若无特别说明, 本书中的矩阵范数均指相容矩阵范数.

当式 (1.10) 中的向量范数分别取为 ℓ_1-范数、ℓ_2-范数和 ℓ_∞-范数时, 称相应的算子范数为矩阵的 1-范数、2-范数和 ∞-范数, 并分别用 $\|\cdot\|_1$、$\|\cdot\|_2$ 和 $\|\cdot\|_\infty$ 表示. 矩阵的 1-范数和 ∞-范数可以直接通过矩阵的元素值进行计算 (证明见习题 1.13):

$$\|A\|_1 = \max_{1 \leqslant j \leqslant n} \left\{ \sum_{i=1}^{m} |a_{ij}| \right\} \quad (A \text{ 的所有列的 } \ell_1\text{-范数的最大值}), \tag{1.11}$$

$$\|A\|_\infty = \max_{1 \leqslant i \leqslant m} \left\{ \sum_{j=1}^{n} |a_{ij}| \right\} \quad (A \text{ 的所有行的 } \ell_1\text{-范数的最大值}). \tag{1.12}$$

---

① 在矩阵不是方阵的情况下, 这里的相容性定义在三个维数不同的矩阵上, 最为常用的是 A, B 都是方阵或 B 是列向量这两种情形.

但是一般情况下, 矩阵的 2-范数并没有如此直接的表达式. 我们将会在后面看到, 矩阵的 2-范数和矩阵的奇异值密切相关, 即

$$\|A\|_2 = A \text{ 的最大奇异值,}$$

具体细节见本章 1.3 节. 对于某些特殊的矩阵, 我们很容易根据其背后线性映射的含义得到它们的 2-范数, 如例 1.1 中的矩阵 Q 以及例 1.2 中的矩阵 P. 显然, 它们均不会改变向量的 ℓ_2-范数, 因此有 $\|Q\|_2 = 1$ 和 $\|P\|_2 = 1$.

　　本节最后, 我们介绍一个和方阵有关的度量: **谱半径** (spectral radius). 首先回顾一下矩阵特征值和特征向量的定义. 给定 $n \times n$ 方阵 A, 如果存在数 λ 以及非零向量 x 满足

$$Ax = \lambda x,$$

则称 λ 为矩阵 A 的特征值, x 为对应的特征向量. 值得注意的是, 即使当 A 为实矩阵时, 它的特征值和特征向量也有可能是复的. 此外, 不难看出

　　　　一个方阵非奇异的充分必要条件是它没有零特征值.

　　矩阵的特征值还被称为矩阵的谱, 而矩阵的谱半径是指矩阵所有特征值的最大模:

$$\rho(A) = \max\{|\lambda|, \ \lambda \text{ 是 } A \text{ 的特征值}\}.$$

值得指出的是, 矩阵的谱半径并不是矩阵范数. 例如, 考察如下矩阵:

$$A = \begin{bmatrix} 0 & 1 \\ 0 & 0 \end{bmatrix}.$$

显然, $\rho(A) = 0$. 但是由于 A 非零, 它的任意范数都不会为 0, 因此违背矩阵范数的正定性. 此外, 容易验证

$$\rho(A + A^\mathsf{T}) = 1, \quad \rho(A) + \rho(A^\mathsf{T}) = 0.$$

因此, 三角不等式也不成立.

　　对于任意相容矩阵范数 $\|\cdot\|$, 易知有 $\rho(A) \leqslant \|A\|$, 证明留作习题 1.19. 此外, 以下是两个有关矩阵谱半径的常用结论, 其证明可以参考有关的线性代数教材.

引理 1.4　$\lim\limits_{k \to \infty} A^k = 0$ 当且仅当 $\rho(A) < 1$.

引理 1.5　$\lim\limits_{k \to \infty} \sum\limits_{i=0}^{k} A^i$ 存在当且仅当 $\rho(A) < 1$, 此时 $I - A$ 非奇异且

$$\lim_{k \to \infty} \sum_{i=0}^{k} A^i = (I - A)^{-1}.$$

1.2 矩阵的存储及 BLAS

在计算机上实现某个算法时, 算法的效率不仅和浮点运算量 (number of floating-point operations, FLOPs) 有关, 还和数据的存储和读取方式有关. 本节将介绍矩阵的存储方式以及 BLAS[①]. 为了讨论不同存储方式对算法效率的影响, 我们首先介绍三角方程组的求解这一算例.

1.2.1 三角方程组的求解

三角方程组是指系数矩阵为上三角矩阵或者下三角矩阵的线性方程组. 尽管计算上比较简单, 我们可以通过三角方程组的求解清晰地看到矩阵在内存中的存储方式对算法不同实现方式的影响. 此外, 它还是使用 Gauss 消去法求解一般线性方程组的基础, 详见第二章 2.2 节.

考虑下三角方程组

$$
\begin{bmatrix}
\ell_{11} & & & \\
\ell_{21} & \ell_{22} & & \\
\vdots & \vdots & \ddots & \\
\ell_{n1} & \ell_{n2} & \cdots & \ell_{nn}
\end{bmatrix}
\underbrace{\begin{bmatrix} x_1 \\ x_2 \\ \vdots \\ x_n \end{bmatrix}}_{x}
=
\underbrace{\begin{bmatrix} b_1 \\ b_2 \\ \vdots \\ b_n \end{bmatrix}}_{b}. \tag{1.13}
$$

$$\underbrace{\hphantom{\begin{bmatrix}\ell_{11}\end{bmatrix}}}_{L}$$

显然, 矩阵 L 非奇异当且仅当它的对角元全不为 0, 即 $\ell_{ii} \neq 0$, $i = 1, \cdots, n$. 下三角方程组可以用**前代法** (forward substitution) 进行求解, 基本思路如下. 首先由方程组的第一个方程 $\ell_{11}x_1 = b_1$ 可得

$$x_1 = b_1/\ell_{11}.$$

把得到的 x_1 代入第二个方程 $\ell_{21}x_1 + \ell_{22}x_2 = b_2$ 可得

$$x_2 = (b_2 - \ell_{21}x_1)/\ell_{22}.$$

以此类推, 假设我们已经在前 $i-1$ 步得到了 $x_1, \cdots, x_{i-1}$, 把它们代入第 i 个方程 $\ell_{i1}x_1 + \cdots + \ell_{i(i-1)}x_{i-1} + \ell_{ii}x_i = b_i$ 可得

$$x_i = (b_i - \ell_{i1}x_1 - \cdots - \ell_{i(i-1)}x_{i-1})/\ell_{ii}.$$

---

① BLAS 是基础线性代数子程序集 (basic linear algebra subprograms) 的缩写.

这样就得到了前代法的第一个实现方式, 见算法 1.1.

算法 1.1 前代法 I

$x(1) = b(1)/L(1,1)$

for $i = 2, \cdots, n$ **do**

    $x(i) = (b(i) - L(i, 1 : i - 1) * x(1 : i - 1))/L(i,i)$

end

通过适当调整运算顺序还可以得到前代法的另一个实现方式, 其想法是在得到一个未知数的解之后就把剩余方程中含有该未知数的成分减掉. 以第 1 步为例, 如果将矩阵 L 写成如下分块形式:

$$L = \begin{bmatrix} \ell_{11} & \\ l_{21} & L_{22} \end{bmatrix},$$

方程组 (1.13) 可以被重写为

$$\ell_{11} x_1 = b_1,$$

$$l_{21} x_1 + L_{22} x_{2:n} = b_{2:n}.$$

因此在通过第一个等式得到 x_1 之后代入第二个等式就会得到仅关于 $x_2, \cdots, x_n$ 的下三角方程组

$$L_{22} x_{2:n} = b_{2:n} - l_{21} x_1.$$

不断地重复该过程就会得到前代法的另一个实现方式, 见算法 1.2.

算法 1.2 前代法 II

---

for $j = 1, \cdots, n$ **do**

    $x(j) = b(j)/L(j,j)$

    $b(j + 1 : n) = b(j + 1 : n) - L(j + 1 : n, j) * x(j)$

end

$x(n) = b(n)/L(n,n)$

以上前代法的两个版本在数学上是等价的, 只是运算的先后顺序有所不同. 值得注意的是, 这两个版本读取系数矩阵 L 的顺序不同. 算法 1.1 是按行读取的, 而算法 1.2 是按列读取的. 因此它们的运算效率和矩阵 L 在内存里的存储方式 (依赖所用的计算机语言) 密切相关.

对于上三角方程组

$$
\underbrace{\begin{bmatrix} u_{11} & \cdots & & u_{1(n-1)} & u_{1n} \\ & \ddots & & \vdots & \vdots \\ & & & u_{(n-1)(n-1)} & u_{(n-1)n} \\ & & & & u_{nn} \end{bmatrix}}_{U} \underbrace{\begin{bmatrix} x_1 \\ x_2 \\ \vdots \\ x_n \end{bmatrix}}_{x} = \underbrace{\begin{bmatrix} b_1 \\ b_2 \\ \vdots \\ b_n \end{bmatrix}}_{b}, \tag{1.14}
$$

我们可以用**回代法** (backward substitution) 求解, 即从最后一个方程开始依次求出 $x_n, \cdots, x_1$. 回代法同样有两种实现方式, 具体细节留作习题 1.28.

1.2.2 矩阵的存储

计算机内存可以简单看作是一个向量, 其中向量的每个元素是一个**字** (word). 字在内存中的位置由内存地址给出, 对应着向量中元素的位置. 稠密矩阵作为一个 2 维数组在计算机内存中要以向量的形式进行存储, 通常有两种方式:

(1) 按行存储: 如果矩阵的第一个元素在内存中的地址为 1, 则一个 $m \times n$ 矩阵的第 (i, j) 个元素在内存中的地址为 $(i-1)n + j$.

(2) 按列存储: 如果矩阵的第一个元素在内存中的地址为 1, 则一个 $m \times n$ 矩阵的第 (i, j) 个元素在内存中的地址为 $(j-1)m + i$.

不同的编程语言存储矩阵的方式不同, 如在 C/C++ 语言的实现里矩阵元素是按行存储的, 而在 Fortran 语言的实现里矩阵元素是按列存储的[①].

对计算机存储器来说, 容量大、访问速度快、价格低等需求是不能同时兼顾的. 通常访问速度快的存储器单位价格高, 容量也不能太大. 为了解决这一矛盾, 现代计算机通常采用分层存储结构 (见图 1.4), 上层存储器可以看作是下层存储器的缓存. 在分层结构的顶端, 寄存器访问速度最快, 但是容量最小; 自上而下读取速度变慢, 但是容量越来越大. 当计算机进行数据读取时, 首先在速度快的上层存储器进行. 如果上层存储器中没有所需的数据, 就从下层更大的存储器中交换上来. 这一读取方式要求我们在进行算法设计时不仅要考虑浮点运算所需的时间, 还要考虑数据在计算机不同存储层之间进行交换所需的通信时间. 在很多情况下, 相比于浮点运算时间, 通信时间所占的比重更大. 因此在数值算法的实现过程中, 不仅要优化算法中的浮点运算, 还要优化算法对不同层存储器的访问情况.

接下来, 我们考察矩阵在内存中的存储方式对求解下三角方程组的两种前代法实现的影响. 假设方程组 (1.13) 的系数矩阵 L 是按列存储的. 若矩阵的第一个元素存储在内

---

① Fortran 语言的高维数组和 1 维数组没本质区别, 只是下标计算方式不同, C/C++ 语言的高维数组结构更为复杂, 这里不详细论述.

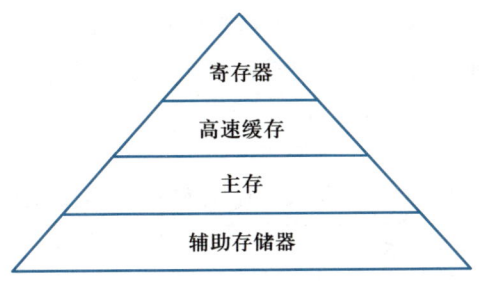

图 1.4 计算机的分层存储结构

存的第一个位置, 则矩阵 L 的第 (i, j) 和 $(i, j+1)$ 个元素分别位于内存的第 $(j-1)n+i$ 和 $jn+i$ 个位置. 也就是说, L 同一行相邻的两个元素在内存中的位置并不相邻. 因此, 如果采用前代法 I (算法 1.1) 的实现方式, 由于其是按行读取矩阵 L 的, 算法运行时间不仅要考虑算术运算的时间, 由 $L(i, j)$ 和 $L(i, j+1)$ 在内存中不相邻带来的额外读取时间也是不可忽视的. 相比之下, 前代法 II (算法 1.2) 是按列读取矩阵 L 的, 因此能够更好地适应矩阵按列存储的情形.

☆1.2.3 BLAS 函数库

为了改善编程效率, 我们可以将数值算法中的基本运算操作分离出来并进行充分优化. BLAS 正是基于此目的编制而成的函数库, 并为通用的基本运算操作提供了一系列的标准接口. 根据运算对象不同, BLAS 函数库分三层:

Level 1 BLAS: 向量间运算. 设 $x, y \in \mathbb{R}^n$, $\alpha \in \mathbb{R}$. Level 1 BLAS 中的运算有向量元素交换 $x \leftrightarrow y$、广义向量加法 $y \leftarrow \alpha x + y$、向量内积 $\mathrm{dot} \leftarrow x^\mathsf{T} y$ 以及向量 ℓ_2-范数 $\mathrm{nrm2} \leftarrow \|x\|_2$ 等. Level 1 BLAS 运算的复杂度为 $O(n)$.

Level 2 BLAS: 矩阵–向量运算. 设 $A \in \mathbb{R}^{n \times n}$, $x, y \in \mathbb{R}^n$, $\alpha, \beta \in \mathbb{R}$. Level 2 BLAS 中的运算有广义矩阵–向量乘积 $y \leftarrow \alpha A x + \beta y$、秩 1-矩阵更新 $A \leftarrow \alpha x y^\mathsf{T} + A$ 以及三角方程组的求解等. Level 2 BLAS 运算的复杂度为 $O(n^2)$.

Level 3 BLAS: 矩阵间运算. 设 $A, B, C \in \mathbb{R}^{n \times n}$, $\alpha, \beta \in \mathbb{R}$. Level 3 BLAS 中的运算有广义矩阵–矩阵乘积 $C \leftarrow \alpha A B + \beta C$ 以及低秩矩阵更新等. Level 3 BLAS 运算的复杂度为 $O(n^3)$.

完整的 BLAS 函数库清单可参考 netlib 网站中的 BLAS 内容. 现已有适用不同计算平台且高度优化的 BLAS 函数库, 包括 Intel 开发的 MKL、IBM 开发的 ESSL、NVIDIA 开发的 cuBLAS 以及其他独立软件提供商开发的函数库, 如 OpenBLAS 等.

对于高性能计算来讲, 由于通信因素的影响, 具有同样浮点运算数的两个算法在计算效率上可能会有很大的差别, 因此仅统计算法中的浮点运算数无法准确反映算法的计算效率. 特别地, 如何合理地运用高度优化的 BLAS 函数库往往是提高算法效率的关键.

有关三种典型的 BLAS 运算的运算量、通信量以及它们的比率见表 1.1. 从中不难看出, 矩阵–矩阵运算的运算-通信比率最高. 因此, 我们在数值算法设计与实现的过程中应尽可能多地使用 Level 3 BLAS 中的运算.

表 1.1　三种典型的 BLAS 运算的运算量、通信量以及它们的比率 (运算量/通信量)

操作	运算量	通信量	比率
$y = \alpha x + y$	$2n$	$3n$	$2/3$
$y = \alpha Ax + \beta y$	$2n^2$	n^2	2
$C = \alpha AB + \beta C$	$2n^3$	$4n^2$	$n/2$

1.3　四大矩阵分解

矩阵分解是指将一个给定矩阵分解成几个简单结构化矩阵的乘积, 它是数值线性代数中非常基础和重要的主题. 一方面, 通过矩阵分解可以将一般的矩阵计算问题转化成更易于求解的问题, 因此提供了一个很常用的计算思路. 另一方面, 矩阵分解有利于我们更好地挖掘矩阵中的关键信息. 此外, 一旦矩阵某个分解被计算出来之后, 它就可以被即插即用到很多相关的矩阵计算问题中, 因此矩阵分解在这个意义上还起到了一个计算平台的作用.

LU 分解、QR 分解、特征值分解、奇异值分解是矩阵计算中常见的四大分解. 我们将在本节对它们进行简单的概述, 以帮助读者建立初步的认识, 更加详细的讨论将在后续章节展开.

1.3.1　LU 分解

对于任意给定矩阵 $A \in \mathbb{R}^{n \times n}$, 存在排列矩阵 $P \in \mathbb{R}^{n \times n}$ (定义见例 1.2), 单位下三角矩阵 $L \in \mathbb{R}^{n \times n}$ (即 L 的对角元均为 1), 以及上三角矩阵 $U \in \mathbb{R}^{n \times n}$, 使得

$$PA = LU. \tag{1.15}$$

该分解称为矩阵 A 的列主元 **LU 分解** (LU decomposition), 见图 1.5. 如果式 (1.15) 中的排列矩阵 P 可以取单位矩阵, 则说明 A 存在 LU 分解:

$$A = LU.$$

LU 分解的一个重要应用是线性方程组的求解, 其本质上对应着 Gauss 消去法.

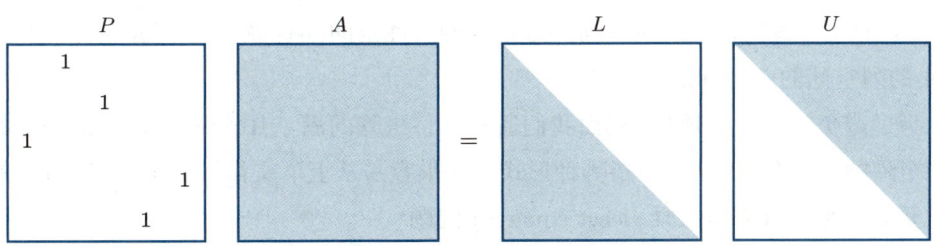

图 1.5 矩阵的 LU 分解

进一步地, 当 A 为对称正定矩阵时 (即对任意的 $x \neq 0$ 有 $x^{\mathsf{T}} A x > 0$), 存在一个对角元大于 0 的下三角矩阵 $L \in \mathbb{R}^{n \times n}$ 使得

$$A = LL^{\mathsf{T}}.$$

该分解称为对称正定矩阵的 **Cholesky 分解** (Cholesky decomposition).

第二章将详细讨论矩阵 LU 分解的计算及其在求解线性方程组中的应用. 此外不难看出, LU 分解还可以用来计算矩阵的行列式和矩阵的逆.

1.3.2 QR 分解

给定 $A \in \mathbb{R}^{m \times n}$, 其中 $m \geqslant n$ 且 $\mathrm{rank}(A) = n$. 它的**满 QR 分解** (full QR decomposition) 具有如下形式:

$$A = QR, \tag{1.16}$$

其中 $Q \in \mathbb{R}^{m \times m}$ 为正交矩阵 (即 $Q^{\mathsf{T}} Q = QQ^{\mathsf{T}} = I$), $R \in \mathbb{R}^{m \times n}$ 为对角元是正数的上三角矩阵. 由于式 (1.18) 中矩阵 R 的第 $n + 1$ 行到第 m 行全为 0, 因此不难看出矩阵 A 还存在**紧 QR 分解** (thin/reduced QR decomposition), 其中 $Q \in \mathbb{R}^{m \times n}$ 为仅满足 $Q^{\mathsf{T}} Q = I$ 的列正交矩阵, 而 $R \in \mathbb{R}^{n \times n}$ 为对角元是正数的上三角方阵. 以上两种形式的 QR 分解见图 1.6.

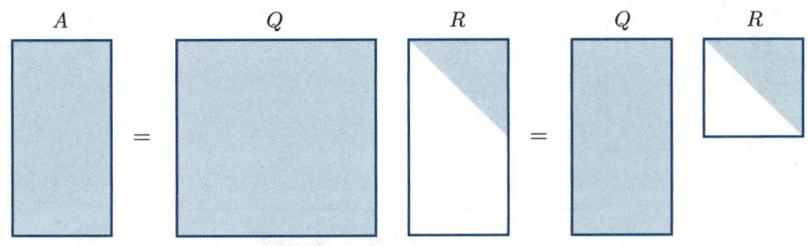

图 1.6 矩阵的 QR 分解

在 A 的紧 QR 分解中, 如果令 $Q = [q_1, \cdots, q_n]$, 易知

$$\mathrm{Range}(A) = \mathrm{span}\{q_1, \cdots, q_n\},$$

这里 Range(A) 表示 A 的所有列向量张成的线性空间. 也就是说, $\{q_1, \cdots, q_n\}$ 是矩阵 A 的列空间的一组标准正交基.

为了避免表达上的烦琐, 后面我们通常会将矩阵的满 QR 分解和紧 QR 分解都简称为矩阵的 QR 分解, 而具体指哪种形式应该很容易从上下文得知. 矩阵 QR 分解的一个重要应用是求解**最小二乘** (least squares) 问题

$$\min_x \|b - Ax\|_2,$$

其中矩阵 A 的行数大于等于其列数. 有关具体内容以及矩阵 QR 分解的计算将在第三章详细介绍.

1.3.3　特征值分解

给定 $A \in \mathbb{R}^{n \times n}$, 若它是对称矩阵, 则存在正交矩阵 $Q = [q_1, \cdots, q_n] \in \mathbb{R}^{n \times n}$ 以及对角矩阵 $\Lambda = \mathrm{diag}(\lambda_1, \cdots, \lambda_n) \in \mathbb{R}^{n \times n}$ 使得

$$A = Q\Lambda Q^{\mathsf{T}} = \sum_{i=1}^{n} \lambda_i q_i q_i^{\mathsf{T}}. \tag{1.17}$$

该分解称为对称矩阵 A 的**谱分解** (spectral decomposition), 见图 1.7. 由式 (1.17) 易知

$$Aq_i = \lambda_i q_i, \quad i = 1, \cdots, n,$$

即 (λ_i, q_i) 是 A 的一对特征值和特征向量. 因此, 谱分解也是对称矩阵的**特征值分解** (eigenvalue decomposition). 值得注意的是, 当 A 为复 Hermite 矩阵时 (即 $A = A^*$, 其中 $*$ 表示共轭转置), 式 (1.17) 中的分解形式仍然成立, 但 Q 会是酉矩阵 (即 $Q^*Q = QQ^* = I$).

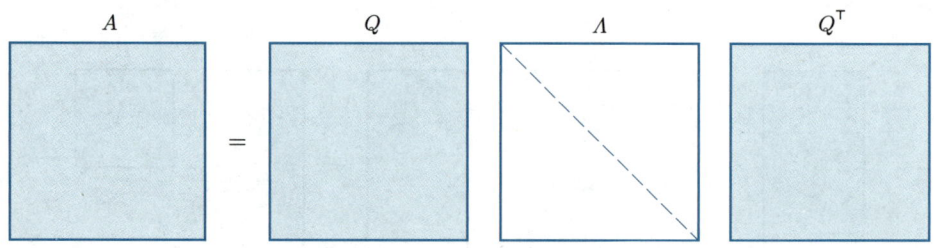

图 1.7　对称矩阵的谱分解

如果 A 非对称, 式 (1.17) 可能不再成立. 此时, 可以考虑如下两种将谱分解进行拓展的方式:

(1) 将式 (1.17) 中的对角矩阵 Λ 替换成拟上三角矩阵 T (即 T 近似上三角, 对角线上可以是 1×1 或者 2×2 的矩阵块), 从而有

$$A = QTQ^\mathsf{T}.$$

该分解称为矩阵 A 的**实 Schur 分解** (real Schur decomposition). 如果允许上式中的 Q 和 T 为复矩阵, 则 T 可以取成严格上三角矩阵, 此时称该分解为矩阵的 **Schur 分解**. 事实上, 对于任意复矩阵, Schur 分解总是存在的, 我们将在第四章 4.1 节证明该结论.

(2) 在 A 可对角化 (diagonalizable) 的情况下, 可以将式 (1.17) 中的正交矩阵 Q 替换成可逆矩阵 X, 从而有

$$A = X\Lambda X^{-1}. \tag{1.18}$$

设 $X = [x_1, \cdots, x_n]$, 则

$$Ax_i = \lambda_i x_i, \quad i = 1, \cdots, n,$$

即 (λ_i, x_i) 是 A 的一对特征值和特征向量. 因此, 称式 (1.18) 为矩阵 A 的特征值分解. 需要指出的是, 不是所有的矩阵都存在特征值分解 (即不是所有的矩阵都可以对角化), 例如具有如下形式的 Jordan 块就无法对角化,

$$A = \begin{bmatrix} \lambda & 1 & & \\ & \ddots & \ddots & \\ & & \lambda & 1 \\ & & & \lambda \end{bmatrix}.$$

在这种情况下, Jordan 分解对特征值分解做了进一步拓展, 它把式 (1.18) 中的对角矩阵 Λ 替换成了与每个特征值相关的 Jordan 块. 注意任何方阵都存在 Jordan 分解. 此外, 即使 A 存在特征值分解, 由于实矩阵的特征值和特征向量有可能是复的, 式 (1.18) 中的矩阵 X 和 Λ 均有可能是复矩阵.

特征值分解在科学和工程领域有广泛的应用. 比如考察下面这个在动力系统中经常出现的常微分方程

$$\frac{\mathrm{d}}{\mathrm{d}t} y(t) = Ay(t),$$

其中 $y(t) = [y_1(t), \cdots, y_n(t)]^\mathsf{T} \in \mathbb{R}^n$, $y(0) = y_0$. 假设矩阵 A 存在式 (1.18) 中的特征值分解, 并且有

$$y_0 = a_1 x_1 + \cdots + a_n x_n.$$

容易证明该常微分方程的解具有以下形式 (见习题 1.17):

$$y(t) = a_1 e^{\lambda_1 t} x_1 + \cdots + a_n e^{\lambda_n t} x_n = e^{At} y_0, \tag{1.19}$$

其中

$$e^{tA} = \sum_{k=0}^{\infty} \frac{(tA)^k}{k!} = X \begin{bmatrix} e^{\lambda_1 t} & & \\ & \ddots & \\ & & e^{\lambda_n t} \end{bmatrix} X^{-1}.$$

特征值和特征向量的计算方法将在第四章详细介绍, 同时那里还将介绍与数据科学相关的两个典型应用. 接下来我们再考察一个简单的应用: 无向图 (网络) 节点的**中心性度量**. 在网络分析中, 中心性度量是指判断不同节点的重要性. **点度中心性** (degree centrality) 是度量节点中心性一个非常直接的方法. 它就是考察每个节点的度数 (即与每个节点所连接的其他所有节点的个数), 度数越高越重要. 以图 1.3 的无向网络为例, 节点 v_1 的度数为 2, 而节点 v_4 的度数为 1.

点度中心性只关心连接数, 并不关心所连接的其他节点的重要性, 因此并不能全面地反映节点的重要性. 一个更加全面的度量方法为**特征向量中心性** (eigenvector centrality), 其依赖于无向图所对应的邻接矩阵的特征向量. 给定一个具有 n 个节点的网络, 令 $x \in \mathbb{R}^n$ 为一个评分向量, 其中 x_i 为节点 v_i 的得分. 直观上讲, 每个节点的得分应该和与其相连的其他所有节点的总得分成正比关系, 即存在 $\lambda > 0$ 使得

$$x_i = \frac{1}{\lambda} \sum_{v_j \in \mathcal{N}(v_i)} x_j, \quad i = 1, \cdots, n,$$

其中 $\mathcal{N}(v_i)$ 表示与 v_i 相连的所有节点组成的集合. 令 A 为无向图所对应的邻接矩阵 (定义见式 (1.3)). 不难看出, 上式可以被更加紧凑地表述为

$$Ax = \lambda x.$$

也就是说, 我们可以用邻接矩阵 A 的一个特征向量作为评分向量来衡量节点的重要性, 这也是名字 "特征向量中心性" 的由来. 由于 A 是非负矩阵并且通常是不可约 (irreducible) 的, Perron–Frobenius 定理表明它的最大特征值所对应的特征向量是正的 (详见定理 4.17), 因此可以用来度量节点的重要性. 对于图 1.3, 该特征向量为

$$x = [0.357, \ 0.485, \ 0.595, \ 0.090, \ 0.485, \ 0.201]^{\mathsf{T}}.$$

由此可以看出, 节点 v_3 的位置最为重要, 其次是 v_2 和 v_5 (从图中的连接关系也可以看出二者的地位应该是一样的), 而节点 v_4 的位置最靠后. 此外, 尽管节点 v_1 和 v_6 的度数都为 2, 由于 v_1 与 v_3 相连, 因此位置更加重要.

本书将在第四章 4.5 节介绍一种有向图节点的排序方法 (即网页排序), 其基本思想和特征向量中心性类似, 不过那里会用 Markov 链和转移概率矩阵等概念来解释其背后的逻辑.

1.3.4 奇异值分解

矩阵的奇异值分解 (singular value decomposition, SVD) 可以看作是非对称矩阵的 "特征值分解", 并且和特征值分解有密切的联系. 奇异值分解在数值计算与分析中起着不可或缺的作用, 能够为计算矩阵的秩、列空间、核空间以及 2-范数等提供可靠的方法.

给定 $A \in \mathbb{R}^{m \times n}$, 其中 $m \geqslant n$ ($m < n$ 时可以考虑 A^T), 由图 1.8 所示, A 同样存在满和紧两种形式的**奇异值分解**. 由于它们之间并没有本质区别, 不失一般性, 我们只考虑紧的形式, 即图 1.8 中的第二种情形. 此时, 存在列正交矩阵 $U = [u_1, \cdots, u_n] \in \mathbb{R}^{m \times n}$, 满足 $\sigma_1 \geqslant \cdots \geqslant \sigma_n \geqslant 0$ 的对角矩阵 $\Sigma = \mathrm{diag}(\sigma_1, \cdots, \sigma_n)$, 以及正交矩阵 $V = [v_1, \cdots, v_n] \in \mathbb{R}^{n \times n}$ 使得

$$A = U\Sigma V^\mathsf{T} = \sum_{i=1}^n \sigma_i u_i v_i^\mathsf{T}. \tag{1.20}$$

在矩阵的奇异值分解中, u_i 称为 A 的左奇异向量, v_i 称为 A 的右奇异向量, σ_i 称为 A 的奇异值. 与特征值不同, 奇异值必须是非负的. 但是要求 $\sigma_1 \geqslant \cdots \geqslant \sigma_n$ 仅仅是一种约定俗成的习惯, 并总能通过适当调整式 (1.20) 中加和的顺序得以实现. 由式 (1.20) 易知

$$Av_i = \sigma_i u_i, \quad i = 1, \cdots, n.$$

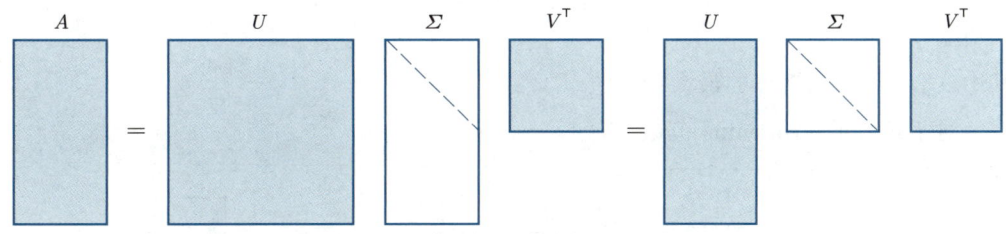

图 1.8　矩阵的奇异值分解

假设矩阵 A 的奇异值满足 $\sigma_1 \geqslant \cdots \geqslant \sigma_r > \sigma_{r+1} = \cdots = \sigma_n = 0$, 则

(1) $\mathrm{rank}(A) = r$;

(2) $\mathrm{Range}(A) = \mathrm{span}\{u_1, \cdots, u_r\}$, 即 $\{u_1, \cdots, u_r\}$ 是 A 的列空间的一组标准正交基, 而 A 的列空间的正交补空间则由与 $\{u_1, \cdots, u_r\}$ 垂直的所有向量组成;

(3) $\mathrm{Null}(A) = \mathrm{span}\{v_{r+1}, \cdots, v_n\}$, 即 $\{v_{r+1}, \cdots, v_n\}$ 是 A 核空间 (又称零空间, 即满足 $Ax = 0$ 的所有向量组成的空间) 的一组标准正交基, 而 $\{v_1, \cdots, v_r\}$ 是 A 的行空间的一组标准正交基.

以上结论的证明都比较直接, 留作读者思考. 另外, 我们有

$$A^{\mathsf{T}}A = V\Sigma^2 V^{\mathsf{T}} \quad \text{以及} \quad AA^{\mathsf{T}} = U\Sigma^2 U^{\mathsf{T}}.$$

因此, A 的奇异值分解和 $A^{\mathsf{T}}A$ 及 AA^{T} 的特征值分解有如下关系:

(1) $A^{\mathsf{T}}A$ 所有的特征值为 σ_i^2, $i = 1, \cdots, n$, 对应的特征向量为矩阵 A 的右奇异向量 v_i, $i = 1, \cdots, n$.

(2) AA^{T} 所有的特征值为 σ_i^2, $i = 1, \cdots, n$ 以及 $m-n$ 个 0. 对应 σ_i^2, $i = 1, \cdots, n$ 的特征向量为矩阵 A 的左奇异向量 u_i, $i = 1, \cdots, n$. 可以取 $\mathrm{Range}(A)$ 的正交补空间的 $m-n$ 个标准正交基作为剩余 $m-n$ 个 0 特征值对应的特征向量.

我们已经在 1.1 节中提到矩阵 A 的 2-范数等于它最大的奇异值, 即有

$$\|A\|_2 = \sigma_1.$$

事实上, 该结论可以根据矩阵 2-范数的定义并利用矩阵的奇异值分解进行证明. 首先由 $A = U\Sigma V^{\mathsf{T}}$ 可知 $\|A\|_2 = \|\Sigma\|_2$, 而对角矩阵 Σ 的 2-范数比较容易计算:

$$\|\Sigma\|_2^2 = \sup_{\|x\|_2=1} \|\Sigma x\|_2^2 = \sup_{\|x\|_2=1} \sum_{i=1}^{n} \sigma_i^2 x_i^2 \leqslant \sup_{\|x\|_2=1} \sigma_1^2 \sum_{i=1}^{n} x_i^2 \leqslant \sigma_1^2,$$

并且 $x = e_1$ 时等号成立. 此外, 综合以上讨论我们还有

$$\|A\|_2 = \sqrt{\lambda_{\max}(A^{\mathsf{T}}A)} = \sqrt{\lambda_{\max}(AA^{\mathsf{T}})},$$

其中 $\lambda_{\max}(\cdot)$ 表示矩阵的最大特征值.

对于矩阵的 Frobenius 范数, 有

$$\|A\|_F = \sqrt{\langle A, A \rangle} = \sqrt{\langle U\Sigma V^{\mathsf{T}}, U\Sigma V^{\mathsf{T}} \rangle} = \sqrt{\langle \Sigma, \Sigma \rangle} = \sqrt{\sum_{i=1}^{n} \sigma_i^2},$$

其中第三个等号用到了式 (1.9).

奇异值分解在矩阵最佳低秩逼近问题中起着基础性作用. 给定矩阵 A 的奇异值分解 (1.20), 定义 A 的**秩 k 截断** (rank-k truncation)

$$A_k = U_k \Sigma_k V_k^{\mathsf{T}} = \sum_{i=1}^{k} \sigma_i u_i v_i^{\mathsf{T}},$$

其中 $U_k = [u_1, \cdots, u_k]$, $\Sigma_k = \mathrm{diag}(\sigma_1, \cdots, \sigma_k)$, 以及 $V_k = [v_1, \cdots, v_k]$. 也就是说, A_k 只保留式 (1.20) 中最大的 k 个奇异值及其对应的奇异向量. 我们将在第五章 5.1 节证明, A_k 是 A 在 2-范数和 Frobenius 范数下的最佳低秩逼近, 即

$$A_k = \underset{\mathrm{rank}(Z) \leqslant k}{\arg\min} \|A - Z\|_2 = \underset{\mathrm{rank}(Z) \leqslant k}{\arg\min} \|A - Z\|_F.$$

不仅如此, 近似误差还由如下公式给出:

$$\|A - A_k\|_2 = \sigma_{k+1}, \quad \|A - A_k\|_F = \sqrt{\sum_{i=k+1}^{n} \sigma_i^2}.$$

因此, 若 A 的奇异值快速衰减, 我们就能够用一个低秩矩阵去很好地近似它.

更多矩阵奇异值分解的内容将在第五章进行介绍. 这里先考察一个简单的应用: 图像压缩. 显然黑白图像可以用矩阵表示, 图 1.9 (a) 展示的复旦大学子彬院图像就是一个 1268×2744 矩阵. 自然图像通常都有较好的低秩结构; 例如, 子彬院图像最大的奇异值约为 1050.6, 而第二大的奇异值约为 190.7, 并且有大约一半的奇异值小于等于 1 (见图 1.9 (b)). 图 1.10 展示了对子彬院图像进行秩 30 (图 1.10 (a)) 和秩 100 (图 1.10 (b)) 近似之后的效果, 其中秩 100 的近似从视觉上已经可以达到令人满意的效果. 注意, 对于一个 $m \times n$ 黑白图像, 如果对其进行秩 k 近似, 只需要保存 $2k$ 个奇异向量以及 k 个奇异值. 这就意味着低秩矩阵近似可以起到图像压缩的作用. 定义压缩率

$$\rho = \frac{(m + n + 1)k}{mn},$$

上面子彬院图像的例子表明当 $\rho \approx 12\%$ 时 (对应着 $k = 100$) 就可以获得较好的近似效果.

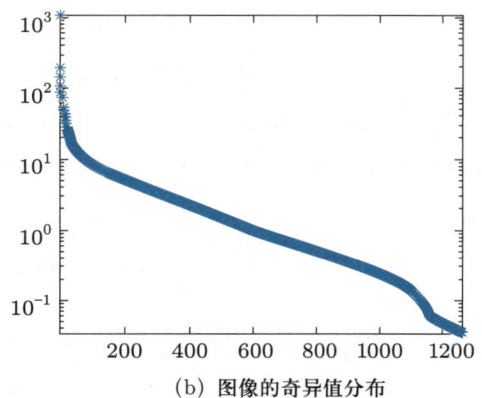

(a) 子彬院图像　　　　　　　　(b) 图像的奇异值分布

图 1.9

(a) $k=30$ (b) $k=100$

图 1.10　子彬院图像的秩 k 近似

1.4　浮点数与舍入误差

1.4.1　科学计数法和浮点数

在中学阶段我们就已经接触过**科学计数法** (scientific notation), 比如实数 3.1415927 可以表示为

$$+3.1415927 \times 10^0.$$

这一表示包含符号 +、小数 3.1415927、基 (或底数) 10 和指数 0 多个部分. 对于一般的非零实数, 其小数部分要求大于等于 1 但小于基, 即小数点之前只能是 1 位非零有效数字, 而指数部分必须是整数.

计算芯片上的实数通常表示为定点数 (fixed point number) 或**浮点数** (floating point number). 相比之下, 定点数的表示和运算更容易实现, 浮点数则更灵活. 在数值计算中尤其是科学计算领域浮点数比定点数有更广泛的应用, 而浮点数的表示正是基于科学计数法, 最常用的基是 2, 即二进制表示.

在基给定的情况下, 计算机只需存储符号、小数和指数三个部分来表示一个浮点数. 由于受计算机存储大小和字长等因素影响, 浮点数的表示对小数部分和指数部分都指定了位数, 并且存储格式非常紧凑[①]. 因此对于位数过长或者无限位长的实数需要进行截断从而舍入到相近的浮点数, 通常采取四舍五入原则, 例如 3.1415927 保留 5 位有效数字后有

$$3.1415927 \approx +3.1416 \times 10^0.$$

另外三种常用的舍入策略是: 向正无穷舍入 (round toward positive infinity)、向负无穷舍入 (round toward negative infinity) 以及向零舍入 (round toward zero). 注意,

---

① 例如在二进制表示中, 小数点之前的非零有效数字只能是 1, 所以可以不存储.

不同进制下实数的位数可能有很大差别, 比如十进制的 0.2 在二进制下为无限循环小数 0.00110011···, 其二进制浮点数表示必须舍入.

浮点数集是一个有限集, 当一个非零实数舍入后的绝对值小于最小的正浮点数, 或大于最大的浮点数时会发生溢出, 分别称为**下溢** (underflow) 和**上溢** (overflow).

相同类型的不同浮点数在计算机上的表示格式是一样的, 运算结果仍然表示为浮点数, 这是浮点数系统的巨大优势. 而传统的数学运算, 由于输入不同, 其运算结果的表示和运算复杂度都不相同, 例如 $2, 3, \sqrt{3} + \sqrt{2}, \sqrt{5} - \sqrt{3}$ 都是实数, 而 2×3 要比 $(\sqrt{3} + \sqrt{2}) \times (\sqrt{5} - \sqrt{3})$ 容易得多.

★ 1.4.2 IEEE 标准浮点数

IEEE 754-2008 标准[①]是当前使用最为广泛的浮点数表示和运算标准, 它规定了多种浮点数表示格式, 其中二进制浮点数包括最常用的单精度 (binary32) 和双精度 (binary64) 类型, 长度分别为 32 位和 64 位 (即 4 字节和 8 字节), 由符号位 (sign)、指数 (exponent) 和小数 (fraction, 也称尾数, mantissa) 三部分组成. 二进制浮点数的具体表示如下:

	s	e	f
IEEE 单精度	1	8	23
IEEE 双精度	1	11	52

其中, 符号位 s 为 0 表示正数, 为 1 表示负数. 对于单精度或双精度浮点数, 指数部分表示的无符号整数 (unsigned integer) 的范围分别为 $0 \sim 255$ 和 $0 \sim 2047$; 指数 e 是个整数, 其值分别为无符号整数减去 127 和 1023, 这里保留了最小的 0 和最大的 255 和 2047 (我们后面会说明这两个数的用途), 因此满足

$$-126 \leqslant e \leqslant 127 \text{ (单精度)}, \quad -1022 \leqslant e \leqslant 1023 \text{ (双精度)},$$

即最小指数 $e_{\min}$ 分别为 -126 和 -1022, 最大指数 $e_{\max}$ 分别为 127 和 1023; 而 t 位小数部分表示的 f 满足 $0 \leqslant f \leqslant 1 - 2^{-t}$, 共包括 2^t 个小数.

对于满足上述条件的 s, e, f, 它表示的规格 (normalized) 浮点数为

$$x = (-1)^s \cdot (1 + f) \cdot 2^e.$$

例如, 实数 1 在双精度下的浮点数表示为

$$1 = (-1)^0 \cdot (1 + 0.0) \cdot 2^{1023-1023},$$

---

① 1985 年 IEEE 标准化委员会和美国国家标准协会采纳了 IEEE 754-1985 标准, 后来又分别在 2008 年和 2019 年作了部分修订.

从而其 IEEE 标准存储格式为

00111111111110000000000000000000000000000000000000000000000000000.

细心的读者会发现实数 0 并没出现在上述表示中, 当指数部分表示的无符号整数为 0 且小数部分 $f = 0$ 时用来表示 0. 注意, 实数 0 在 IEEE 浮点数标准中有 ± 0 两种不同表示.

为了方便读者直观理解浮点数的分布, 图 1.11 列出了 3 个指数位和 3 个小数位表示的对应于正实数的所有二进制浮点数, 除了 $(0, 1/4)$ 之间的都是规格浮点数.

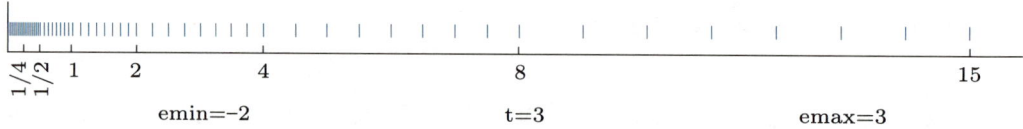

图 1.11   1 个符号位、3 个指数位、3 个小数位所表示的所有正浮点数 (含非规格数)

IEEE 754 标准能表示的最小的规格正双精度浮点数为 $2^{-1022} \approx 2.2251 \times 10^{-308}$, 记作 realmin, 也称为下溢阀, 最大的双精度浮点数为 $2^{1023} \cdot (2 - 2^{-52}) \approx 1.7977 \times 10^{308}$, 记作 realmax, 也称为上溢阀. 正单精度浮点数在 $2^{-126} \approx 1.1755 \times 10^{-38}$ 到 $2^{127} \cdot (2 - 2^{-23}) \approx 3.4028 \times 10^{38}$ 之间.

容易验证, 图 1.11 中 $[1/4, 1/2)$ 之间的两个规格浮点数的差并不是规格浮点数. 为了应对下溢和保持加减法运算的封闭性, 当指数部分的无符号整数为 0、小数部分 f 非零时表示非规格 (subnormal) 浮点数

$$x = (-1)^s \cdot f \cdot 2^{e_{\min}}.$$

这使得单精度和双精度浮点数的下溢阀分别降低到 $2^{-150} \approx 7.0065 \times 10^{-46}$ 和 $2^{-1074} \approx 4.9407 \times 10^{-324}$.

IEEE 浮点数集还包括 $\pm \infty$ 和 NaN (not a number), 对应的指数部分为最大无符号整数, 即单精度和双精度分别下为 255 和 2047, $\pm \infty$ 对应的 $f = 0$, NaN 对应的 f 非零. $\pm \infty$ 产生于运算结果上溢和 1/0 等运算, 而 NaN 则来自一些不定式的计算, 比如 0/0、$\infty - \infty$ 等. 正是有了这些特殊的浮点数, IEEE 浮点数运算封闭.

1.4.3   舍入误差

两个浮点数的运算结果 $a \odot b$ (其中 $\odot$ 可以是 $+, -, *, /$ 等四则运算) 的真实值未必能精确表示为浮点数, 因此需要舍入为浮点数, 记为 $\mathrm{fl}(a \odot b)$. 它们的差 $(a \odot b) - \mathrm{fl}(a \odot b)$ 称为**舍入误差** (roundoff error).

由于舍入误差的存在, 数学上等价的表达式在计算机上运行时可能不再等价, 在数值算法的实现中需要仔细甄别和选取. 最常见的是结合律不再成立, 即一般来说 $\mathrm{fl}((a + b) + c) \neq \mathrm{fl}(a + (b + c))$. 例如二进制浮点运算 $(1.2 - 1.0) - 0.2 \neq 1.2 - (1.0 + 0.2)$. 另一个值得注意的是, 大小相近的两个浮点数相减时会损失有效数字, 称为灾难性相消 (catastrophic cancellation), 在多数情况下要注意避免.

例 1.5 求一元二次方程 $x^2 + 64x + 1 = 0$ 的两个实根, 分别采用

(1) $x_2 = (-64 + \sqrt{64^2 - 4})/2$, $x_1 = 1/x_2$,

(2) $x_1 = (-64 - \sqrt{64^2 - 4})/2$, $x_2 = 1/x_1$

两组计算公式, 双精度下输出如下:

(1) $x_1 = -6.398437118344214\mathrm{e}{+01}$, $x_2 = -1.562881656104764\mathrm{e}{-02}$,

(2) $x_1 = -6.398437118343895\mathrm{e}{+01}$, $x_2 = -1.562881656104842\mathrm{e}{-02}$.

第一组结果两个根的和为 $-6.400000000000318\mathrm{e}{+01}$, 而第二组结果的和为 -64. 显然, 从这点看第二组公式更为精确.

为进一步了解浮点运算的舍入误差模型, 我们有必要介绍**机器精度** (machine epsilon) 这一概念. 一般地, 设浮点数的基为 β, 有效数字位数为 p, 机器精度定义为[①]

$$\mathbf{u} = \beta^{-(p-1)}/2.$$

容易验证, 对所有实数 $\alpha \in (-\mathbf{u}, \mathbf{u})$, 实数 $1 + \alpha$ 在四舍五入原则下舍入到浮点数 1.

如果 $\mathrm{fl}(a \odot b)$ 得到的是离 $a \odot b$ 最近的浮点数, 称为正确舍入 (correctly-rounded), 在不发生溢出的情况下满足

$$\mathrm{fl}(a \odot b) = (a \odot b)(1 + \delta), \tag{1.21}$$

其中 $|\delta| \leqslant \mathbf{u}$. 这一性质通常对一元开根运算也成立

$$\mathrm{fl}(\sqrt{a}) = \sqrt{a}(1 + \delta),$$

甚至对当前多数微处理器支持的单指令积和熔加运算 FMA (fused multiply‐add) 同样成立

$$\mathrm{fl}(a \times b + c) = (a \times b + c)(1 + \delta).$$

下面我们以两个 n 维向量 x, y 的内积为例分析数值算法的舍入误差. 按照从左至右的运算顺序反复运用式 (1.21) 可得

$$\mathrm{fl}\left(\sum_{i=1}^{n} x_i y_i\right) = \mathrm{fl}(x_1 y_1 + x_2 y_2 + \cdots + x_n y_n)$$

---

① 按照这一定义, IEEE 双精度浮点数的机器精度是 2^{-53}, 用于 LAPACK 和 Scilab 等, 而 C/C++、MATLAB、Octave、北太天元等用的是 $\mathbf{u} = 2^{-52}$.

$$= (\cdots(\cdots(x_1 y_1(1+\varepsilon_1) + x_2 y_2(1+\varepsilon_2))(1+\mu_2) + \cdots)\cdots + x_n y_n(1+\varepsilon_n))(1+\mu_n)$$

$$= \sum_{i=1}^{n} x_i y_i (1+\varepsilon_i) \prod_{j=i}^{n} (1+\mu_j),$$

其中 $|\varepsilon_i| \leqslant \mathbf{u}$, $i = 1, \cdots, n$, $\mu_1 = 0$, $|\mu_i| \leqslant \mathbf{u}$, $i = 2, \cdots, n$.

由于

$$(1+\mu_1)\cdots(1+\mu_n) \leqslant (1+\mathbf{u})^n = 1 + n\mathbf{u} + O(\mathbf{u}^2),$$

$$(1+\mu_1)\cdots(1+\mu_n) \geqslant (1-\mathbf{u})^n \geqslant 1 - n\mathbf{u},$$

忽略 $\mathbf{u}$ 的高次项[①]，近似地我们有

$$1 - n\mathbf{u} \leqslant (1+\mu_1)\cdots(1+\mu_n) \lesssim 1 + n\mathbf{u}.$$

因此，

$$\mathrm{fl}\left(\sum_{i=1}^{n} x_i y_i\right) = \sum_{i=1}^{n} x_i y_i (1+\delta_i),$$

其中 $|\delta_i| \lesssim n\mathbf{u}$.

上式告诉我们，通过浮点运算得到的 x, y 内积的近似值可以看作两个新向量 $\hat{x}, \hat{y}$ 内积的真实值，其中 $\hat{x}_i = x_i$, $\hat{y}_i = y_i(1+\delta_i)$, $i = 1, \cdots, n$. 尽管新向量只是理论上存在，也不唯一，可以确定的是存在这样的新向量，而且它只是原向量一个非常小的扰动.

运用浮点运算模型 (1.21) 把计算过程中的舍入误差转化为原始数据的小扰动是数值计算中广泛使用的分析手段，归结为 1.5 节将要介绍的向后误差 (backward error) 分析.

1.5　误差分析与条件数

在科学和工程计算中，误差是不可避免的，除了 1.4 节提到的硬件系统在有限精度下的舍入误差，还包括观察和测量的不确定性引起的观测误差 (observational error)、建模不准确导致的模型误差、数值算法有限项近似的截断误差 (truncation error) 等. 为了确保计算结果的可用性，在求解一个计算问题时，我们有必要进行误差分析，即了解各种输入误差会造成怎样的输出误差.

在进行误差分析时，有两种刻画误差的方式可供选择：绝对误差 (absolute error) 和相对误差 (relative error). 以数的情形为例，设 x 为一个实数，$\tilde{x}$ 是 x 的一个近似. 它们

---

① 忽略高次项是为了叙述简便，也可以用 $(1+\mathbf{u})^n \leqslant \dfrac{1}{(1-\mathbf{u})^n} \leqslant \dfrac{1}{1-n\mathbf{u}}$ 替代. 其中第二个不等式需要假设 $n\mathbf{u} < 1$.

之间的**绝对误差**为

$$\mathrm{abserr}(x) = |\tilde{x} - x|,$$

而**相对误差**为 (假设 x 不为 0)

$$\mathrm{relerr}(x) = \frac{|\tilde{x} - x|}{|x|}.$$

和绝对误差相比, 相对误差由于以下两点优势往往是更好的选择: (1) 相对误差不会随着数量单位的变化而变化; (2) 在 IEEE 标准中, 计算机对数的存储满足 $\tilde{x} = \mathrm{fl}(x) = x(1 \pm \varepsilon)$ (其中 $|\varepsilon| \leqslant \mathbf{u}$, $\mathbf{u}$ 是机器精度, 刻画了存储的相对误差), 而且基本的加减乘除等运算也满足类似的标准, 参见式 (1.21).

考虑如下计算问题: 给定 x, 计算 $f(x)$, 其中 x 属于某个输入空间, $f(x)$ 属于某个输出空间. 输入和输出空间可以是实数空间、向量空间和矩阵空间, 也可以是函数空间. 我们用 $|\cdot|$ 表示定义在输入空间和输出空间上的度量, 可以指实数的绝对值、向量和矩阵的范数等, 具体含义依赖于具体的问题. 令 $f_a(x)$ 为在误差存在的情况下求解 $f(x)$ 的某个算法所输出的结果. 理想情况下, 我们想要**向前误差** (forward error)

$$\frac{|f_a(x) - f(x)|}{|f(x)|} \tag{1.22}$$

尽可能地小. 但是由于 $f(x)$ 未知, 向前误差很难直接分析. 为此, 我们考虑向后误差. 直观上说, 向后误差描述了算法的输出结果所对应的输入偏差, 即对于什么样的 Δx 有

$$f_a(x) = f(x + \Delta x). \tag{1.23}$$

这里 $|\Delta x|/|x|$ 称为**向后误差**. 算法的向后误差分析就是通过对每步具体运算做误差分析后证明存在 Δx 满足式 (1.23). 假如向后误差分析表明 $|\Delta x|/|x|$ 是一个依赖于计算机精度的较小的数, 我们就称算法**向后稳定** (backward stable). 1.4.3 小节的分析表明向量内积的计算是向后稳定的, 本书后面章节也将结合部分算法给出向后误差分析.

将式 (1.23) 代入式 (1.22) 可得

$$\frac{|f_a(x) - f(x)|}{|f(x)|} = \frac{|f(x + \Delta x) - f(x)|}{|f(x)|}. \tag{1.24}$$

因此, 向后误差通过将向前误差解释成输入的扰动使得我们能够基于计算问题的扰动或敏感度分析去估计向前误差. 简单来说, 扰动分析就是去估计式 (1.24) 等号右边的表达式, 即研究当输入数据 x 有微小变化时, 输出 $f(x)$ 的变化有多大的问题. 令 $\kappa_f(x)$ 为使下式成立的尽可能小的正数,

$$\frac{|f(x + \Delta x) - f(x)|}{|f(x)|} \leqslant \kappa_f(x) \frac{|\Delta x|}{|x|}, \tag{1.25}$$

则 $\kappa_f(x)$ 的大小能够反映输入误差对输出的影响. 因此称 $\kappa_f(x)$ 为计算问题 $f(x)$ 在 x 点的**条件数** (condition number). 这里定义的是相对条件数 (relative condition number), 有时候也用绝对条件数 (absolute condition number) 来衡量, 定义为尽可能小的正数 $\kappa_f(x)$ 使得

$$|f(x + \Delta x) - f(x)| \leqslant \kappa_f(x)|\Delta x|.$$

条件数是误差分析中一个非常基本的概念, 反映了计算问题本身的固有属性, 和算法无关. 当条件数 $\kappa_f(x)$ 很大时, 微小的输入扰动就可能造成很大的输出扰动, 因此这种情况下称计算问题 $f(x)$ 是病态的 (ill-conditioned); 反之, 当 $\kappa_f(x)$ 较小时, 称计算问题 $f(x)$ 是良态的 (well-conditioned).

联立式 (1.24) 和式 (1.25) 有

$$\frac{|f_a(x) - f(x)|}{|f(x)|} = \frac{|f(x + \Delta x) - f(x)|}{|f(x)|} \leqslant \kappa_f(x) \frac{|\Delta x|}{|x|}. \tag{1.26}$$

由此可知, 如果计算问题是良态的 (即 $\kappa_f(x)$ 较小), 并且所使用的算法是向后稳定的 (即 $|\Delta x|/|x|$ 较小), 就能得到可靠的计算结果.

接下来我们考察两个关于条件数的例子.

例 1.6　考虑计算 $f(x)$ 函数值的问题. 由 Taylor 展式可知

$$f(x + \Delta x) = f(x) + f'(x)\Delta x + O((\Delta x)^2).$$

舍去高次项后有

$$\frac{f(x + \Delta x) - f(x)}{f(x)} \approx \frac{f'(x)\Delta x}{f(x)} = \frac{xf'(x)}{f(x)} \frac{\Delta x}{x}.$$

因此, 对于该计算问题,

$$\kappa_f(x) = \left| \frac{xf'(x)}{f(x)} \right|$$

称为 f 在 x 处的 (相对) 条件数. 由此可知, $f'(x)$ 越大, 误差对计算精度的影响就越大.

上面的相对条件数也和 x 及 $f(x)$ 的值有关, 如果采用绝对条件数, 就只和 $f(x)$ 在 x 点的导数大小有关, 而有些情形使用绝对条件数更为方便.

例 1.7　考虑函数求根问题的条件数. 给定输入函数 f, 令 x 为 f 的某个根 (即 $f(x) = 0$). 假设 $f'(x) \neq 0$, 即 x 为 $f(x) = 0$ 的单根, 则在 x 的一个邻域内 f^{-1} 存在. 换言之, 当 δ 充分小时, 存在 Δx 使得 $x + \Delta x$ 的函数值为 $f(x + \Delta x) = \delta$. 此时有

$$\Delta x = (x + \Delta x) - x = f^{-1}(\delta) - f^{-1}(0) = \delta \cdot \frac{\mathrm{d}f^{-1}}{\mathrm{d}y}\bigg|_{y=0} + O(\delta^2).$$

舍去高次项后有

$$\Delta x \approx \delta \cdot \left. \frac{\mathrm{d}f^{-1}}{\mathrm{d}y} \right|_{y=0} = \frac{1}{f'(x)} \delta.$$

因此, 函数求根问题在 x 处的 (绝对) 条件数为

$$\kappa_{f^{-1}}(0) = \left| \frac{1}{f'(x)} \right|.$$

由此可见, 当 f 在根 x 处的导数越小时, 条件数越大. 当 x 是 f 的重根时求根问题条件数的定义留给读者思考.

内容注释及参考文献

范数是矩阵分析的重要工具, 在误差分析、收敛性判断等方面起到关键作用. 关于范数和度量的深入讨论, 可以参考文献 [9] 的第 2 章和文献 [10] 的第 2 章, 这些内容为深入学习数值线性代数及其应用提供了坚实的理论基础.

现代 CPU 普遍采用高速缓存 (cache), 这是性能优化的关键, 1.2.2 小节中提到的内存连续读取节省通信称为缓存命中 (cache hit), 反之则称为缓存缺失 (cache miss). 例如, 矩阵–矩阵乘法可以分块运算, 通过设置适当的块大小可以有效提高缓存命中率, 使计算效率获得大幅提升. 关于矩阵与计算机之间联系的精彩阐述可参见文献 [8] 的第 2 章, 现代高性能计算的详细论述则可以在在线的四卷本教材 [3] 中找到.

四大矩阵分解是矩阵计算中不可或缺的重要手段, 广泛应用于线性方程组求解、最小二乘问题、特征值和奇异值计算等数值代数问题. 相关内容可以在数值线性代数和矩阵计算的标准教材中找到, 例如 [2, 4, 11, 12] 等, 本书也将在后续章节对这些内容展开介绍.

在数值计算中, 如何处理有限精度带来的误差, 以及如何通过分析条件数来评估问题的稳定性和敏感性等问题起着至关重要的作用, 专著 [7] 以及 [5] 的第 1–3 章对浮点数、算术运算、误差分析、问题的条件数以及有限精度计算的原理进行了全面的讨论. 例如相对条件数更为严谨的定义为

$$\kappa_f = \lim_{\varepsilon \to 0^+} \sup_{\|\Delta x\| \leqslant \varepsilon \|x\|} \frac{\|f(x + \Delta x) - f(x)\|}{\varepsilon \|f(x)\|}.$$

常用的数值线性代数算法都已经在成熟的数值软件包中实现, 而且以规范形式发布应用程序接口是稠密矩阵计算软件包的一大特色, 如 BLAS 和 LAPACK (见文献 [1]) 涵盖了从基本矩阵运算到复杂矩阵分解的各种功能, 为高效处理稠密矩阵计算问题提供了强有力的支持.

随着以 GPU 为代表的异构计算平台的兴起, 混合精度 (mixed precision) 计算成为提高性能的另一个重要手段, 能够在算法部分步骤利用低精度的浮点运算加速计算, 同时保证输出结果精度不损失, 细节可参考文献 [6]. 这种方法不仅提高了计算效率, 还可以充分利用现代硬件架构的优势, 特别是在深度学习和科学计算等对计算速度要求较高的领域得到了广泛应用.

[1]   E ANDERSON, Z BAI, C BISCHOF, et al. LAPACK Users' Guide. 3rd ed. SIAM, 1999.

[2]   JAMES W DEMMEL. Applied Numerical Linear Algebra. 2nd ed. SIAM, 1997.

[3]   VICTOR EIJKHOUT. The Art of HPC.

[4]   GENE H GOLUB, CHARLES F VAN LOAN. Matrix Computations. 4th ed. JHU Press, 2013.

[5]   NICHOLAS J HIGHAM. Accuracy and Stability of Numerical Algorithms. 2nd ed. SIAM, 2002.

[6]   NICHOLAS J HIGHAM, THEO MARY. Mixed Precision Algorithms in Numerical Linear Algebra. Acta Numerica, 2022(31): 347–414.

[7]   MICHAEL L OVERTON. Numerical Computing with IEEE Floating Point Arithmetic. SIAM, 2001.

[8]   GILBERT W STEWART. Matrix Algorithms, Volume I: Basic Decomposition. SIAM, 1998.

[9]   GILBERT W STEWART, JI GUANG SUN. Matrix Perturbation Theory. Elsevier, 1990.

[10]   孙继广. 矩阵扰动分析. 2 版. 北京: 科学出版社, 2001.

[11]   徐树方, 高立, 张平文. 数值线性代数. 2 版. 北京: 北京大学出版社, 2013.

[12]   曹志浩. 数值线性代数. 上海: 复旦大学出版社, 1996.

习题

1.1 a) 举反例说明当 $0 < p < 1$ 时, 式 (1.1) 中定义的 $\|\cdot\|_p$ 不是范数.

b) 证明以下两个极限:

$$\lim_{p \to \infty} \|x\|_p = \|x\|_\infty, \quad \lim_{p \to 0} \|x\|_p^p = \|x\|_0.$$

1.2 证明式 (1.2) 中向量 ℓ_1-范数、ℓ_2-范数以及 ℓ_∞-范数之间的关系.

1.3 证明以下向量范数间的对偶关系:

$$\|x\|_2 = \max_{\|z\|_2=1} \langle x, z \rangle, \quad \|x\|_1 = \max_{\|z\|_\infty=1} \langle x, z \rangle, \quad \text{以及} \quad \|x\|_\infty = \max_{\|z\|_1=1} \langle x, z \rangle.$$

1.4 证明 ℓ_p-范数下的单位球 B_p 是凸集和闭集.

1.5 设 $\|\cdot\|$ 为定义在 $\mathbb{R}^m$ 上的向量范数. 证明: 对任意给定的列满秩矩阵 $A \in \mathbb{R}^{m \times n}$, $\|x\|_A = \|Ax\|$ 定义了 $\mathbb{R}^n$ 上的一个向量范数. 这里 A 为列满秩的条件是不是必须的?

1.6 例 1.3 指出了循环卷积操作可以由循环矩阵来实现. 给定一个 n 维向量 $c = [c_0, \cdots, c_{n-1}]^\mathsf{T}$, 其对应的循环矩阵为 (形式上和例 1.3 中的构造略有不同, 但本质上没有区别)

$$
C = \begin{bmatrix}
c_0 & c_1 & c_2 & \cdots & c_{n-1} \\
c_{n-1} & c_0 & c_1 & \cdots & c_{n-2} \\
c_{n-2} & c_{n-1} & c_0 & \cdots & c_{n-3} \\
\vdots & \vdots & \vdots & & \vdots \\
c_1 & c_2 & c_3 & \cdots & c_0
\end{bmatrix}.
$$

a) 证明全 1 向量 $e = [1, \cdots, 1]^\mathsf{T}$ 为 C 的一个特征向量, 并计算对应的特征值.

b) 令 $\omega = \mathrm{e}^{\frac{2\pi \mathrm{i}}{n}}$, i 为虚数单位. 证明

$$
x^{(k)} = \begin{bmatrix}
\omega^{0k} \\
\omega^{1k} \\
\omega^{2k} \\
\vdots \\
\omega^{(n-1)k}
\end{bmatrix}, \quad k = 0, \cdots, n-1,
$$

为矩阵 C 的特征向量, 并计算对应的特征值.

c) 定义离散 Fourier 变换矩阵 $F = (f_{ij}) \in \mathbb{C}^{n \times n}$, 其中

$$
f_{ij} = \omega^{ij}, \quad i, j = 0, \cdots, n-1.
$$

通过 b) 证明 C 所有的特征值由 Fc 给出, 并且 C 有如下分解形式:

$$
C = F \Lambda F^*,
$$

其中 $\Lambda = \mathrm{diag}(Fc)/n$.

1.7 证明式 (1.6) 中的系数矩阵为正定矩阵.

1.8 证明式 (1.9) 中矩阵内积的性质.

1.9 证明矩阵的 Frobenius 范数满足 $\|AB\|_F \leqslant \|A\|_F \|B\|_F$ 和 $\|AB\|_F \leqslant \|A\|_2 \|B\|_F$.

1.10 对于任一给定矩阵 A, 定义

$$
\widehat{A} = \begin{bmatrix}
0 & A \\
A^\mathsf{T} & 0
\end{bmatrix}.
$$

证明 $\|\widehat{A}\|_2 = \|A\|_2$.

1.11 举例说明通过向量 ℓ_∞-范数定义的矩阵范数

$$\|A\|_{\max} = \max_{i,j} |a_{ij}|$$

并不相容, 即不满足 $\|AB\|_{\max} \leqslant \|A\|_{\max}\|B\|_{\max}$.

1.12 证明矩阵的 Frobenius 范数不是算子范数, 即不能通过式 (1.10) 得到.

1.13 a) 证明式 (1.10) 中定义的算子范数满足矩阵范数的三条公理化条件.

b) 验证式 (1.11) 和 (1.12) 中计算矩阵 1-范数和 ∞-范数的公式.

1.14 考虑矩阵空间 $\mathbb{R}^{m \times n}$ 上的某个范数 $\|\cdot\|$. 如果对任意的正交矩阵 $U \in \mathbb{R}^{m \times m}$ 以及 $V \in \mathbb{R}^{n \times n}$ 有

$$\|A\| = \|UAV\|,$$

称 $\|\cdot\|$ 为酉不变范数[①]. 本节讨论过的几类范数 $\|\cdot\|_1, \|\cdot\|_2, \|\cdot\|_\infty$ 以及 $\|\cdot\|_F$ 中哪些是酉不变范数?

1.15 设 $Q \in \mathbb{R}^{n \times n}$ 为正交矩阵. 证明 $\|Q\|_2 = 1$. 若 $A \in \mathbb{R}^{n \times n}$ 满足 $\text{rank}(A) = n$ 且 $\|A\|_2 = 1$, 那么 A 是否一定是正交矩阵?

1.16 设 $Q \in \mathbb{R}^{n \times n}$ 为正交矩阵, λ 为 Q 的特征值. 是否一定有 $|\lambda| = 1$? 是否一定有 $\lambda = \pm 1$?

1.17 证明式 (1.19).

1.18 设 $A \in \mathbb{R}^{n \times n}$ 为对称矩阵, 证明 $\rho(A) = \|A\|_2$.

1.19 a) 若 $\|\cdot\|$ 为相容矩阵范数, 证明对任意方阵 A, $\rho(A) \leqslant \|A\|$.

b) 给定方阵 A, 证明对任意 $\varepsilon > 0$, 存在算子范数 $\|\cdot\|$, 使得 $\|A\| < \rho(A) + \varepsilon$.

1.20 设 $A \in \mathbb{R}^{n \times n}$, 证明

$$\|A\|_2 = \max_{\substack{\|x\|_2=1 \\ \|y\|_2=1}} |x^{\mathsf{T}} A y|.$$

1.21 设 $A \in \mathbb{R}^{n \times n}$, 并且令 $\lambda_1, \cdots, \lambda_n$ 为 A 的 n 个特征值. 证明

$$\lambda_1 + \cdots + \lambda_n = \text{trace}(A), \quad \lambda_1 \cdots \lambda_n = \det(A),$$

其中 $\text{trace}(A)$, $\det(A)$ 分别为 A 的迹和行列式.

1.22 设 $A \in \mathbb{R}^{n \times n}$, 并且令 (λ, x) 是 A 的一对特征值和特征向量. 证明如下结论:

a) 如果 A 为奇异矩阵, 则 $\lambda = 0$ 是 A 的一个特征值;

b) 对任意的正整数 k, (λ^k, x) 是 A^k 的一对特征值和特征向量;

c) 设 $\sigma \in \mathbb{R}$ 不等于 A 的任一特征值, 则 $\left(\dfrac{1}{\lambda - \sigma}, x\right)$ 是矩阵 $(A - \sigma I)^{-1}$ 的一对特征值和特征向量.

[①] 尽管我们这里仅考虑实矩阵, 该定义对复矩阵同样适用, 因此称为酉不变.

1.23 设 $A, C \in \mathbb{R}^{n \times n}$, 并且 C 为可逆矩阵. 问 A 和 CAC^{-1} 的特征值和特征向量之间有什么关系?

1.24 设 $A \in \mathbb{C}^{n \times n}$ 为 Hermite 矩阵, 即 $A^* = A$. 证明 A 的所有特征值均为实数, 并且不同特征值对应的特征向量必然 (共轭) 正交. 进一步地, 对于一般矩阵, 证明不同特征值对应的特征向量必然线性无关.

1.25 证明不等式 $\|A\|_2^2 \leqslant \|A\|_1 \|A\|_\infty$.

1.26 证明如下结果:

$$\min_{\text{rank}(B) \leqslant k} \|A - QB\|_F^2 = \|A - QB_k\|_F^2, \quad 1 \leqslant k \leqslant p,$$

其中, $A \in \mathbb{R}^{m \times n}$, $Q \in \mathbb{R}^{m \times p}$ 为列正交矩阵, B_k 为 $Q^\mathsf{T} A$ 的最佳秩 k 近似 (即秩 k 截断).

1.27 仿照算法 1.1 和 1.2, 给出求解上三角方程组 (1.16) 的回代法的两个版本.

1.28 若 $A \in \mathbb{R}^{n \times n}$ 为对称矩阵, 它的特征值分解和奇异值分解之间有什么关系?

1.29 已知函数 $\sin x$ 的 Taylor 展式为

$$\sin x = x - \frac{x^3}{3!} + \frac{x^5}{5!} - \frac{x^7}{7!} + \cdots.$$

a) 若用 Taylor 展式的第一项近似 $\sin x$, 即 $\sin x \approx x$, 那么在 $x = 0.1, \, 0.5, \, 1$ 处的 (相对) 向前和向后误差分别是多少?

b) 若用 Taylor 展式的前两项近似 $\sin x$, 即 $\sin x \approx x - x^3/6$, 那么在 $x = 0.1, 0.5, 1$ 处的 (相对) 向前和向后误差分别是多少?

1.30 在单精度和双精度下分别计算 $1.2 - 1.0 - 0.2$ 和 $1.2 - 0.2 - 1.0$, 从浮点数存储和运算角度解释计算结果.

1.31 编程验证当 $|x|$ 很小的时候计算 $\dfrac{\log(1+x)}{x}$, 用公式 $\dfrac{\log(1+x)}{(1+x) - 1}$ 比直接用原公式精度更高. 这说明大小类似的两个浮点数的减法并不总是有害的, 有些情况下如果能够有效利用反而是有益的, 称为良性相消 (benign cancellation).

1.32 考虑计算 $f(x) = \log x$ 函数值的问题. 由例 1.6 可知, 该计算问题的条件数为 $\kappa_f(x) = |1/\log x|$. 因此当 $x \approx 1$ 时, $\kappa_f(x)$ 值会很大. 编程验证当 $x \approx 1$ 时, x 中较小的扰动误差会造成较大的计算误差, 并且用式 (1.26) 解释该数值现象.

1.33 分别考察多项式取值和多项式求根的条件数.

第二章

线性方程组和LU
分解

本章将考察求解线性方程组

$$Ax = b \tag{2.1}$$

的直接法, 其中矩阵 $A \in \mathbb{R}^{n \times n}$ 和向量 $b \in \mathbb{R}^n$ 已知. 直接法通常是指在不考虑舍入误差的情况下可以经过有限步求得方程组精确解的方法. 我们将在 2.1 节回顾线性方程组 (2.1) 的可解性, 然后在 2.2 节介绍求解线性方程组的 Gauss 消去法以及与其对应的矩阵 LU 分解. 2.3 节将介绍选主元 Gauss 消去法和对应的 LU 分解. 2.4 节将介绍对称正定矩阵的 Cholesky 分解. 线性方程组对扰动误差的敏感性分析将在 2.5 节介绍, 而本章最后一节将讨论线性方程组的一个应用案例: 扩散系统.

2.1　线性方程组的可解性

尽管形式上非常简单, 线性方程组却是科学和工程中非常基础的模型. 实际应用中不少问题 (如资源配置问题) 都能通过线性方程组进行建模. 此外, 很多复杂数学问题的数值求解最后都要归结为一个甚至多个线性方程组的求解问题, 如常微分方程、偏微分方程的数值解, 以及统计学习中线性回归、岭回归等问题的求解. 线性方程组还是许多优化算法的基础, 如 Newton 法的每一步迭代都要求解一个线性方程组.

显然, 线性方程组 (2.1) 解的存在性有以下三种可能:

(1) 无解. 例如方程组

$$\begin{bmatrix} 1 & -3 \\ 2 & -6 \end{bmatrix} \begin{bmatrix} x_1 \\ x_2 \end{bmatrix} = \begin{bmatrix} 3 \\ 1 \end{bmatrix} \tag{2.2}$$

就不存在解.

(2) 存在唯一解. 例如方程组

$$\begin{bmatrix} 1 & -3 \\ 2 & 1 \end{bmatrix} \begin{bmatrix} x_1 \\ x_2 \end{bmatrix} = \begin{bmatrix} -5 \\ 4 \end{bmatrix} \tag{2.3}$$

的唯一解为 $x_1 = 1$, $x_2 = 2$.

(3) 存在无穷多个解. 例如方程组

$$\begin{bmatrix} 1 & -3 \\ 2 & -6 \end{bmatrix} \begin{bmatrix} x_1 \\ x_2 \end{bmatrix} = \begin{bmatrix} 3 \\ 6 \end{bmatrix} \tag{2.4}$$

就有无穷多个解. 事实上, 对于任意 $x_2 \in \mathbb{R}$, 令 $x_1 = 3 + 3x_2$, 就能得到线性方程组的一个解.

　　基于第一章中式 (1.5) 对 Ax 的解释方式 (即 Ax 是 A 的列向量的一个线性组合), 我们很容易得到如下引理.

　　引理 2.1　　线性方程组 (2.1) 有解当且仅当 b 在 A 的列空间中. 这又等价于矩阵 A 的秩和增广矩阵 $[A, b]$ 的秩相等.

————

　　当 $\mathrm{rank}(A) < n$ 时, A 的列空间是 $\mathbb{R}^n$ 的一个子空间. 在这种情况下, 如果向量 b 不在该子空间里 (如式 (2.2) 中的例子), 则线性方程组 (2.1) 无解. 另一方面, 如果 b 在该子空间中 (如式 (2.4) 中的例子), 由于 A 存在 $n - \mathrm{rank}(A)$ 维核空间 (或零空间, 即满足 $Ax = 0$ 的所有向量组成的空间), 线性方程组 (2.1) 存在无穷多个解. 以上两种情形需要我们考虑如何定义一个 "合理" 的解. 对于某些特定的定义方式, 它们分别对应着将在第三章介绍的最小二乘问题以及在第七章介绍的压缩感知问题.

　　当 $\mathrm{rank}(A) = n$ 时, A 的所有列能够张成整个 $\mathbb{R}^n$ 空间. 因此, 对任意向量 $b \in \mathbb{R}^n$, 线性方程组 (2.1) 的解一定存在. 不仅如此, 这种情况下解还唯一, 如式 (2.3) 中的例子. 事实上, 我们有如下等价关系:

(1) 对任意向量 b, 线性方程组 (2.1) 存在唯一解;

(2) 如果 $Ax = 0$, 可以推出 $x = 0$;

(3) $\mathrm{rank}(A) = n$, 即 A 的列 (行) 向量线性无关;

(4) A 非奇异, 即存在矩阵 A^{-1} 满足 $A^{-1}A = AA^{-1} = I$;

(5) $\det(A) \neq 0$, 这里 $\det(\cdot)$ 指矩阵的行列式.

以上等价关系的证明较为初等, 可以参考有关的线性代数教材.

　　本章考虑当系数矩阵 A 非奇异时线性方程组的求解问题. 这时一个最直观的方法就是先计算 A 的逆矩阵 A^{-1}, 然后用 $A^{-1}b$ 去计算线性方程组的解. 但是显式地计算 A^{-1} 会带来很多冗余的计算量, 而且数值上也会造成较大的误差. 一般来说, 对于任何数值线性代数问题, 在算法设计的过程中都应该尽量避免显式地计算矩阵的逆.

2.2　Gauss 消去和 LU 分解

　　Gauss 消去是求解线性方程组最基本的直接法, 一般适用于系数矩阵稠密又没有什么特殊结构的情形. Gauss 消去的基本想法是先将线性方程组转化成三角方程组, 然后用前代法和回代法进行求解, 其中将线性方程组转化成三角方程组的过程对应着系数矩阵的 LU 分解.

2.2.1　Gauss 消去

我们首先通过一个简单例子来介绍 Gauss 消去的基本过程. 考察 3 阶线性方程组

$$a_{11}x_1 + a_{12}x_2 + a_{13}x_3 = b_1,$$
$$a_{21}x_1 + a_{22}x_2 + a_{23}x_3 = b_2, \tag{2.5}$$
$$a_{31}x_1 + a_{32}x_2 + a_{33}x_3 = b_3.$$

假设 $a_{11} \neq 0$. 如果把第一行的 $-a_{21}/a_{11}$ 以及 $-a_{31}/a_{11}$ 倍分别加到第二行和第三行上去就会把第二行和第三行中的自变量 x_1 消去, 从而得到

$$a_{11}x_1 + a_{12}x_2 + a_{13}x_3 = b_1,$$
$$a'_{22}x_2 + a'_{23}x_3 = b'_2, \tag{2.6}$$
$$a'_{32}x_2 + a'_{33}x_3 = b'_3,$$

其中

$$a'_{ij} = a_{ij} - a_{i1}a_{1j}/a_{11}, \quad b'_i = b_i - a_{i1}b_1/a_{11}, \quad i,j = 2,3.$$

类似地, 假设 $a'_{22} \neq 0$. 把方程组 (2.6) 的第二行的 $-a'_{32}/a'_{22}$ 倍加到第三行上去可以进一步把第三行中的自变量 x_2 消去并得到

$$a_{11}x_1 + a_{12}x_2 + a_{13}x_3 = b_1,$$
$$a'_{22}x_2 + a'_{23}x_3 = b'_2, \tag{2.7}$$
$$a''_{33}x_3 = b''_3,$$

其中

$$a''_{33} = a'_{33} - a'_{23}a'_{32}/a'_{22}, \quad b''_3 = b'_3 - a'_{32}b'_2/a'_{22}.$$

这样就完成了对一个 3 阶线性方程组的 Gauss 消去并最终得到了一个上三角方程组. 接下来我们可以用回代法对得到的上三角方程组进行求解 (见第一章 1.2.1 小节以及习题 1.28) 并最终求得原方程组的解.

————

以上 Gauss 消去的过程还可以用矩阵的初等变换进行表述. 定义矩阵

$$L_1 = \begin{bmatrix} 1 & & \\ -\ell_{21} & 1 & \\ -\ell_{31} & & 1 \end{bmatrix}, \quad 其中 \ell_{21} = \frac{a_{21}}{a_{11}}, \ell_{31} = \frac{a_{31}}{a_{11}}.$$

易知

$$L_1A = \begin{bmatrix} a_{11} & a_{12} & a_{13} \\ & a'_{22} & a'_{23} \\ & a'_{32} & a'_{33} \end{bmatrix}, \quad L_1b = \begin{bmatrix} b_1 \\ b'_2 \\ b'_3 \end{bmatrix}.$$

也就是说, 第 1 步消去得到方程组 (2.6) 的过程等价于

$$L_1Ax = L_1b.$$

类似地, 定义矩阵

$$L_2 = \begin{bmatrix} 1 & & \\ & 1 & \\ & -\ell_{32} & 1 \end{bmatrix}, \quad \text{其中 } \ell_{32} = \frac{a'_{32}}{a'_{22}}.$$

易知

$$L_2L_1A = \begin{bmatrix} a_{11} & a_{12} & a_{13} \\ & a'_{22} & a'_{23} \\ & & a''_{33} \end{bmatrix}, \quad L_2L_1b = \begin{bmatrix} b_1 \\ b'_2 \\ b''_3 \end{bmatrix}.$$

因此, 经过两步消去得到方程组 (2.7) 的过程等价于

$$L_2L_1Ax = L_2L_1b.$$

最后得到的方程组的系数矩阵 L_2L_1A 为上三角矩阵.

2.2.2 从 Gauss 消去到 LU 分解

上一小节介绍的 Gauss 消去过程很容易扩展到 A 为 n 阶方阵的情形, 这里重点考察系数矩阵的变化. 假设 Gauss 消去的过程不会中断, 即在计算倍数时不会出现除数为 0 的情况, 其本质就是构造了一系列具有如下特殊结构的下三角矩阵

$$L_k = \begin{bmatrix} 1 & & & & & \\ & \ddots & & & & \\ & & 1 & & & \\ & & -\ell_{(k+1)k} & \ddots & & \\ & & \vdots & & \ddots & \\ & & -\ell_{nk} & & & 1 \end{bmatrix}, \quad k = 1, \cdots, n-1, \tag{2.8}$$

使得

$$U = L_{n-1} \cdots L_1 A \tag{2.9}$$

为对角元不为零的上三角矩阵. 这里左乘下三角矩阵 L_k 能够将目标向量的第 $k+1$ 个到第 n 个元素消为 0. 具体地, 设第 $k-1$ 步 Gauss 消去后得到的矩阵的第 k 列为

$$a_k^{(k-1)} = \left[a_{1k}^{(k-1)}, \cdots, a_{kk}^{(k-1)}, a_{(k+1)k}^{(k-1)}, \cdots, a_{nk}^{(k-1)} \right]^{\mathsf{T}},$$

并且 $a_{kk}^{(k-1)} \neq 0$. 如果在式 (2.8) 中取

$$\ell_{jk} = \frac{a_{jk}^{(k-1)}}{a_{kk}^{(k-1)}}, \quad j = k+1, \cdots, n, \tag{2.10}$$

易证有

$$L_k a_k^{(k-1)} = \begin{bmatrix} a_{1k}^{(k-1)} \\ \vdots \\ a_{kk}^{(k-1)} \\ 0 \\ \vdots \\ 0 \end{bmatrix},$$

并且得到的向量即为矩阵 U 的第 k 列. 不难看出, 要使 Gauss 消去能够顺利进行, 需要式 (2.10) 中 $a_{kk}^{(k-1)} \neq 0$. 通常称 Gauss 消去过程中的 $a_{kk}^{(k-1)}$ 为**主元** (pivot). 下节将介绍出现 0 主元时的解决办法.

值得说明的是, 如果设

$$l_k = \left[0, \cdots, 0, \ell_{(k+1)k}, \cdots, \ell_{nk} \right]^{\mathsf{T}}, \tag{2.11}$$

则 L_k 可以更为紧凑地表达为

$$L_k = I - l_k e_k^{\mathsf{T}},$$

其中 e_k 为第 k 个标准单位向量 (即第 k 个元素为 1, 其他元素均为 0). 该表达式在理论分析过程中使用起来更方便.

从 L_k 的表达式 (2.8) 易知, L_k 是可逆矩阵. 不仅如此, L_k^{-1} 还有非常简洁的表达式.

引理 2.2　矩阵 L_k 的逆为

$$
L_k^{-1} = I + l_k e_k^\mathsf{T} = \begin{bmatrix} 1 & & & & & \\ & \ddots & & & & \\ & & 1 & & & \\ & & \ell_{(k+1)k} & \ddots & & \\ & & \vdots & & \ddots & \\ & & \ell_{nk} & & & 1 \end{bmatrix}.
$$

证明　注意到 $e_k^\mathsf{T} l_k = 0$, 通过简单计算易得 $(I + l_k e_k^\mathsf{T})(I - l_k e_k^\mathsf{T}) = I$. □

从初等变换的角度看, L_k 的作用是将向量的第 k 个元素的 $-\ell_{jk}$ 倍加到第 $j\,(j > k)$ 个元素上, 而由引理 2.2 中 L_k^{-1} 的形式可知其作用是将向量的第 k 个元素的 ℓ_{jk} 倍加到第 $j\,(j > k)$ 个元素上. 因此二者呈现互逆关系是非常自然的.

如前所述, Gauss 消去是将系数矩阵转化成上三角矩阵的过程, 由此可以得到矩阵的 LU 分解. 首先从式 (2.9) 可得

$$
A = L_1^{-1} \cdots L_{n-1}^{-1} U.
$$

令 $L = L_1^{-1} \cdots L_{n-1}^{-1}$. 由引理 2.2 可知

$$
\begin{aligned}
L &= (I + l_1 e_1^\mathsf{T}) \cdots (I + l_{n-1} e_{n-1}^\mathsf{T}) \\
&= I + l_1 e_1^\mathsf{T} + \cdots + l_{n-1} e_{n-1}^\mathsf{T},
\end{aligned}
$$

其中第二个等号用到了 $e_k^\mathsf{T} l_j = 0\,(j \geqslant k)$. 也就是说, L 具有如下形式的下三角矩阵:

$$
L = \begin{bmatrix} 1 & & & & \\ \ell_{21} & 1 & & & \\ \ell_{31} & \ell_{32} & 1 & & \\ \vdots & \vdots & \vdots & \ddots & \\ \ell_{n1} & \ell_{n2} & \ell_{n3} & \cdots & 1 \end{bmatrix}.
$$

因此, 我们能够从 Gauss 消去得到矩阵 A 的 LU 分解,

$$
A = LU. \tag{2.12}
$$

2.2.3 LU 分解算法

事实上, 如果矩阵 A 存在 LU 分解 (2.12), 我们可以把它表示成如下分块形式:

$$\begin{bmatrix} a_{11} & \boldsymbol{a}_{12}^{\mathsf{T}} \\ \boldsymbol{a}_{21} & A_{22} \end{bmatrix} = \begin{bmatrix} 1 & \\ \boldsymbol{l}_{21} & L_{22} \end{bmatrix} \begin{bmatrix} u_{11} & \boldsymbol{u}_{12}^{\mathsf{T}} \\ & U_{22} \end{bmatrix}.$$

于是有

$$a_{11} = u_{11},$$

$$\boldsymbol{a}_{12}^{\mathsf{T}} = \boldsymbol{u}_{12}^{\mathsf{T}},$$

$$\boldsymbol{a}_{21} = u_{11}\boldsymbol{l}_{21},$$

$$A_{22} = \boldsymbol{l}_{21}\boldsymbol{u}_{12}^{\mathsf{T}} + L_{22}U_{22}.$$

由此可以得到计算矩阵 LU 分解的基本步骤:

(1) 令矩阵 U 的第一行为矩阵 A 的第一行, 即 $u_{11} = a_{11}$, $\boldsymbol{u}_{12}^{\mathsf{T}} = \boldsymbol{a}_{12}^{\mathsf{T}}$;

(2) 令 L 矩阵第一列对角线以下的部分为 $\boldsymbol{l}_{21} = \boldsymbol{a}_{21}/u_{11}$;

(3) 计算子矩阵

$$A_{22} - \boldsymbol{l}_{21}\boldsymbol{u}_{12}^{\mathsf{T}} = A_{22} - \boldsymbol{a}_{21}a_{11}^{-1}\boldsymbol{a}_{12}^{\mathsf{T}}, \tag{2.13}$$

并对该矩阵重复步骤 (1)—(3).

以上计算矩阵 LU 分解的基本步骤是通过将矩阵进行划分并比较等号两边对应元素得到的. 细心的读者不难发现这和式 (2.9) 中的 Gauss 消去是等价的. 不过依然值得说明的是, 通过将矩阵进行适当划分并利用其中的等价关系得到一个算法是矩阵计算中非常有用的思路. 此外, 通常称式 (2.13) 中的矩阵 $A_{22} - \boldsymbol{a}_{21}a_{11}^{-1}\boldsymbol{a}_{12}^{\mathsf{T}}$ 为 a_{11} 的 **Schur 补** (Schur complement).

计算矩阵 LU 分解的伪代码见算法 2.1. 注意, 在该算法中下三角矩阵 L 保存在了 A 的严格下三角部分 (L 的对角线元为 1, 无需保存), 而上三角矩阵 U 则保存在了 A 的上三角部分. 由于算法第 k 次迭代主要是计算一个 $(n-k) \times (n-k)$ 矩阵的秩 1 更新, 因此在忽略低次项后算法的计算复杂度为

$$2 \times (n-1)^2 + \cdots + 2 \times 1^2 = \frac{2}{3}n^3 + O(n^2).$$

算法 2.1 LU 分解

for $k = 1, 2, \cdots, n-1$ **do**
    $A(k+1:n, k) = A(k+1:n, k)/A(k, k)$
    $A(k+1:n, k+1:n) = A(k+1:n, k+1:n) - A(k+1:n, k) * A(k, k+1:n)$
end

在有了矩阵的 LU 分解 $A = LU$ 之后, 我们可以分以下两步求解线性方程组 $Ax = b$:

(1) 用前代法求解下三角方程组 $Ly = b$;

(2) 用回代法求解上三角方程组 $Ux = y$.

前代法和回代法的具体步骤可见第一章 1.2.1 小节. 注意到 $y = L^{-1}b$, 步骤 (1) 本质上对应着 Gauss 消去法中将线性方程组变成上三角形的过程.

2.3　选主元 Gauss 消去和 LU 分解

上一节假设 Gauss 消去的过程中不会中断, 即不会出现主元为 0 的情况. 可以证明, 这等价于矩阵 A 的所有顺序主子式都非奇异 (见习题 2.4), 比仅要求矩阵 A 可逆条件要强. 也就是说, 对于一个可逆矩阵, Gauss 消去并非总能进行下去. 从矩阵 LU 分解的角度看, 这意味着并不是所有的可逆矩阵都存在 LU 分解. 例如, 考察如下 3×3 矩阵

$$A = \begin{bmatrix} 0 & 1 & 0 \\ 0 & 2 & 1 \\ 2 & 3 & 1 \end{bmatrix}. \tag{2.14}$$

易用反证法证明, 不存在单位下三角矩阵 L (即 L 的对角元为 1) 以及上三角矩阵 U 使得 $A = LU$. 不过该问题可以通过在 Gauss 消去或者 LU 分解的过程中进行主元选取 (pivoting) 来解决.

主元选取依赖排列矩阵的交换作用. 根据例 1.2 中的定义, 一个 n 阶排列矩阵 P 是由 n 阶单位矩阵通过列交换或者行交换得到的. 因此, 对于任意 n 阶矩阵 X, PX 能够对 X 起到行交换的作用, 而 XP 能够对 X 起到列交换的作用. 此外, 读者可以自行验证排列矩阵还有如下性质:

(1) $P^{\mathsf{T}}P = PP^{\mathsf{T}} = I$, 即 $P^{-1} = P^{\mathsf{T}}$;

(2) $\det(P) = \pm 1$;

(3) 若 P_1, P_2 均是排列矩阵, 则 $P_1 P_2$ 也是排列矩阵.

我们知道 Gauss 消去 (仅考虑对系数矩阵的消去过程) 的第 k 步通过将矩阵第 k 行不同的倍数分别加到第 $k+1, \cdots, n$ 行以达到将第 k 列对角线以下的元素消为 0 的目的, 见图 2.1. 因此, 若主元 $a_{kk}^{(k-1)}$ 为 0, 我们就无法计算相应的倍数, Gauss 消去过程就会中断. 选主元 Gauss 消去的基本想法是在进行消去之前将绝对值比较大的元素交换到主元的位置, 然后再进行消去操作.

$$\begin{bmatrix} \times & \times & \times & \times & \times & \times \\ & \times & \times & \times & \times & \times \\ & & a_{kk}^{(k-1)} & * & * & * \\ & & \times & \times & \times & \times \\ & & \times & \times & \times & \times \\ & & \times & \times & \times & \times \end{bmatrix} \xrightarrow{L_k} \begin{bmatrix} \times & \times & \times & \times & \times & \times \\ & \times & \times & \times & \times & \times \\ & & a_{kk}^{(k-1)} & * & * & * \\ & & 0 & \times & \times & \times \\ & & 0 & \times & \times & \times \\ & & 0 & \times & \times & \times \end{bmatrix}$$

图 2.1 Gauss 消去示例

这里我们考虑最常见的列主元 Gauss 消去法, 见图 2.2. 假设 $a_{jk}^{(k-1)}$ 是第 k 列对角线及其以下元素中绝对值最大的那个. 带有列主元选取 (partial pivoting) 的 Gauss 消去首先通过左乘排列矩阵

$$P_k = \left[e_1, \cdots, e_{k-1}, \boldsymbol{e_j}, e_{k+1}, \cdots, e_{j-1}, \boldsymbol{e_k}, e_{j+1}, \cdots, e_n \right] \tag{2.15}$$

将矩阵的第 k 行和第 j 行进行交换, 然后再通过左乘矩阵 L_k (见式 (2.8)) 进行一步 Gauss 消去. 注意, 如果 A 为可逆矩阵, 即使在 $a_{kk}^{(k-1)} = 0$ 的情况下, 也必然有 $a_{jk}^{(k-1)}$ 不为 0. 因此, 在主元交换后, Gauss 消去能够继续进行下去. 综上所述, 列主元 Gauss 消去法的完整过程可以表达为

$$L_{n-1}P_{n-1} \cdots L_2 P_2 L_1 P_1 A = U, \tag{2.16}$$

其中如果在第 k 步并不需要主元选取 $\left(\text{即} \max_{j \geqslant k} \left| a_{jk}^{(k-1)} \right| = \left| a_{kk}^{(k-1)} \right| \right)$, 则 $P_k = I$ 为单位矩阵.

$$\begin{bmatrix} \times & \times & \times & \times & \times & \times \\ & \times & \times & \times & \times & \times \\ & & a_{kk}^{(k-1)} & * & * & * \\ & & \times & \times & \times & \times \\ & & a_{jk}^{(k-1)} & \triangle & \triangle & \triangle \\ & & \times & \times & \times & \times \end{bmatrix} \xrightarrow{P_k} \begin{bmatrix} \times & \times & \times & \times & \times & \times \\ & \times & \times & \times & \times & \times \\ & & a_{jk}^{(k-1)} & \triangle & \triangle & \triangle \\ & & \times & \times & \times & \times \\ & & a_{kk}^{(k-1)} & * & * & * \\ & & \times & \times & \times & \times \end{bmatrix} \xrightarrow{L_k} \begin{bmatrix} \times & \times & \times & \times & \times & \times \\ & \times & \times & \times & \times & \times \\ & & a_{jk}^{(k-1)} & \triangle & \triangle & \triangle \\ & & 0 & \times & \times & \times \\ & & 0 & \times & \times & \times \\ & & 0 & \times & \times & \times \end{bmatrix}$$

图 2.2 列主元 Gauss 消去示例

我们可以从列主元 Gauss 消去过程得到矩阵的列主元 LU 分解, 即有如下定理.

定理 2.3　设 $A \in \mathbb{R}^{n \times n}$ 为可逆矩阵, 则存在排列矩阵 $P \in \mathbb{R}^{n \times n}$, 单位下三角矩阵 $L \in \mathbb{R}^{n \times n}$ 以及可逆上三角矩阵 $U \in \mathbb{R}^{n \times n}$ 使得

$$PA = LU.$$

证明　令

$$L_k' = (P_{n-1} \cdots P_{k+1}) L_k (P_{k+1}^\mathsf{T} \cdots P_{n-1}^\mathsf{T}), \quad k = 1, \cdots, n-2,$$

以及 $L'_{n-1} = L_{n-1}$. 利用排列矩阵的性质 $P_k^\mathsf{T} P_k = I$ 易知式 (2.16) 可以被重写为

$$(L'_{n-1} \cdots L'_2 L'_1)(P_{n-1} \cdots P_2 P_1)A = U.$$

由于 $L_k = I - l_k e_k^\mathsf{T}$, 其中 l_k 具有式 (2.11) 中的形式, 我们有

$$L'_k = (P_{n-1} \cdots P_{k+1})(I - l_k e_k^\mathsf{T})(P_{k+1}^\mathsf{T} \cdots P_{n-1}^\mathsf{T})$$

$$= I - (P_{n-1} \cdots P_{k+1}) l_k e_k^\mathsf{T} (P_{k+1}^\mathsf{T} \cdots P_{n-1}^\mathsf{T})$$

$$= I - (P_{n-1} \cdots P_{k+1} l_k)(P_{n-1} \cdots P_{k+1} e_k)^\mathsf{T}.$$

注意到 $P_{k+1}, \cdots, P_n$ 的形式 (见式 (2.15)), 对一个向量左乘 $P_{n-1} \cdots P_{k+1}$ 仅会交换向量中的第 $k+1$ 个到第 n 个元素. 因此有

$$P_{n-1} \cdots P_{k+1} e_k = e_k.$$

进一步地, 令

$$l'_k = P_{n-1} \cdots P_{k+1} l_k, \tag{2.17}$$

易知 l'_k 同样具有式 (2.11) 中的形式. 因此,

$$L'_k = I - l'_k e_k^\mathsf{T} \tag{2.18}$$

依然具有式 (2.8) 中结构. 最后令

$$L = (L'_{n-1} \cdots L'_2 L'_1)^{-1}, \quad P = P_{n-1} \cdots P_2 P_1,$$

我们有 $PA = LU$, 其中 P 为排列矩阵, 而类似上一节的推导可知 L 是单位下三角矩阵并且它的第 k 列元素由 l'_k 给出. $\qquad \square$

例 2.1 以式 (2.14) 中的矩阵为例, 尽管它的 LU 分解不存在, 但是有

$$PA = \begin{bmatrix} 0 & 0 & 1 \\ 0 & 1 & 0 \\ 1 & 0 & 0 \end{bmatrix} \begin{bmatrix} 0 & 1 & 0 \\ 0 & 2 & 1 \\ 2 & 3 & 1 \end{bmatrix} = \begin{bmatrix} 2 & 3 & 1 \\ 0 & 2 & 1 \\ 0 & 1 & 0 \end{bmatrix} = \begin{bmatrix} 1 & 0 & 0 \\ 0 & 1 & 0 \\ 0 & \frac{1}{2} & 1 \end{bmatrix} \begin{bmatrix} 2 & 3 & 1 \\ 0 & 2 & 1 \\ 0 & 0 & -\frac{1}{2} \end{bmatrix} = LU.$$

由式 (2.16) 与定理 2.3 的证明过程我们可以得到计算可逆矩阵列主元 LU 分解的基本步骤, 见算法 2.2. 关于该算法有以下几点说明:

算法 2.2 列主元 LU 分解

初始向量 $p = [1, \cdots, n]^{\mathsf{T}}$

for $k = 1, 2, \cdots, n-1$ **do**

　　确定 $j \geqslant k$ 使得 $|A(j,k)| = \max\limits_{\ell \geqslant k} |A(\ell, k)|$

　　if $j \neq k$ **then**

　　　　$A(k, 1:n) \leftrightarrow A(j, 1:n)$

　　　　$p(k) \leftrightarrow p(j)$

　　end

　　$A(k+1:n, k) = A(k+1:n, k)/A(k,k)$

　　$A(k+1:n, k+1:n) = A(k+1:n, k+1:n) - A(k+1:n, k) * A(k, k+1:n)$

end

---

(1) 算法中并没有显式地保存排列矩阵 P_k, 而是用向量 $p = [1, \cdots, n]^{\mathsf{T}}$ 的元素变化记录整个重排过程.

(2) 和算法 2.1 中的 LU 分解一样, 单位下三角矩阵 L 保存在了 A 的严格下三角部分 (即 l'_k 中的非零部分保存在了矩阵 A 的第 k 列对角线以下的位置), 而上三角矩阵 U 保存在了 A 的上三角部分.

(3) 注意 l'_k 由式 (2.17) 给出, 它是 l_k 经过后续的重排得到的. 由于在算法中, l'_k 中的倍数部分保存在了 A 的第 k 列对角线以下的位置, 算法中对于 A 的行交换 $A(k, 1:n) \leftrightarrow A(j, 1:n)$ 同时实现了主元的重排以及 l_k 中非零部分所需的重排.

(4) 不难看出, 算法的每一步由重排带来的额外计算量为 $O(n)$. 因此, 重排带来的总体额外计算量为 $O(n^2)$. 这意味着, 与算法 2.1 中的 LU 分解相比, 列主元 LU 分解的主要计算量依然是 $O(n^3)$ (由消去过程带来).

有了矩阵的列主元 LU 分解 $PA = LU$ 之后, 对于任意给定的向量 b, 我们可以分以下三步求解线性方程组 $Ax = b$:

(1) 计算 $\tilde{b} = Pb$;

(2) 用前代法求解下三角方程组 $Ly = \tilde{b}$;

(3) 用回代法求解上三角方程组 $Ux = y$.

值得强调的是, 选主元不仅能够确保 Gauss 消去可以完整地进行下去, 而且在计算机精度有限的情况下还对算法的数值可靠性起着至关重要的作用. 最后我们考察一个这方面的例子.

例 2.2　考虑矩阵

$$A = \begin{bmatrix} 10^{-4} & 1 \\ 1 & 1 \end{bmatrix} = \begin{bmatrix} 1 & 0 \\ 10^4 & 1 \end{bmatrix} \begin{bmatrix} 10^{-4} & 1 \\ 0 & 1 - 10^{-4} \end{bmatrix}.$$

在三位有效数字的十进制浮点运算下, 使用 Gauss 消去得到 $\widetilde{L}$ 矩阵和 $\widetilde{U}$ 矩阵分别为

$$\widetilde{L} = \begin{bmatrix} 1 & 0 \\ \mathrm{fl}(1/10^{-4}) & 1 \end{bmatrix} = \begin{bmatrix} 1 & 0 \\ 10^4 & 1 \end{bmatrix}, \quad \widetilde{U} = \begin{bmatrix} 10^{-4} & 1 \\ 0 & \mathrm{fl}(1-10^4 \cdot 1) \end{bmatrix} = \begin{bmatrix} 10^{-4} & 1 \\ 0 & -10^4 \end{bmatrix}.$$

把得到的 $\widetilde{L}$ 和 $\widetilde{U}$ 乘起来可得

$$\widetilde{L}\widetilde{U} = \begin{bmatrix} 1 & 0 \\ 10^4 & 1 \end{bmatrix} \begin{bmatrix} 10^{-4} & 1 \\ 0 & -10^4 \end{bmatrix} = \begin{bmatrix} 10^{-4} & 1 \\ 1 & 0 \end{bmatrix}.$$

由此可见, A 的第 $(2,2)$ 个元素的精度完全损失了. 进一步地, 如果通过 LU 分解求解线性方程组 $Ax = [1,2]^\mathsf{T}$, 有

(1) 用前代法求解 $\widetilde{L}\tilde{y} = [1,2]^\mathsf{T}$ 可得

$$\tilde{y}_1 = \mathrm{fl}(1/1) = 1, \quad \tilde{y}_2 = \mathrm{fl}(2-10^4 \cdot 1) = -10^4;$$

(2) 用回代法求解 $\widetilde{U}\tilde{x} = \tilde{y}$ 可得

$$\tilde{x}_2 = \mathrm{fl}((-10^4)/(-10^4)) = 1, \quad \tilde{x}_1 = \mathrm{fl}((1-1)/10^{-4}) = 0.$$

注意到线性方程组的真实解为 $x \approx [1,1]^\mathsf{T}$, 显然通过 LU 分解得到的数值解 $\tilde{x} = [0,1]^\mathsf{T}$ 存在较大的误差.

接下来考虑 A 的列主元 LU 分解. 在相同精度下, 使用列主元 Gauss 消去可得

$$P = \begin{bmatrix} 0 & 1 \\ 1 & 0 \end{bmatrix}, \quad \widetilde{L} = \begin{bmatrix} 1 & 0 \\ \mathrm{fl}(10^{-4}/1) & 1 \end{bmatrix} = \begin{bmatrix} 1 & 0 \\ 10^{-4} & 1 \end{bmatrix},$$
$$\widetilde{U} = \begin{bmatrix} 1 & 1 \\ 0 & \mathrm{fl}(1-10^{-4} \cdot 1) \end{bmatrix} = \begin{bmatrix} 1 & 1 \\ 0 & 1 \end{bmatrix}.$$

因此有

$$\widetilde{L}\widetilde{U} = \begin{bmatrix} 1 & 1 \\ 10^{-4} & 1+10^{-4} \end{bmatrix} \approx \begin{bmatrix} 1 & 1 \\ 10^{-4} & 1 \end{bmatrix} = PA.$$

这表明, 列主元 LU 分解数值上更加可靠. 如果通过列主元 LU 分解求解线性方程组 $Ax = [1,2]^\mathsf{T}$, 容易验证得到的解为 $\tilde{x} = [1,1]^\mathsf{T}$. 显然该数值解更接近方程组的真解, 比基于 LU 分解得到的解准确得多.

2.4 Cholesky 分解

2.4.1 Cholesky 分解算法

Cholesky 分解是矩阵对称正定时 LU 分解的一种特殊形式. 一个 n 阶矩阵 A 称为正定矩阵, 如果对所有非零向量 $x \in \mathbb{R}^n$ 有 $x^\mathsf{T} A x > 0$. 对于对称正定矩阵, 我们有下述定理.

定理 2.4 设 $A \in \mathbb{R}^{n \times n}$ 为对称矩阵, 下列条件是等价的:

(1) A 是正定矩阵;

(2) A 所有的特征值均大于 0;

(3) A 的所有主子式 (即子矩阵 $A(I, I)$, 其中 I 是 $\{1, \cdots, n\}$ 的一个子集) 都是正定矩阵;

(4) 存在对称正定矩阵, 记为 $A^{1/2}$, 使得 $(A^{1/2})^2 = A$;

(5) 存在对角元为正的下三角矩阵 $L \in \mathbb{R}^{n \times n}$ 使得

$$A = LL^\mathsf{T}. \tag{2.19}$$

证明 (1) 和 (2)、(1) 和 (3) 以及 (1) 和 (4) 的等价性留给读者思考. 显然, 如果 A 有式 (2.19) 中的分解, 它必定是正定矩阵. 对称正定矩阵必然有此种形式的分解可以从下面将要介绍的计算过程得到. □

式 (2.19) 中的分解称为对称正定矩阵的 Cholesky 分解. 由 A 的 Cholesky 分解很容易得到 A 的 LDLT 分解

$$A = LDL^\mathsf{T}, \tag{2.20}$$

其中 L 为单位下三角矩阵, D 为对角元为正的对角矩阵.

计算对称正定矩阵的 Cholesky 分解的过程可以看作是对称 Gauss 消去的过程. 为此, 我们把 A 划分成如下分块形式:

$$A = \begin{bmatrix} a_{11} & \boldsymbol{a}_{21}^\mathsf{T} \\ \boldsymbol{a}_{21} & A_{22} \end{bmatrix},$$

并考察计算的第 1 步. 首先对 A 进行一步 Gauss 消去有

$$L_1 A = \begin{bmatrix} 1 & \\ -\boldsymbol{a}_{21}/a_{11} & I \end{bmatrix} \begin{bmatrix} a_{11} & \boldsymbol{a}_{21}^\mathsf{T} \\ \boldsymbol{a}_{21} & A_{22} \end{bmatrix} = \begin{bmatrix} a_{11} & \boldsymbol{a}_{21}^\mathsf{T} \\ & A_{22} - \boldsymbol{a}_{21}\boldsymbol{a}_{21}^\mathsf{T}/a_{11} \end{bmatrix}.$$

易知, 如果继续对 L_1A 右乘 L_1^T 会同时将 A 第一行对角线以外的元素消为 0, 即

$$
\begin{aligned}
L_1AL_1^\mathsf{T} &= \begin{bmatrix} 1 & \\ -\boldsymbol{a}_{21}/a_{11} & I \end{bmatrix} \begin{bmatrix} a_{11} & \boldsymbol{a}_{21}^\mathsf{T} \\ \boldsymbol{a}_{21} & A_{22} \end{bmatrix} \begin{bmatrix} 1 & -\boldsymbol{a}_{21}^\mathsf{T}/a_{11} \\ & I \end{bmatrix} \\
&= \begin{bmatrix} a_{11} & \boldsymbol{a}_{21}^\mathsf{T} \\ & A_{22} - \boldsymbol{a}_{21}\boldsymbol{a}_{21}^\mathsf{T}/a_{11} \end{bmatrix} \begin{bmatrix} 1 & -\boldsymbol{a}_{21}^\mathsf{T}/a_{11} \\ & I \end{bmatrix} \\
&= \begin{bmatrix} a_{11} & \\ & A_{22} - \boldsymbol{a}_{21}\boldsymbol{a}_{21}^\mathsf{T}/a_{11} \end{bmatrix}.
\end{aligned}
$$

由引理 2.2 可得

$$
\begin{aligned}
A &= \begin{bmatrix} a_{11} & \boldsymbol{a}_{21}^\mathsf{T} \\ \boldsymbol{a}_{21} & A_{22} \end{bmatrix} = \begin{bmatrix} 1 & \\ \boldsymbol{a}_{21}/a_{11} & I \end{bmatrix} \begin{bmatrix} a_{11} & \\ & A_{22} - \boldsymbol{a}_{21}\boldsymbol{a}_{21}^\mathsf{T}/a_{11} \end{bmatrix} \begin{bmatrix} 1 & \boldsymbol{a}_{21}^\mathsf{T}/a_{11} \\ & I \end{bmatrix} \\
&= \begin{bmatrix} \sqrt{a_{11}} & \\ \boldsymbol{a}_{21}/\sqrt{a_{11}} & I \end{bmatrix} \begin{bmatrix} 1 & \\ & A_{22} - \boldsymbol{a}_{21}\boldsymbol{a}_{21}^\mathsf{T}/a_{11} \end{bmatrix} \begin{bmatrix} \sqrt{a_{11}} & \boldsymbol{a}_{21}^\mathsf{T}/\sqrt{a_{11}} \\ & I \end{bmatrix}.
\end{aligned}
\tag{2.21}
$$

显然 a_{11} 的 Schur 补 $A_{22} - \boldsymbol{a}_{21}\boldsymbol{a}_{21}^\mathsf{T}/a_{11}$ 是对称矩阵. 不仅如此, 它还是正定矩阵 (证明留作习题 2.12). 因此我们可以继续对 $A_{22} - \boldsymbol{a}_{21}\boldsymbol{a}_{21}^\mathsf{T}/a_{11}$ 做类似式 (2.21) 中的分解. 不断重复以上操作, 式 (2.21) 中间的矩阵会被逐步约化为单位矩阵, 而两边的矩阵将始终是一个下三角矩阵及其转置的形式. 这样经过 $n-1$ 步之后, 我们就会得到矩阵 A 的 Cholesky 分解.

———

计算 Cholesky 分解的算法同样可以通过 2.2 节中介绍的对矩阵进行划分并比较对应元素的方法得到. 具体地, 假设 $A = LL^\mathsf{T}$ 存在, 在进行合理划分后有

$$
\begin{bmatrix} a_{11} & \boldsymbol{a}_{21}^\mathsf{T} \\ \boldsymbol{a}_{21} & A_{22} \end{bmatrix} = \begin{bmatrix} \ell_{11} & \\ \boldsymbol{l}_{21} & L_{22} \end{bmatrix} \begin{bmatrix} \ell_{11} & \boldsymbol{l}_{21}^\mathsf{T} \\ & L_{22} \end{bmatrix}.
$$

进而可知

$$
a_{11} = \ell_{11}^2,
$$

$$
\boldsymbol{a}_{21} = \boldsymbol{l}_{21}\ell_{11},
$$

$$
A_{22} = L_{22}L_{22}^\mathsf{T} + \boldsymbol{l}_{21}\boldsymbol{l}_{21}^\mathsf{T}.
$$

由此我们同样可以得到计算矩阵 Cholesky 分解的基本步骤:

(1) 令 $\ell_{11} = \sqrt{a_{11}}$;

(2) 令 $\boldsymbol{l}_{21} = \boldsymbol{a}_{21}/\ell_{11} = \boldsymbol{a}_{21}/\sqrt{a_{11}}$;

(3) 计算 a_{11} 的 Schur 补

$$A_{22} - \boldsymbol{l}_{21}\boldsymbol{l}_{21}^{\mathsf{T}} = A_{22} - \boldsymbol{a}_{21}\boldsymbol{a}_{21}^{\mathsf{T}}/a_{11},$$

并对其重复步骤 (1) 和 (3).

以上步骤的完整伪代码见算法 2.3. 在该算法中, 矩阵 L 依然保存在矩阵 A 的下三角部分[①]. 相比于 LU 分解, Cholesky 分解作为一种保结构的算法能够利用矩阵的对称性节省大约一半的计算量, 即总体计算复杂度为 $\frac{1}{3}n^3 + O(n^2)$. 此外, 下一小节会证明算法 2.3 向后稳定, 因此并不需要选取主元.

算法 2.3 Cholesky 分解

for $k = 1, 2, \cdots, n$ **do**

    $A(k, k) = \sqrt{A(k, k)}$

    $A(k+1 : n, k) = A(k+1 : n, k)/A(k, k)$

    for $j = k+1, \cdots, n$ **do**

        $A(j : n, j) = A(j : n, j) - A(j : n, k) * A(j, k)$

    end

end

在有了对称正定矩阵的 Cholesky 分解 $A = LL^{\mathsf{T}}$ 之后, 对于任意给定的向量 b, 我们可以分以下两步求解线性方程组 $Ax = b$:

(1) 用前代法求解下三角方程组 $Ly = b$;

(2) 用回代法求解上三角方程组 $L^{\mathsf{T}}x = y$.

★ 2.4.2 Cholesky 分解和 Gauss 消去的向后误差分析

下面考察用 Choleksy 分解求解系数矩阵对称正定的线性方程组 $Ax = b$ 的向后误差分析, 为此我们首先分析 Choleksy 分解算法本身的向后误差.

令 $A = LL^{\mathsf{T}}$ 为 A 的 Choleksy 分解,

$$\begin{bmatrix} & \vdots & \\ & \vdots & \\ & \vdots & \\ & \vdots & \\ & \vdots & \\ \cdots\cdots\cdots & a_{ij} & \cdots\cdots\cdots \\ & \vdots & \end{bmatrix} = \begin{bmatrix} \\ \\ \\ \ell_{i1}\cdots\ell_{ij}\cdots\ell_{ii} \\ \\ \end{bmatrix} \begin{bmatrix} & & \ell_{j1} \\ & & \vdots \\ & & \ell_{jj} \\ & & \\ \end{bmatrix}.$$

[①] LAPACK 的实现中 A 和 L 可以选择上三角部分或下三角部分, 尽管没有节省存储, 但只需对一半的元素赋值和运算.

比较等式两端 (i,j) 位置 $(j \leqslant i)$ 的元素值有

$$a_{ij} = \sum_{k=1}^{j} \ell_{ik}\ell_{jk}, \quad j = 1, \cdots, i.$$

由此得到与算法 2.3 对应的非对角元的计算公式

$$\ell_{ij} = \left(a_{ij} - \sum_{k=1}^{j-1} \ell_{ik}\ell_{jk} \right) / \ell_{jj}, \quad j = 1, \cdots, i-1,$$

以及对角元的计算公式

$$\ell_{ii} = \sqrt{a_{ii} - \sum_{k=1}^{i-1} \ell_{ik}^2}.$$

我们用 $\hat{\ell}_{ij}$ 表示在有舍入误差时通过算法 2.3 得到的 Cholesky 分解的矩阵元素. 类似第一章 1.4.3 小节中向量内积的舍入误差分析, 对于非对角元有

$$\hat{\ell}_{ij} = \mathrm{fl}\left(\left(a_{ij} - \sum_{k=1}^{j-1} \hat{\ell}_{ik}\hat{\ell}_{jk} \right) / \hat{\ell}_{jj} \right)$$

$$= (\cdots (a_{ij} - \hat{\ell}_{i1}\hat{\ell}_{j1}(1+\varepsilon_1))(1+\mu_1) - \cdots -$$

$$\hat{\ell}_{i(j-1)}\hat{\ell}_{j(j-1)}(1+\varepsilon_{j-1}))(1+\mu_{j-1})/\hat{\ell}_{jj}\,(1+\delta),$$

将 $\hat{\ell}_{ik}$ 移到同一侧, 整理后得到

$$a_{ij} = \hat{\ell}_{i1}\hat{\ell}_{j1}(1+\varepsilon_1) + \cdots + \hat{\ell}_{i(j-1)}\hat{\ell}_{j(j-1)}\frac{1+\varepsilon_{j-1}}{(1+\mu_1)\cdots(1+\mu_{j-2})} +$$

$$\hat{\ell}_{ij}\hat{\ell}_{jj}\frac{1}{(1+\mu_1)\cdots(1+\mu_{j-1})(1+\delta)}.$$

以最后一个系数为例,

$$\frac{1}{(1+\mu_1)\cdots(1+\mu_{j-1})(1+\delta)} \leqslant \frac{1}{(1-\mathbf{u})^j} = 1 + j\mathbf{u} + O(\mathbf{u}^2).$$

因此, 忽略高次项有[①]

$$\left| a_{ij} - \sum_{k=1}^{j} \hat{\ell}_{ik}\hat{\ell}_{jk} \right| \lesssim j\mathbf{u}\sum_{k=1}^{j}|\hat{\ell}_{ik}||\hat{\ell}_{jk}| \quad j = 1, \cdots, i-1. \tag{2.22}$$

类似地, 对于对角元有

$$\hat{\ell}_{ii} = \mathrm{fl}\left(\sqrt{a_{ii} - \sum_{k=1}^{i-1} \hat{\ell}_{ik}^2} \right)$$

---

① 用 $\gamma_j = \dfrac{j\mathbf{u}}{1 - j\mathbf{u}}$ 替代 $j\mathbf{u}$, 则 "$\lesssim$" 可以改为 "$\leqslant$", 参见第一章 1.4.3 小节.

$$= \sqrt{\Big(\cdots\big(a_{ii} - \hat{\ell}_{i1}^2(1+\varepsilon_1)\big)(1+\mu_1) - \cdots - \hat{\ell}_{i(i-1)}^2(1+\varepsilon_{i-1})\Big)(1+\mu_{i-1})} \cdot (1+\delta),$$

整理后得到

$$a_{ii} = \hat{\ell}_{i1}^2(1+\varepsilon_1) + \cdots + \hat{\ell}_{i(i-1)}^2 \frac{(1+\varepsilon_{i-1})}{(1+\mu_1)\cdots(1+\mu_{j-2})} + \hat{\ell}_{ii}^2 \frac{1}{(1+\mu_1)\cdots(1+\mu_{i-1})(1+\delta)^2}.$$

考察最后一个系数,

$$\frac{1}{(1+\mu_1)\cdots(1+\mu_{j-1})(1+\delta)^2} \leqslant \frac{1}{(1-\mathbf{u})^{j+1}} = 1 + (j+1)\mathbf{u} + O(\mathbf{u}^2).$$

同样有

$$\left| a_{ii} - \sum_{k=1}^i \hat{\ell}_{ik}^2 \right| \lesssim (j+1)\mathbf{u} \sum_{k=1}^i \hat{\ell}_{ik}^2. \tag{2.23}$$

综合式 (2.22) 和 (2.23),我们得到如下 Cholesky 分解算法的向后误差分析结果.

定理 2.5　假设矩阵 A 对称正定,Cholesky 分解计算得到的 $\widehat{L}$ 满足

$$\widehat{L}\widehat{L}^{\mathsf{T}} = A + \delta A, \quad |\delta A| \lesssim (n+1)\mathbf{u}|\widehat{L}||\widehat{L}^{\mathsf{T}}|.$$

定理 2.5 中的 $|\cdot|$ 表示对矩阵的每个元素取绝对值,不等号也是在元素意义下成立.

对于三角方程组的求解也可以类似地进行向后误差分析,结论见如下定理,证明留作习题.

定理 2.6　假设 T 是非奇异上 (下) 三角矩阵,前代法 (回代法) 计算得到的三角方程组 $Tx = b$ 的解 $\hat{x}$ 满足

$$(T + \Delta T)\hat{x} = b, \quad |\Delta T| \lesssim n\mathbf{u}|T|.$$

最终,我们可以得到求解对称正定线性方程组的向后误差分析.

定理 2.7　假设矩阵 A 对称正定,$\widehat{L}$ 是 Cholesky 分解计算得到的因子,$\hat{x}$ 是用前代法和回代法计算得到的线性方程组 $Ax = b$ 的解,则

$$(A + \Delta A)\hat{x} = b, \quad |\Delta A| \lesssim (3n+1)\mathbf{u}|\widehat{L}||\widehat{L}^{\mathsf{T}}|.$$

证明　由定理 2.6,

$$(\widehat{L} + \Delta L)\hat{y} = b, \quad |\Delta L| \lesssim n\mathbf{u}|\widehat{L}|,$$

$$(\widehat{L}^{\mathsf{T}} + \Delta U)\hat{x} = \hat{y}, \quad |\Delta U| \lesssim n\mathbf{u}|\widehat{L}^{\mathsf{T}}|.$$

整合定理 2.5 中的结论有

$$(\widehat{L} + \Delta L)(\widehat{L}^{\mathsf{T}} + \Delta U)\hat{x} = (A + \delta A + \widehat{L}\Delta U + \Delta L\widehat{L}^{\mathsf{T}} + \Delta L\Delta U)\hat{x} = b,$$

因此 $\Delta A = \delta A + \widehat{L}\Delta U + \Delta L\widehat{L}^{\mathsf{T}} + \Delta L\Delta U$,忽略高次项有 $|\Delta A| \lesssim (3n+1)\mathbf{u}|\widehat{L}||\widehat{L}^{\mathsf{T}}|$. $\quad\square$

由于矩阵 2-范数是算子范数,

$$\|A\|_2 = \max_{\|x\|_2=1} \|Ax\|_2 \leqslant \max_{\|x\|_2=1} \||A|\,|x|\|_2 = \max_{\|x\|_2=1} \||A|x\|_2 = \||A|\|_2,$$

并且

$$\||\widehat{L}|\,|\widehat{L}^\mathsf{T}|\|_2 = \||\widehat{L}|\|_2^2 \leqslant \||\widehat{L}|\|_F^2 \leqslant n\||\widehat{L}|\|_2^2 = n\|\widehat{L}\widehat{L}^\mathsf{T}\|_2 = n\|A + \delta A\|_2$$
$$\lesssim n\|A\|_2 + n(n+1)\mathbf{u}\||\widehat{L}|\,|\widehat{L}^\mathsf{T}|\|_2,$$

从而

$$\|\Delta A\|_2 \leqslant \||\Delta A|\|_2 \lesssim (3n+1)\mathbf{u}\||\widehat{L}|\,|\widehat{L}^\mathsf{T}|\|_2 \lesssim \frac{n(3n+1)\mathbf{u}}{1 - n(n+1)\mathbf{u}}\|A\|_2.$$

这意味着 Cholesky 分解在范数意义下向后稳定, 并不需要选取主元.

下面我们不加证明地给出 Gauss 消去法的向后误差分析.

定理 2.8 假设矩阵 A 非奇异, 列主元 LU 分解计算得到的 $\widehat{P}, \widehat{L}, \widehat{U}$ 满足

$$\widehat{L}\widehat{U} = \widehat{P}A + \delta A, \quad |\delta A| \lesssim n\mathbf{u}|\widehat{L}|\,|\widehat{U}|.$$

定理 2.9 假设矩阵 A 非奇异, $\widehat{P}, \widehat{L}, \widehat{U}$ 是列主元 LU 分解计算得到的排列矩阵和 LU 因子, $\hat{x}$ 是用前代法和回代法计算得到的线性方程组 $Ax = b$ 的解, 则

$$(A + \Delta A)\hat{x} = b, \quad |\Delta A| \lesssim 3n\mathbf{u}|\widehat{L}|\,|\widehat{U}|.$$

对于列主元 LU 分解, 注意到 $\widehat{L}$ 的元素绝对值均不超过 1, 因此

$$\|\widehat{L}\|_\infty \leqslant n.$$

记 $\|A\|_{\max} = \max_{i,j}|a_{ij}|$, 定义**增长因子** (growth factor)

$$\rho = \frac{\|\widehat{U}\|_{\max}}{\|A\|_{\max}},$$

则有

$$\|\widehat{U}\|_\infty \leqslant n\|\widehat{U}\|_{\max} = n\rho\|A\|_{\max} \leqslant n\rho\|A\|_\infty.$$

注意到 $\||A|\|_\infty = \|A\|_\infty$, 因此

$$\frac{\|\Delta A\|_\infty}{\|A\|_\infty} \lesssim \frac{3n\mathbf{u}\|\widehat{L}\|_\infty\|\widehat{U}\|_\infty}{\|A\|_\infty} \leqslant 3n^3\rho\mathbf{u}.$$

容易证明增长因子的理论上界为 $\rho \leqslant 2^{n-1}$, 但实际上可能会比较小, 上面估计式的右端也往往高估了很多.

2.5   线性方程组敏度分析

为了直观感受线性方程组对输入误差的敏感性, 考察如下 2×2 的线性方程组

$$\begin{bmatrix} 1 & 1.01 \\ 0.99 & 1 \end{bmatrix} \begin{bmatrix} x_1 \\ x_2 \end{bmatrix} = \begin{bmatrix} 2.01 \\ 1.99 \end{bmatrix}. \tag{2.24}$$

它的解为

$$\begin{bmatrix} x_1 \\ x_2 \end{bmatrix} = \begin{bmatrix} 1 \\ 1 \end{bmatrix}.$$

在该方程组右端引入 10^{-2} 的扰动误差后得到方程组

$$\begin{bmatrix} 1 & 1.01 \\ 0.99 & 1 \end{bmatrix} \begin{bmatrix} \tilde{x}_1 \\ \tilde{x}_2 \end{bmatrix} = \begin{bmatrix} 2 \\ 2 \end{bmatrix}. \tag{2.25}$$

可以验证其解为

$$\begin{bmatrix} \tilde{x}_1 \\ \tilde{x}_2 \end{bmatrix} = \begin{bmatrix} -200 \\ 200 \end{bmatrix}.$$

由此可见, 对于有的线性方程组, 即使很小的输入误差也会带来很大的解误差.

接下来我们讨论一般非奇异线性方程组 $Ax = b$ 对扰动误差的敏感性问题. 设扰动之后的线性方程组为

$$(A + \Delta A)(x + \Delta x) = b + \Delta b, \tag{2.26}$$

其中 ΔA 和 Δb 分别表示 A 和 b 中存在的输入误差. 令 $x + \Delta x$ 为方程组 (2.26) 的解, 将 $Ax = b$ 代入式 (2.26) 并经过整理后可得

$$\Delta x = (A + \Delta A)^{-1}(\Delta b - (\Delta A)x) = (I + A^{-1}(\Delta A))^{-1}A^{-1}(\Delta b - (\Delta A)x).$$

考虑任一满足 $\|I\| = 1$ 的相容矩阵范数 $\|\cdot\|$, 由第一章引理 1.5 可知, 当 $\|A^{-1}\|\|\Delta A\| < 1$ 时, $A + \Delta A$ 为可逆矩阵, 并且

$$\|(I + A^{-1}(\Delta A))^{-1}\| \leqslant \frac{1}{1 - \|A^{-1}\|\|\Delta A\|}.$$

此时,

$$\|\Delta x\| \leqslant \frac{\|A^{-1}\|}{1 - \|A^{-1}\|\|\Delta A\|}(\|\Delta b\| + \|\Delta A\|\|x\|).$$

对上式两端同时除以 $\|x\|$ 可得

$$\frac{\|\Delta x\|}{\|x\|} \leqslant \frac{\|A^{-1}\|\|A\|}{1 - \|A^{-1}\|\|\Delta A\|} \left(\frac{\|\Delta b\|}{\|x\|\|A\|} + \frac{\|\Delta A\|}{\|A\|} \right)$$

$$\leqslant \frac{\|A^{-1}\|\|A\|}{1 - \|A^{-1}\|\|\Delta A\|}\left(\frac{\|\Delta b\|}{\|b\|} + \frac{\|\Delta A\|}{\|A\|}\right)$$

$$= \frac{\kappa(A)}{1 - \kappa(A)\frac{\|\Delta A\|}{\|A\|}}\left(\frac{\|\Delta b\|}{\|b\|} + \frac{\|\Delta A\|}{\|A\|}\right).$$

上式推导的第二行用到了 $\|b\| = \|Ax\| \leqslant \|A\|\|x\|$, 而在第三行我们记

$$\kappa(A) = \|A\|\|A^{-1}\|,$$

并称其为矩阵 A 的**条件数**[①]. 当 $\|\Delta A\|/\|A\|$ 较小时,

$$\frac{\kappa(A)}{1 - \kappa(A)\frac{\|\Delta A\|}{\|A\|}} \approx \kappa(A),$$

进而有

$$\frac{\|\Delta x\|}{\|x\|} \lesssim \kappa(A)\left(\frac{\|\Delta A\|}{\|A\|} + \frac{\|\Delta b\|}{\|b\|}\right). \tag{2.27}$$

该式表明在有输入误差时, 线性方程组解的相对误差大概是输入相对误差的 $\kappa(A)$ 倍. 这意味着线性方程组对于输入误差的敏感性是由系数矩阵的条件数决定的. 当系数矩阵的条件数较大时, 通常称方程组是病态的; 反之则称方程组是良态的.

让我们回看本节开始处的例子. 通过简单的计算可知, 在矩阵 ∞-范数下, 方程组 (2.24) 系数矩阵的条件数为

$$\kappa_\infty(A) = \|A\|_\infty\|A^{-1}\|_\infty = 40401,$$

并且向量 b 中的输入相对误差为

$$\frac{\|\Delta b\|_\infty}{\|b\|_\infty} = 0.005.$$

因此

$$\kappa_\infty(A)\frac{\|\Delta b\|_\infty}{\|b\|_\infty} = 40401 \times 0.005 = 202.005.$$

通过与扰动后的方程组 (2.25) 的真实解做比较可知式 (2.27) 中提供的上界能够较好地反映线性方程组的解误差和输入误差之间的依赖关系.

下面我们考虑用残差 (residual) 去衡量近似解的好坏. 假设 $\tilde{x}$ 为线性方程组 $Ax = b$ 的一个近似解, 令 $\tilde{r} = b - A\tilde{x}$ 为线性方程组在 $\tilde{x}$ 处的残差, 我们有如下结论.

[①] 条件数和问题相关, 严格来说这里定义的是求解线性方程组的条件数, 很多矩阵计算问题的敏感性都与这个量有关, 就通称为矩阵条件数.

定理 2.10　假设矩阵 A 非奇异, $\tilde{x}$ 是线性方程组 $Ax = b$ 的近似解, 则

$$\frac{\|\tilde{x} - x\|}{\|x\|} \leqslant \kappa(A) \frac{\|\tilde{r}\|}{\|b\|}. \tag{2.28}$$

证明　由 $\tilde{x} - x = -A^{-1}\tilde{r}$ 知 $\|\tilde{x} - x\| \leqslant \|A^{-1}\|\|\tilde{r}\|$. 又由 $b = Ax$ 知 $\|b\| \leqslant \|A\|\|x\|$. 两式相乘并略作调整即得式 (2.28).　□

上述结论是后验 (posteriori) 的, 说明近似解 $\tilde{x}$ 的好坏不仅依赖于残差范数 $\|\tilde{r}\|$, 也依赖于矩阵 A 的条件数, 这和之前敏度分析得到的先验误差 (priori error) 估计 (2.27) 是一致的.

在不考虑具体算法的情况下, 我们还可以通过残差得到后验的向后误差分析. 向后误差分析 (见第一章 1.5 节) 要求找到一个扰动矩阵 E 使得

$$(A + E)\tilde{x} = b.$$

由该式可知 $E\tilde{x} = b - A\tilde{x}$. 自然地, 扰动矩阵 E 和残差 $\tilde{r}$ 之间应该存在联系. 事实上, 下述定理表明我们可以通过 $\tilde{x}$ 和 $\tilde{r}$ 构造扰动矩阵 E.

定理 2.11　如果令 E 为

$$E = \frac{\tilde{r}\tilde{x}^{\mathsf{T}}}{\|\tilde{x}\|_2^2},$$

我们有

$$\frac{\|E\|_2}{\|A\|_2} = \frac{\|\tilde{r}\|_2}{\|A\|_2\|\tilde{x}\|_2} \quad \text{和} \quad (A + E)\tilde{x} = b. \tag{2.29}$$

相反地, 如果 E 满足 $(A + E)\tilde{x} = b$, 则

$$\frac{\|\tilde{r}\|_2}{\|A\|_2\|\tilde{x}\|_2} \leqslant \frac{\|E\|_2}{\|A\|_2}. \tag{2.30}$$

证明　式 (2.29) 可以通过直接验证得到. 另一方面, 由 E 满足 $(A + E)\tilde{x} = b$ 可知 $E\tilde{x} = \tilde{r}$, 两边同时取 ℓ_2-范数即得式 (2.30).　□

第一章 1.5 节讲到的向后稳定算法是指算法计算出来的结果对应着原计算问题在一个扰动较小的输入上的值. 定理 2.11 表明当我们考虑线性方程组的近似解是否由一个向后稳定的算法计算出来的时候可以直接考察近似解的残差. 换句话说, 小的残差和小的向后误差在一定程度上是等价的.

最后, 值得再次强调的是, 矩阵的条件数

$$\kappa(A) = \|A\|\|A^{-1}\|$$

是数值线性代数中一个非常重要的概念. 它不仅对线性方程组的敏感性, 还对其他许多矩阵计算问题的敏感性都起着关键作用. 一般来说, 如果矩阵的条件数比较大, 我们将很难可靠地求解相关的矩阵计算问题. 在矩阵 2-范数下, 可以证明 (见习题 2.18)

$$\kappa_2(A) = \|A\|_2\|A^{-1}\|_2 = \frac{\sigma_1}{\sigma_n},$$

其中 σ_1, σ_n 分别为矩阵 A 最大和最小奇异值. 此外还有 (见习题 2.19)

$$\frac{1}{\kappa_2(A)} = \min\left\{\frac{\|\Delta A\|_2}{\|A\|_2},\ A + \Delta A \text{为奇异矩阵}\right\}.$$

2.6 案例: 扩散系统

扩散系统是描述物理世界中流量和势能关于时空变化的一个常见模型. 这里我们考虑一个离散的扩散系统, 它可以用一个由 n 个节点、m 条边组成的有向图表示. 图 2.3 展示了一个包含 4 个节点和 6 条边的例子. 在扩散系统中, 每个节点上有不同的势能和源流 (分别用 e_i 和 s_i 表示), 而每条边上有不同的流量 (用 f_j 表示), 边的指向则代表流量的方向.

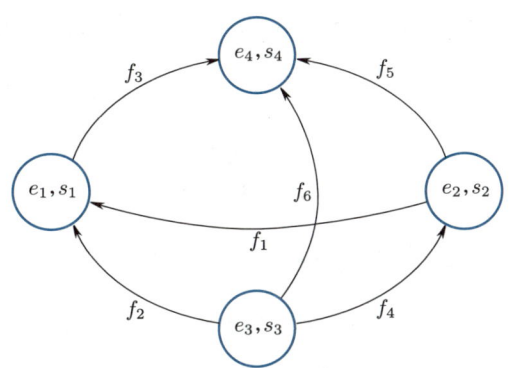

图 2.3 一个包含 4 个节点、6 条边的扩散系统

对于一个有向图, 可以同时基于节点和边定义一个与它一一对应的关联矩阵 (incidence matrix) $A = (a_{ij}) \in \mathbb{R}^{n \times m}$, 其中

$$a_{ij} = \begin{cases} 1, & \text{第 } j \text{ 条边指向节点 } i, \\ -1, & \text{第 } j \text{ 条边从节点 } i \text{ 指出}, \\ 0, & \text{第 } j \text{ 条边和第 } i \text{ 个节点没有联系}. \end{cases}$$

以图 2.3 为例, 相应的关联矩阵为

$$A = \begin{bmatrix} 1 & 1 & -1 & 0 & 0 & 0 \\ -1 & 0 & 0 & 1 & -1 & 0 \\ 0 & -1 & 0 & -1 & 0 & -1 \\ 0 & 0 & 1 & 0 & 1 & 1 \end{bmatrix}.$$

从中不难看出, 矩阵 A 的每一列只有两个非零元 1 和 -1 (因此列和为 0).

有了基于有向图的基本设定后, 扩散系统中未知变量 (e_i, s_i, f_j) 的计算通常由以下几个方面决定: (1) 流量守恒定律; (2) 流量和势能差成正比; (3) 一些有关流量、势能和源流的固定约束.

首先是流量守恒定律, 即每个节点流入的流量、流出的流量以及源流量三者之间应该是一个守恒的关系. 以图 2.3 中的第 1 个节点为例, 有

$$f_1 + f_2 - f_3 + s_1 = 0.$$

设 $f = [f_1, \cdots, f_m]^\mathsf{T}, s = [s_1, \cdots, s_n]^\mathsf{T}$, 基于图的关联矩阵不难看出, 所有节点上的流量守恒定律可以通过如下等式刻画:

$$Af + s = 0. \tag{2.31}$$

流量守恒定律在电路系统中又称为 Kirchhoff 电流定律; 而如果我们把流量当成质量的流动, 它本质上也是质量守恒定律.

其次是流量和势能差成正比, 即

$$r_j f_j = e_k - e_\ell,$$

其中 f_j 是由第 k 个节点指向第 ℓ 个节点的边上的流量, r_j 代表这条边上的阻抗. 定义

$$R = \mathrm{diag}(r_1, \cdots, r_m).$$

所有边上的流量值与节点势能之间的关系可以紧凑地表达为

$$Rf = -A^\mathsf{T} e, \tag{2.32}$$

其中 $e = [e_1, \cdots, e_n]^\mathsf{T}$.

联立式 (2.31) 和 (2.32), 我们就能得到如下关于 f, s 和 e 的线性方程组

$$\begin{bmatrix} A & I & 0 \\ R & 0 & A^\mathsf{T} \end{bmatrix} \begin{bmatrix} f \\ s \\ e \end{bmatrix} = \begin{bmatrix} 0 \\ 0 \end{bmatrix}.$$

该方程组有 $m + 2n$ 个变量, 但只有 $m + n$ 个方程. 因此, 为了能够确定向量 f, s 和 e, 我们需要更多的约束, 而这通常可以通过指定 f, s 和 e 当中的部分值来实现. 这里假设部分节点上的势能是固定的, 而其余的节点上不存在源流, 即

$$e_i = e_i^{\text{fix}}, \quad i \in \mathcal{P}, \qquad s_i = 0, \quad i \notin \mathcal{P}. \tag{2.33}$$

在一个热力学系统中, 这通常意味着有一些节点与外部环境相连, 因此能够通过热源或者放热保持一个稳定的温度 (等价于势能); 而其余节点则为内部节点, 因此没有热源或者放热. 显然式 (2.33) 可以提供 n 个额外的等式约束. 这 n 个约束可以用矩阵-向量乘积表示为

$$Bs + Ce = d, \tag{2.34}$$

其中

$$B_{ii} = \begin{cases} 0, & i \in \mathcal{P}, \\ 1, & i \notin \mathcal{P}, \end{cases} \qquad C_{ii} = \begin{cases} 1, & i \in \mathcal{P}, \\ 0, & i \notin \mathcal{P}, \end{cases} \qquad d_i = \begin{cases} e_i^{\text{fix}}, & i \in \mathcal{P}, \\ 0, & i \notin \mathcal{P}. \end{cases}$$

联立以上所有条件, 即式 (2.31), (2.32) 和 (2.34), 就得到一个包含 $m + 2n$ 个变量和 $m + 2n$ 个等式的扩散模型

$$\begin{bmatrix} A & I & 0 \\ R & 0 & A^\mathsf{T} \\ 0 & B & C \end{bmatrix} \begin{bmatrix} f \\ s \\ e \end{bmatrix} = \begin{bmatrix} 0 \\ 0 \\ d \end{bmatrix}. \tag{2.35}$$

通过求解该线性方程组便可获得扩散系统的完整信息.

由线性方程组 (2.35) 的第二个等式可知

$$f = -R^{-1} A^\mathsf{T} e.$$

因此, 我们可以通过消去 f 将 (2.35) 转化成仅关于 s 和 e 的方程组

$$\begin{bmatrix} I & -AR^{-1}A^\mathsf{T} \\ B & C \end{bmatrix} \begin{bmatrix} s \\ e \end{bmatrix} = \begin{bmatrix} 0 \\ d \end{bmatrix}. \tag{2.36}$$

简单起见, 假设每条边上的阻抗都是相同的, 即 $R = \text{diag}(r, \cdots, r)$. 我们可以证明如下结果 (见习题 2.19)

$$\left(-AR^{-1}A^\mathsf{T} e \right)_i = \frac{1}{r} \sum_{j \in \mathcal{N}(i)} (e_j - e_i), \tag{2.37}$$

其中 $\mathcal{N}(i)$ 表示与节点 i 存在连边的节点 (指向 i 或者 i 指向的节点) 组成的集合. 因此, 在通过 (2.36) 计算 s 和 e 的时候并不需要事先确定每条边的指向 (即流量的方向), 只需要知道节点间的连接关系即可.

例 2.3　考虑图 2.4 (a) 中由 100×100 个节点组成的网络, 其中每个节点都和其上下左右的节点相邻 (由于点的密度原因没有显式标出来). 假设 (a) 图内部阴影区域的节点处存在热源使得它们的温度能固定在 1 (这里温度就当作势能考虑), 图中最上面一层和最下面一层的节点存在放热使得它们的温度固定在 0, 而其他节点处并不存在热源或者放热. 通过求解方程 (2.36) (需要对 100×100 的节点进行向量化, 并且假设式 (2.37) 中 $r = 1$), 可以得到所有节点的温度分布, 见图 2.4 (b).

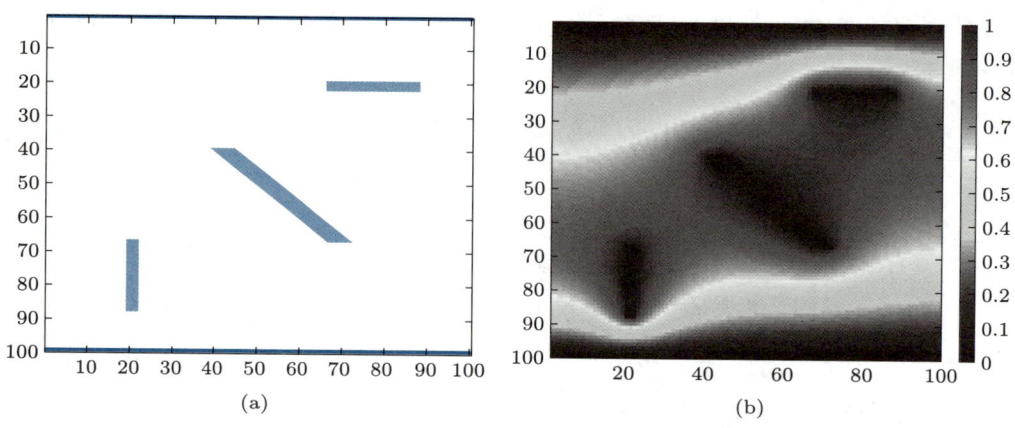

图 2.4　热扩散的例子

内容注释及参考文献

本章讨论的内容涵盖了求解稠密线性方程组和对称正定线性方程组的直接法, 包括 LU 分解、Gauss 消去法、主元选取策略、Cholesky 分解以及向后误差分析等. 更加详细的论述可以在一些标准教材中找到, 例如文献 [1, 2, 5] 等.

除了列主元 LU 分解, 还可以采用全主元 (complete pivoting) LU 分解以获得更好的数值稳定性, 也就是在第 k 步待分解的 $n - k + 1$ 阶矩阵中选取绝对值最大的元素, 然后通过行和列的交换将其换到 (k, k) 处后再进行消元, 整体上得到 $P_1 A P_2 = LU$. 全主元 LU 分解的增长因子的上界为 $\sqrt{n \cdot 2 \cdot 3^{1/2} \cdot 4^{1/3} \cdots \cdots n^{1/(n-1)}}$, 但由于选取主元的总比较数达到 $O(n^3)$, 而且对随机矩阵的测试表明实际的增长因子和向后误差和列主元 LU 分解相比并没有相差很大, 所以全主元分解实际很少用, 细节参看文献 [1] 的第 2 章. 关于 Gauss 消去法及 LU 分解的多种变体包括历史背景的详细讨论, 参见文献 [4] 的第 3 章.

有关 Cholesky 分解及其对称半正定矩阵变体更加全面的介绍, 可参见文献 [3] 的第 10 章. 若矩阵 A 对称非奇异, 则可以通过行列同时交换选主元得到 LDLT 分解,

即 $PAP^\mathsf{T} = LDL^\mathsf{T}$, 其中 D 为块对角矩阵 (每个对角块都是 1×1 的实数或者 2×2 的对称矩阵). 相应的对称选主元策略以及算法细节参看文献 [3] 的第 11 章.

　　用直接法求解线性方程组得到的解可能会因为矩阵条件数较大而影响精度, 这时候可以通过迭代改善 (iterative refinement) 来提高解的精度. 迭代改善的主要想法是在直接法得到的近似解的基础上, 利用已有的矩阵分解及残差或误差等信息, 不断进行修正和更新, 以得到更高精度的解 (甚至相对误差达到机器精度), 参看文献 [1] 的第 2 章.

[1]　JAMES W DEMMEL. Applied Numerical Linear Algebra. 2nd ed. SIAM, 1997.

[2]　GENE H GOLUB, CHARLES F VAN LOAN. Matrix Computations. 4th ed. JHU Press, 2013.

[3]　NICHOLAS J HIGHAM. Accuracy and Stability of Numerical Algorithms. 2nd ed. SIAM, 2002.

[4]　GILBERT W STEWART. Matrix Algorithms, Volume I: Basic Decomposition. SIAM, 1998.

[5]　徐树方, 高立, 张平文. 数值线性代数. 2 版. 北京: 北京大学出版社, 2013.

习题

2.1 计算矩阵

$$A = \begin{bmatrix} 2 & 1 & 1 & 0 \\ 4 & 3 & 3 & 1 \\ 8 & 7 & 9 & 5 \\ 6 & 7 & 9 & 8 \end{bmatrix}$$

的 LU 分解, 并用其求解线性方程组 $Ax = [1, 1, 1, 1]^\mathsf{T}$.

　　2.2 仿照 2.2 节中的讨论, 描述一个计算矩阵 UL 分解的算法, 即给定矩阵 $A \in \mathbb{R}^{n \times n}$, 计算单位上三角矩阵 U 以及下三角矩阵 L 使得 $A = UL$.

　　2.3 设 A 为可逆矩阵, 思考如何用 Gauss 消去或者 LU 分解计算 A 的逆, 并且进行算法实现. 读者可以通过与 MATLAB/Octave/北太天元等自带函数 "\" 或者 inv 进行比较验证算法的正确性.

　　2.4 证明任意可逆下 (上) 三角矩阵的逆仍然是下 (上) 三角矩阵.

　　2.5 证明在不选主元的情况下, Gauss 消去过程中主元始终不为零的充分必要条件为矩阵的所有顺序主子式都非奇异.

　　2.6 如果一个 $n \times n$ 矩阵 $A = (a_{ij})$ 满足

$$a_{ij} = 0, \quad |i - j| > p,$$

则称其为带宽为 $2p+1$ 的带状矩阵.

a) 假设可以不选主元直接计算 A 的 LU 分解, 则矩阵 L 和矩阵 U 的稀疏性分别有什么特点?

b) 假设 p 为不依赖于 n 的常数, 证明不选主元的 LU 分解的计算复杂度为 $O(n)$.

c) 如果计算 A 的列主元 LU 分解, 则矩阵 L 和矩阵 U 的稀疏性又分别有什么特点?

2.7 本章在证明定理 2.3 的时候, 实际上是通过一个算法构造了矩阵的列主元 LU 分解. 本题要求读者直接通过数学归纳法证明可逆矩阵一定存在列主元 LU 分解.

2.8 设 $A \in \mathbb{R}^{n \times n}, B \in \mathbb{R}^{n \times n}$, 且 A 是可逆矩阵. 描述一个使用 A 的 LU 分解求解如下线性方程组的快速方法:

$$A^{\mathsf{T}} y + Bz = b,$$

$$Az = d.$$

2.9 考虑如下分块矩阵:

$$M = \begin{bmatrix} A & B \\ C & D \end{bmatrix},$$

其中 A 为 $n \times n$ 矩阵, D 为 $m \times m$ 矩阵.

a) 验证如下块 Gauss 消去公式 (对应着分块 LU 分解):

$$\begin{bmatrix} I & \\ -CA^{-1} & I \end{bmatrix} \begin{bmatrix} A & B \\ C & D \end{bmatrix} = \begin{bmatrix} A & B \\ 0 & D - CA^{-1}B \end{bmatrix}.$$

b) 假设 A 非奇异, 证明 M 非奇异的充分必要条件为 A 的 Schur 补 $D - CA^{-1}B$ 非奇异.

c) 证明以上块 Gauss 消去得到的矩阵等同于 n 步 Gauss 消去得到的矩阵.

2.10 在求解某个计算问题时, 如果存在数据更新, 我们自然希望能够充分利用更新前问题的解, 而不是完全从头开始求解更新后的问题. 考虑线性方程组

$$(A - BC^{\mathsf{T}})x = b, \tag{2.38}$$

其中 $A \in \mathbb{R}^{n \times n}$ 非奇异, $B, C \in \mathbb{R}^{n \times p}$. 当 $p \ll n$ 时, $A - BC^{\mathsf{T}}$ 可以看作是 A 的低秩更新.

a) 设 $M = \begin{bmatrix} A & B \\ C^{\mathsf{T}} & I \end{bmatrix}$. 计算矩阵 M 的分块 LU 分解以及分块 UL 分解.

b) 利用 a) 证明 $A - BC^{\mathsf{T}}$ 非奇异当且仅当 $I - C^{\mathsf{T}}A^{-1}B$ 非奇异, 并进一步证明 Sherman–Morrison–Woodbury 公式

$$(A - BC^{\mathsf{T}})^{-1} = A^{-1} + A^{-1}B(I - C^{\mathsf{T}}A^{-1}B)^{-1}CA^{-1}.$$

c) 假设已经有了矩阵 A 的 LU 分解, 利用 Sherman–Morrison–Woodbury 公式设计一个求解线性方程组 (2.38) 且运算量为 $O(n^2 p + p^3)$ 的算法. 相比之下, 重新计算矩阵 $A - BC^\mathsf{T}$ 的 LU 分解的运算量为 $O(n^3)$.

2.11 计算矩阵

$$A = \begin{bmatrix} 16 & 4 & 4 & -4 \\ 4 & 10 & 4 & 2 \\ 4 & 4 & 6 & -2 \\ -4 & 2 & -2 & 4 \end{bmatrix}$$

的 Cholesky 分解, 并用其求解线性方程组 $Ax = [32, 26, 20, -6]^\mathsf{T}$.

2.12 考虑分块矩阵

$$M = \begin{bmatrix} A & B^\mathsf{T} \\ B & C \end{bmatrix} \in \mathbb{R}^{n \times n}.$$

假设 M 为对称正定矩阵, 证明 A 的 Schur 补 $C - BA^{-1}B^\mathsf{T}$ 依然是对称正定矩阵.

2.13 一个可逆矩阵 A 称为 M-阵, 如果 A 的对角元为正, 所有非对角元小于或等于零, 并且 A^{-1} 为非负矩阵. 证明对 M-阵执行单步不选主元的 Gauss 消去之后得到的子矩阵仍然是 M-阵.

2.14 利用比较等式两端的方法推导计算对称正定矩阵 LDLT 分解 (即式 (2.20)) 的方法, 并进行数值实现与测试.

2.15 假设 $\begin{bmatrix} A & B \\ B^\mathsf{T} & C \end{bmatrix}$ 为对称半正定矩阵, 证明 $\operatorname{rank}([A, B]) = \operatorname{rank}(A)$.

2.16 令 $D \in \mathbb{R}^{n \times n}$ 为对角矩阵. 若对于某个向量 $x \in \mathbb{R}^n$ 有 $D - xx^\mathsf{T}$ 为半正定矩阵, 证明 $\operatorname{trace}(D) \geqslant \|x\|_1^2$.

2.17 给定线性方程组

$$\begin{bmatrix} 1000 & 999 \\ 999 & 998 \end{bmatrix} x = \begin{bmatrix} 1999 \\ 1997 \end{bmatrix}$$

的两个数值解

$$\tilde{x}_1 = \begin{bmatrix} 1.01 \\ 1.01 \end{bmatrix}, \quad \tilde{x}_2 = \begin{bmatrix} 20.97 \\ -18.99 \end{bmatrix},$$

根据定理 2.11 分别估计其后验的向后误差.

2.18 证明对于可逆矩阵 $A \in \mathbb{R}^{n \times n}$ 有 $\kappa_2(A) = \sigma_1 / \sigma_n$.

2.19 设 $A \in \mathbb{R}^{n \times n}$ 为可逆矩阵. 证明

$$\frac{1}{\kappa_2(A)} = \min\left\{ \frac{\|\Delta A\|_2}{\|A\|_2},\ A + \Delta A\ \text{为奇异矩阵} \right\}.$$

2.20 证明式 (2.37).

2.21 设 $S, T \in \mathbb{R}^{n \times n}$ 为两个上三角矩阵, 而且线性方程组 $(ST - \lambda I)x = b$ 非奇异, 试给出一种运算量为 $O(n^2)$ 的算法来求解该方程组.

2.22 证明: 如果 A 是可逆三对角矩阵, 那么列主元 Gauss 消去法的增长因子 ρ 以 2 为界.

第三章

QR分解和最小二乘

我们在上一章考虑了当 A 为 n 阶非奇异方阵时线性方程组 $Ax = b$ 的求解以及与其密切相关的矩阵 LU 分解. 本章将考虑 $A \in \mathbb{R}^{m \times n}$, $m \geqslant n$ 的情形. 在这种情况下方程的个数大于等于未知数的个数 (即约束个数大于等于问题的自由度), 线性方程组可能无解. 此时, 我们可以寻求该问题在某种意义下的最优解, 这就是本章将要介绍的最小二乘问题. 最小二乘可以通过不同的矩阵分解进行求解, 本章将介绍基于矩阵 QR 分解的方法. 我们将在前两节介绍矩阵 QR 分解的计算方法, 然后在 3.3 节介绍最小二乘及其在数据拟合中的应用, 而 3.4 节将讨论最小二乘的两个常见变形.

3.1　QR 分解和 Gram-Schmidt 正交化

为了方便讨论, 假设 A 为列满秩矩阵. 第一章 1.3.2 小节已经指出, A 存在两种形式的 QR 分解: 一种是满 QR 分解, 其中 Q 为 $m \times m$ 正交矩阵, R 为 $m \times n$ 上三角矩阵; 另一种是紧 QR 分解, 其中 Q 为 $m \times n$ 列正交矩阵, R 为 $n \times n$ 上三角矩阵. 我们可以从接下来将要介绍的计算过程看到, 矩阵的 QR 分解总是存在的.

本章会介绍两类计算矩阵 QR 分解的方法. 第一类方法包括经典 Gram–Schmidt 正交化方法及其变形, 可以用来计算矩阵的紧 QR 分解. 它们的基本想法是通过一系列的投影操作将矩阵 A 逐步转化成正交矩阵, 而投影过程中得到的系数则会构成上三角矩阵. 相比之下, 第二类方法则是通过对 A 左乘一系列的正交矩阵将其逐步约化为一个上三角矩阵, 从而得到矩阵的满 QR 分解. 此类方法包括 Householder 变换法以及 Givens 变换法等, 而本章将着重讨论 Householder 变换法.

接下来我们先介绍第一类方法, 即 Gram–Schmidt 正交化及其变形. 在此之前, 需要介绍一些基本的投影概念.

3.1.1　正交投影

设 $X = [x_1, \cdots, x_k] \in \mathbb{R}^{n \times k}$ 为列满秩矩阵, 即 $\mathrm{rank}(X) = k$, $\Omega = \mathrm{Range}(X) = \mathrm{span}\{x_1, \cdots, x_k\}$ 是 $\mathbb{R}^n$ 的一个 k 维子空间. 对任意 $y \in \mathbb{R}^n$, 称最小化问题

$$\min_{x \in \Omega} \|x - y\| \tag{3.1}$$

的解为 y 在 Ω 中的**投影** (projection). 在更一般意义下的投影定义中, Ω 并不局限于线性子空间, 也可以取其他形式的紧集, 但是有关这方面的讨论超出了本书的范围.

显然式 (3.1) 中的投影问题依赖于范数的选择. 我们首先考虑欧氏内积 $\langle u, v \rangle = v^{\mathsf{T}} u$

以及与其对应的向量 ℓ_2-范数 (或者欧氏范数) $\|u\|_2 = \sqrt{u^\mathsf{T} u}$. 令

$$x_* = \arg\min_{x \in \Omega} \|x - y\|_2$$

为式 (3.1) 在向量 ℓ_2-范数下的最优解. 由投影的几何直观可知 $y - x_*$ 必须在欧氏内积下垂直于 Ω 中的任意向量, 见图 3.1. 由于 Ω 是由矩阵 X 的列向量张成的, 因此仅需 $y - x_*$ 垂直于 X 的每一列即可, 即

$$X^\mathsf{T}(y - x_*) = 0.$$

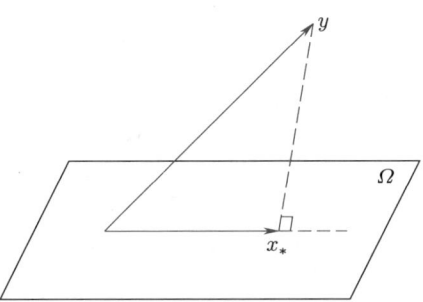

图 3.1 x_* 为 y 在线性空间 Ω 内的投影, $y - x_*$ 和 Ω 内任意向量垂直

进一步地, 令 $x_* = Xw$, 则 w 满足

$$X^\mathsf{T}(y - Xw) = 0.$$

由此可得,

$$w = (X^\mathsf{T} X)^{-1} X^\mathsf{T} y, \tag{3.2}$$

因此在向量 ℓ_2-范数下, y 在 Ω 上的投影为

$$x_* = X(X^\mathsf{T} X)^{-1} X^\mathsf{T} y.$$

记 $P = X(X^\mathsf{T} X)^{-1} X^\mathsf{T}$, 通常称其为**正交投影矩阵** (orthogonal projection matrix).

易知, P 满足 $P^2 = P = P^\mathsf{T}$, 并且当 X 为列正交矩阵时 (即 $X^\mathsf{T} X = I$) 有 $P = XX^\mathsf{T}$. 此外, 细心的读者不难看出式 (3.2) 中的向量 w 实际上是最小二乘问题

$$\min_v \|y - Xv\|_2^2$$

的显式解. 我们将在 3.3 节介绍最小二乘问题的应用背景和数值解法.

例 3.1 (1) 若 $X = \begin{bmatrix} 1 \\ 1 \end{bmatrix}$, 则投影矩阵为

$$P = X(X^\mathsf{T} X)^{-1} X^\mathsf{T} = \begin{bmatrix} 1 \\ 1 \end{bmatrix} \left(\begin{bmatrix} 1 & 1 \end{bmatrix} \begin{bmatrix} 1 \\ 1 \end{bmatrix} \right)^{-1} \begin{bmatrix} 1 & 1 \end{bmatrix} = \begin{bmatrix} 1/2 & 1/2 \\ 1/2 & 1/2 \end{bmatrix}.$$

(2) 若 $X = \begin{bmatrix} 1 \\ 0 \end{bmatrix}$, 则投影矩阵为

$$P = X(X^{\mathsf{T}}X)^{-1}X^{\mathsf{T}} = XX^{\mathsf{T}} = \begin{bmatrix} 1 \\ 0 \end{bmatrix} \begin{bmatrix} 1 & 0 \end{bmatrix} = \begin{bmatrix} 1 & 0 \\ 0 & 0 \end{bmatrix}.$$

当然, 我们还可以采用其他形式的范数. 特别地, 给定对称正定矩阵 $A \in \mathbb{R}^{n \times n}$, 考虑 A-内积

$$\langle u, v \rangle_A = v^{\mathsf{T}}Au,$$

以及与其对应的向量 A-范数

$$\|u\|_A = \sqrt{u^{\mathsf{T}}Au}. \tag{3.3}$$

容易验证向量 A-范数满足第一章定义 1.1 中向量范数的三个公理化条件 (见习题 3.2), 并且向量 ℓ_2-范数是 A-范数的一个特例. 当在式 (3.1) 中取向量 A-范数时, 投影问题

$$\min_{x \in \Omega}\|x - y\|_A \tag{3.4}$$

称为 y 往空间 Ω 关于 A-内积作投影. 设 x_A 为该投影问题的解, 类似向量 ℓ_2-范数下的讨论, $y - x_A$ 必然与 X 的每一列在 A-内积下垂直, 即

$$X^{\mathsf{T}}A(y - x_A) = 0. \tag{3.5}$$

设 $x_A = Xw$, 可知 w 需满足

$$X^{\mathsf{T}}A(y - Xw) = 0.$$

因此有

$$w = (X^{\mathsf{T}}AX)^{-1}X^{\mathsf{T}}Ay.$$

进而, y 在空间 Ω 上关于 A-内积的投影 x_A 为

$$x_A = X(X^{\mathsf{T}}AX)^{-1}X^{\mathsf{T}}Ay. \tag{3.6}$$

同样地, 投影矩阵 $P = X(X^{\mathsf{T}}AX)^{-1}X^{\mathsf{T}}A$ 满足 $P^2 = P$. 尽管这里 P 不满足通常意义下的对称性, 但它在 A-内积下对称, 即对任意向量 u, v 有 $\langle Pu, v \rangle_A = \langle u, Pv \rangle_A$. A-内积下的投影算子对于算法设计很重要, 本书会在第六章构造迭代算法时用到.

例 3.2   (1) 若 $A = \begin{bmatrix} 2 & -1 \\ -1 & 2 \end{bmatrix}$, $X = \begin{bmatrix} 1 \\ 1 \end{bmatrix}$, 则 X 关于 A-内积的投影矩阵为

$$P = \begin{bmatrix} 1 \\ 1 \end{bmatrix} \left(\begin{bmatrix} 1 & 1 \end{bmatrix} \begin{bmatrix} 2 & -1 \\ -1 & 2 \end{bmatrix} \begin{bmatrix} 1 \\ 1 \end{bmatrix} \right)^{-1} \begin{bmatrix} 1 & 1 \end{bmatrix} \begin{bmatrix} 2 & -1 \\ -1 & 2 \end{bmatrix} = \begin{bmatrix} 1/2 & 1/2 \\ 1/2 & 1/2 \end{bmatrix}.$$

(2) 若 $A = \begin{bmatrix} 2 & -1 \\ -1 & 2 \end{bmatrix}, X = \begin{bmatrix} 1 \\ 0 \end{bmatrix}$，则 X 关于 A-内积的投影矩阵为

$$P = \begin{bmatrix} 1 \\ 0 \end{bmatrix} \left(\begin{bmatrix} 1 & 0 \end{bmatrix} \begin{bmatrix} 2 & -1 \\ -1 & 2 \end{bmatrix} \begin{bmatrix} 1 \\ 0 \end{bmatrix} \right)^{-1} \begin{bmatrix} 1 & 0 \end{bmatrix} \begin{bmatrix} 2 & -1 \\ -1 & 2 \end{bmatrix} = \begin{bmatrix} 1 & -1/2 \\ 0 & 0 \end{bmatrix}.$$

细心的读者会发现上述两个例子中的 (1) 得到了同样的投影矩阵, 究其原因, 是因为向量 $\begin{bmatrix} 1 \\ 1 \end{bmatrix}$ 恰好是矩阵 $\begin{bmatrix} 2 & -1 \\ -1 & 2 \end{bmatrix}$ 的一个特征向量.

3.1.2 Gram-Schmidt 正交化

考虑列满秩矩阵 $A \in \mathbb{R}^{m \times n}$ 的紧 QR 分解 $A = QR$, 其中 $Q \in \mathbb{R}^{m \times n}, R \in \mathbb{R}^{n \times n}$. 如果把它更具体地写为

$$\begin{bmatrix} a_1, a_2, a_3, \cdots, a_n \end{bmatrix} = \begin{bmatrix} q_1, q_2, q_3, \cdots, q_n \end{bmatrix} \begin{bmatrix} r_{11} & r_{12} & r_{13} & \cdots & r_{1n} \\ & r_{22} & r_{23} & \cdots & r_{2n} \\ & & r_{33} & \cdots & r_{3n} \\ & & & \ddots & \vdots \\ & & & & r_{nn} \end{bmatrix},$$

通过比较等式两端可知

$$a_1 = r_{11}q_1,$$

$$a_2 = r_{12}q_1 + r_{22}q_2,$$

$$a_3 = r_{13}q_1 + r_{23}q_2 + r_{33}q_3,$$

$$\cdots,$$

$$a_n = r_{1n}q_1 + r_{2n}q_2 + r_{3n}q_3 + \cdots + r_{nn}q_n.$$

由此我们不难得到计算矩阵 QR 分解的基本步骤:

(1) 令 $r_{11} = \|a_1\|_2$, 将 a_1 进行规范化得到第一个正交列 $q_1 = a_1/r_{11}$.

(2) 计算 a_2 在正交列 q_1 上的系数

$$r_{12} = \langle a_2, q_1 \rangle,$$

然后从 a_2 中减去 q_1 上的成分得到与 q_1 垂直的向量

$$v_2 = a_2 - r_{12}q_1.$$

令 $r_{22} = \|v_2\|_2$, 将 v_2 进行规范化得到第二个正交列 $q_2 = v_2/r_{22}$.

(3) 计算 a_3 在正交列 q_1 和 q_2 上的系数

$$r_{13} = \langle a_3, q_1 \rangle, \ r_{23} = \langle a_3, q_2 \rangle,$$

然后从 a_3 中减去 q_1 和 q_2 上的成分得到与它们垂直的向量

$$v_3 = a_3 - r_{13}q_1 - r_{23}q_2.$$

令 $r_{33} = \|v_3\|_2$, 将 v_3 进行规范化得到第三个正交列 $q_3 = v_3/r_{33}$.

(4) 依次类推, 假设我们已经在前 $k-1$ 步得到了正交列 $q_1, \cdots, q_{k-1}$. 为了计算第 k 个正交列, 首先计算 a_k 在 $q_1, \cdots, q_{k-1}$ 上的系数

$$r_{1k} = \langle a_k, q_1 \rangle, \ r_{2k} = \langle a_k, q_2 \rangle, \cdots, r_{(k-1)k} = \langle a_k, q_{k-1} \rangle,$$

然后从 a_k 中减去 $q_1, \cdots, q_{k-1}$ 上的成分得到与它们垂直的向量

$$v_k = a_k - r_{1k}q_1 - r_{2k}q_2 - \cdots - r_{(k-1)k}q_{k-1}. \tag{3.7}$$

令 $r_{kk} = \|v_k\|_2$, 将 v_k 进行规范化得到第 k 个正交列 $q_k = v_k/r_{kk}$.

算法 3.1 经典 Gram–Schmidt 正交化 (按列计算)

$r_{11} = \|a_1\|, q_1 = a_1/r_{11}$

for $k = 2, \cdots, n$ **do**

　　$v_k = a_k$

　　for $l = 1, \cdots, k-1$ **do**

　　　　$r_{lk} = \langle a_k, q_l \rangle$

　　　　$v_k = v_k - r_{lk}q_l$

　　end

　　$r_{kk} = \|v_k\|_2, q_k = v_k/r_{kk}$

end

以上步骤称为**经典 Gram–Schmidt 正交化** (classical Gram–Schmidt orthogonalization, CGS), 它是通过正交投影将 A 的所有列逐步进行正交化的过程. 具体的伪代码见算法 3.1, 其主要计算量在内循环, 计算复杂度为

$$4m + 4m \times 2 + \cdots + 4m \times (n-1) = 2mn^2 + O(mn).$$

此外, 从经典 Gram–Schmidt 正交化过程易知矩阵 A 的 QR 分解总是存在的. 注意, 为了方便讨论, 这里我们假设矩阵 $A \in \mathbb{R}^{m \times n}$ 列满秩. 当 $\mathrm{rank}(A) < n$ 时的 Gram–Schmidt 正交化过程以及矩阵 QR 分解的存在性留给读者思考.

令 $Q_{k-1} = [q_1, q_2, \cdots, q_{k-1}]$, 式 (3.7) 可以用矩阵记号改写为

$$v_k = (I - q_1 q_1^\mathsf{T} - q_2 q_2^\mathsf{T} - \cdots - q_{k-1} q_{k-1}^\mathsf{T}) a_k \tag{3.8}$$

$$= (I - Q_{k-1} Q_{k-1}^\mathsf{T}) a_k. \tag{3.9}$$

容易看出, $Q_{k-1} Q_{k-1}^\mathsf{T}$ 和 $I - Q_{k-1} Q_{k-1}^\mathsf{T}$ 都是正交投影矩阵, 分别对应着向 Q_{k-1} 的列空间及其正交补空间做投影. 由于 $q_1, \ldots, q_{k-1}$ 之间两两垂直, 易证式 (3.8) 可以被重写为

$$v_k = (I - q_{k-1} q_{k-1}^\mathsf{T}) \cdots (I - q_2 q_2^\mathsf{T})(I - q_1 q_1^\mathsf{T}) a_k. \tag{3.10}$$

这为计算矩阵的 QR 分解提供了另一个思路: 在计算 v_k 时并不需要等到所有 $q_1, \ldots, q_{k-1}$ 都得到之后再用式 (3.8) 计算, 而是可以在得到 q_1 之后就计算 $(I - q_1 q_1^\mathsf{T}) a_k$, 然后在得到 q_2 之后就计算 $(I - q_2 q_2^\mathsf{T})(I - q_1 q_1^\mathsf{T}) a_k$, 并以此类推. 由此便得到了计算矩阵 QR 分解的**修正 Gram–Schmidt 正交化** (modified Gram–Schmidt orthogonalization, MGS), 伪代码见算法 3.2.

算法 3.2 修正 Gram–Schmidt 正交化 (按行计算)

---

for $k = 1, \cdots, n$ **do**
$\qquad v_k = a_k$
end
for $k = 1, \cdots, n$ **do**
$\qquad r_{kk} = \|v_k\|_2$
$\qquad q_k = v_k / r_{kk}$
$\qquad$**for** $l = k + 1, \cdots, n$ **do**
$\qquad\qquad r_{kl} = \langle v_l, q_k \rangle$
$\qquad\qquad v_l = v_l - r_{kl} q_k$
$\qquad$**end**
end

修正 Gram–Schmidt 正交化和经典 Gram–Schmidt 正交化在数学上是等价的, 只不过计算投影的顺序不同. 从计算矩阵 R 元素的顺序来看, 经典 Gram–Schmidt 正交化按列 (columnwise) 进行计算而修正 Gram–Schmidt 正交化按行 (rowwise) 进行计算. 尽管二者在数学上是等价的, 修正的 Gram–Schmidt 正交化方法在数值上更加稳定. 粗略地说, 由于舍入误差的影响, 当 k 变大时, 式 (3.9) 中的矩阵 Q_{k-1} 的列正交性会变差, 因此经典 Gram–Schmidt 方法中的 $I - Q_{k-1} Q_{k-1}^\mathsf{T}$ 不再是正交投影矩阵. 相比之下, 修正 Gram–Schmidt 正交化通过式 (3.10) 计算投影可以更好地确保对当前向量垂直.

事实上, 修正 Gram–Schmidt 正交化也可以按列进行计算, 只需对算法 3.1 稍加修改就可以得到算法 3.3, 而经典 Gram–Schmidt 正交化不存在按行计算的算法.

算法 3.3 修正 Gram–Schmidt 正交化 (按列计算)

$r_{11} = \|a_1\|, q_1 = a_1/r_{11}$

for $k = 2, \cdots, n$ **do**
    $v_k = a_k$
    for $l = 1, \cdots, k-1$ **do**
        $r_{lk} = \langle v_k, q_l \rangle$
        $v_k = v_k - r_{lk}q_l$
    end
    $r_{kk} = \|v_k\|_2, q_k = v_k/r_{kk}$
end

值得指出的是, 另一个改善经典 Gram–Schmidt 正交化数值稳定性的方法是**重正交化** (reorthogonalization), 即将式 (3.9) 中的正交化过程再做一遍. 尽管运算量加倍, 重正交化方法在数值上可以达到非常好的效果. 对此, 我们可以给出如下直观解释. 首先, 两次正交化相当于

$$v_k = (I - Q_{k-1}Q_{k-1}^{\mathsf{T}})^2 a_k.$$

注意到当 Q_{k-1} 近似列正交时, 正交投影应该用 $I - Q_{k-1}(Q_{k-1}^{\mathsf{T}}Q_{k-1})^{-1}Q_{k-1}^{\mathsf{T}}$ 计算. 假设 $Q_{k-1}^{\mathsf{T}}Q_{k-1} = I - E$, 其中 E 比较小, 则 $(I - E)^{-1} \approx I + E$. 从而有

$$
\begin{aligned}
I - Q_{k-1}(Q_{k-1}^{\mathsf{T}}Q_{k-1})^{-1}Q_{k-1}^{\mathsf{T}} &= I - Q_{k-1}(I-E)^{-1}Q_{k-1}^{\mathsf{T}} \\
&\approx I - Q_{k-1}(I+E)Q_{k-1}^{\mathsf{T}} \\
&= I - Q_{k-1}(2I - Q_{k-1}^{\mathsf{T}}Q_{k-1})Q_{k-1}^{\mathsf{T}} \\
&= I - 2Q_{k-1}Q_{k-1}^{\mathsf{T}} + Q_{k-1}Q_{k-1}^{\mathsf{T}}Q_{k-1}Q_{k-1}^{\mathsf{T}} \\
&= (I - Q_{k-1}Q_{k-1}^{\mathsf{T}})^2.
\end{aligned}
$$

也就是说用失去正交性的 Q_{k-1} 做两次正交化, 其效果几乎等同于正交投影 $I - Q_{k-1}(Q_{k-1}^{\mathsf{T}}Q_{k-1})^{-1}Q_{k-1}^{\mathsf{T}}$.

例 3.3 首先通过如下方式产生 20 个 500×500 的随机矩阵:

$$A = B^{\mathsf{T}}B, \quad \text{其中} B \in \mathbb{R}^{500 \times 500} \text{为随机 Gauss 矩阵},$$

然后对每一个矩阵分别应用经典 Gram–Schmidt (CGS)、修正 Gram–Schmidt (MGS)、重正交化 Gram–Schmidt (CGS2), 并用 $\|Q^{\mathsf{T}}Q - I\|_F$ 衡量得到的 Q 矩阵的正交性. 图 3.2

展示了 20 次实验中三种方法所对应的 $\|Q^\mathsf{T}Q - I\|_F$ 值. 显然, 相比于经典 Gram–Schmidt, 修正 Gram–Schmidt 得到的 Q 矩阵具有更好的正交性, 而重正交化 Gram–Schmidt 效果最好.

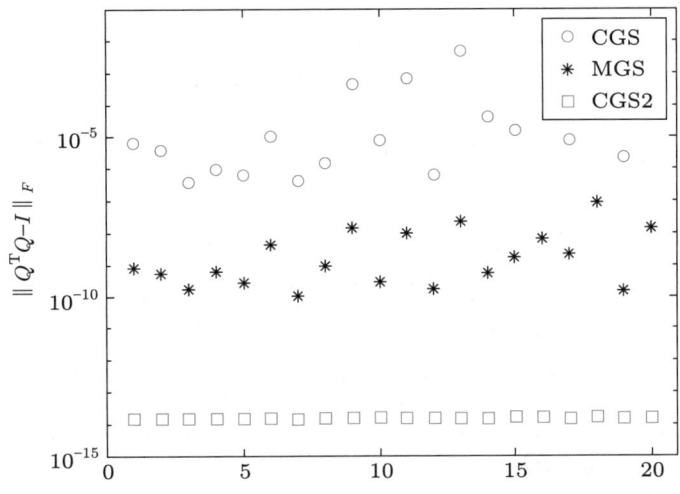

图 3.2　三种 Gram-Schmidt 正交化方法的数值比较

3.2　Householder QR 方法

上一节介绍了计算矩阵 QR 分解的 Gram–Schmidt 正交化方法, 它们是逐步将目标矩阵进行正交化的过程. 与 Gram–Schmidt 正交化不同, Householder QR 方法通过一系列的正交变换逐步将目标矩阵进行上三角化.

3.2.1　Householder 变换

出于数值稳定性考虑, 矩阵计算中经常用到正交变换. **Householder 变换** (Householder transformation) 就是一类正交变换, 其对应的 Householder 矩阵形式如下:

$$H = I - 2\frac{vv^\mathsf{T}}{v^\mathsf{T}v}, \quad v \neq 0.$$

这里我们称 v 为 Householder 反射 (Householder reflection) 向量. Householder 变换的几何直观如图 3.3 所示. 给定向量 x, Hx 为 x 关于一超平面的镜像, 其中该超平面与向量 v 垂直. 因此 Householder 变换也称为 Householder 反射或镜像变换.

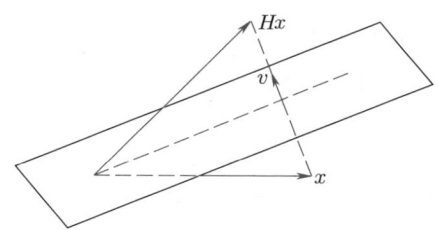

图 3.3　Householder 反射变换

显然, Householder 矩阵 H 是对称矩阵. 此外, H 还具有如下性质:

(1) H 是正交矩阵: $H^\mathsf{T} H = H^2 = I$.

(2) H 有两个不同特征值: 1 和 -1. 向量 v 是与 -1 对应的特征向量, 而与 v 垂直的 $n-1$ 维超平面中的向量是与 1 对应的特征向量 (因此特征值 1 的重数为 $n-1$). 以上两个性质的证明留给读者思考.

Householder 变换不仅是 Householder QR 的基础, 还是数值代数中许多重要算法的基础. 它的主要用法为通过适当地选择向量 v 把给定向量镜像为另一个目标向量. 如下引理为向量 v 的选取提供了依据.

引理 3.1　设 $x, y \in \mathbb{R}^n$ 满足 $x \neq y$ 以及 $\|x\|_2 = \|y\|_2$. 如果令

$$v = x - y,$$

则有 $Hx = y$.

证明　通过直接计算有

$$\begin{aligned}
Hx &= \left(I - 2\frac{(x-y)(x-y)^\mathsf{T}}{(x-y)^\mathsf{T}(x-y)} \right) x \\
&= x - 2\frac{(x-y)(x-y)^\mathsf{T}}{(x-y)^\mathsf{T}(x-y)} \left(\frac{x+y}{2} + \frac{x-y}{2} \right) \\
&= x - 2\frac{(x-y)(x-y)^\mathsf{T}}{(x-y)^\mathsf{T}(x-y)} \frac{x-y}{2} \\
&= y,
\end{aligned}$$

其中第三个等号用到了 $(x+y)^\mathsf{T}(x-y) = \|x\|_2^2 - \|y\|_2^2 = 0$.　□

在 QR 分解的计算过程中我们需要构造 Householder 变换将一个向量某个元素以后的元素都消为 0. 给定 $x = [x_1, x_2, \cdots, x_n]^\mathsf{T}$, 如果想要通过 Householder 变换将 $x(2:n)$ 消为 0, 必然有

$$Hx = \begin{bmatrix} \pm\|x\|_2 \\ 0 \\ \vdots \\ 0 \end{bmatrix} = \pm\|x\|_2 e_1. \tag{3.11}$$

由引理 3.1, 我们可以用

$$v = x - \left(\pm\|x\|_2 e_1\right) = \begin{bmatrix} x_1 - (\pm\|x\|_2) \\ x_2 \\ \vdots \\ x_n \end{bmatrix} \tag{3.12}$$

去构造 H 以满足式 (3.11). 注意到式 (3.12) 中 $\|x\|_2$ 前面有两种符号可供选择. 一方面, 为了避免两个相近的数相减带来的数值稳定性问题, 我们可以选择使用 $-\operatorname{sign}(x_1)$, 此时有

$$v = x + \operatorname{sign}(x_1)\|x\|_2 e_1.$$

另一方面, 为了使变换后得到的非零元为正数 (类比 Gram–Schmidt 正交化中计算出来的 R 矩阵对角元是正的), 则可以选择正号. 此时如果 x 和 e_1 在方向上很接近, 直接计算 $x_1 - \|x\|_2$ 会带来较多位有效数字的消去. 不过, 幸运的是, 在 $x_1 > 0$ 时我们可以使用如下等价的计算公式以提高数值稳定性

$$x_1 - \|x\|_2 = \frac{-(x_2^2 + \cdots + x_n^2)}{x_1 + \|x\|_2}.$$

后续为了叙述简便, 我们仅考虑选择正号的情形, 即 $v = x - \|x\|_2 e_1$.

一般地, 如果想要将 $x(k+1:n)$ 消为 0, 我们可以首先构造一个 $n-k+1$ 阶 Householder 矩阵 $\widetilde{H}$ 将 $\tilde{x} = x(k:n)$ 映射为 $\|\tilde{x}\|_2 e_1$ (这里 e_1 的长度为 $n-k+1$), 即根据 $\tilde{v} = \tilde{x} - \|\tilde{x}\|_2 e_1$ 构造 $\widetilde{H}$ 使其满足

$$\widetilde{H}\tilde{x} = \|\tilde{x}\|_2 e_1.$$

然后令

$$H = \begin{bmatrix} 1 & & & & \\ & \ddots & & & \\ & & 1 & & \\ & & & \widetilde{H} & \end{bmatrix} \in \mathbb{R}^{n\times n},$$

不难验证有

$$Hx = \begin{bmatrix} x_1 \\ \vdots \\ x_{k-1} \\ \|\tilde{x}\|_2 \\ 0 \\ \vdots \\ 0 \end{bmatrix}.$$

事实上, H 本身也是一个 Householder 矩阵, 对应的 Householder 反射向量为 $v = [0, \cdots, 0, \tilde{v}^{\mathsf{T}}]^{\mathsf{T}}$.

3.2.2 Householder QR 方法

Householder QR 方法的基本想法为通过一系列的 Householder 变换将目标矩阵每列对角线以下的元素消为 0. 以一个 5×3 矩阵

$$A = \begin{bmatrix} \times & \times & \times \\ \times & \times & \times \\ \times & \times & \times \\ \times & \times & \times \\ \times & \times & \times \end{bmatrix}$$

为例, Householder QR 方法的基本步骤如下:

(1) 根据 $A(1:5, 1)$ 构造 Householder 矩阵 H_1 使得

$$A_1 = H_1 A = \begin{bmatrix} \times & \times & \times \\ & \times & \times \\ & \times & \times \\ & \times & \times \\ & \times & \times \end{bmatrix}.$$

(2) 根据 $A_1(2:5,2)$ 构造 Householder 矩阵 $H_2 = \begin{bmatrix} 1 & \\ & \widetilde{H}_2 \end{bmatrix}$ 使得

$$A_2 = H_2 A_1 = \begin{bmatrix} \times & \times & \times \\ & \times & \times \\ & & \times \\ & & \times \\ & & \times \end{bmatrix}.$$

(3) 根据 $A_2(3:5,2)$ 构造 Householder 矩阵 $H_3 = \begin{bmatrix} 1 & & \\ & 1 & \\ & & \widetilde{H}_3 \end{bmatrix}$ 使得

$$A_3 = H_3 A_2 = \begin{bmatrix} \times & \times & \times \\ & \times & \times \\ & & \times \\ & & \\ & & \end{bmatrix}.$$

这样经过三步 Householder 正交变换后就能够将给定的 5×3 矩阵约化成一个上三角矩阵. 依次类推, 对一个 $m \times n$ $(m \geqslant n)$ 矩阵 A, 可以经过 n 次 Householder 变换将其约化成一个上三角矩阵, 即有

$$H_n \cdots H_1 A = R. \tag{3.13}$$

这就是 Householder QR 方法的基本过程. 与 Gauss 消去类似, 它是将给定矩阵约化成上三角形的过程. 与 Gauss 消去不同的是, Householder QR 在该过程中使用的是正交变换, 而不是初等变换.

Householder QR 方法的伪代码见算法 3.4. 不难看出, 该算法的主要计算量在更新 $A(k:m, k:n)$ 上, 而整体计算复杂度为

$$4m \times n + 4(m-1) \times (n-1) + \cdots + 4(m-n+1) = 2mn^2 - \frac{2}{3}n^3 + O(mn).$$

特别地, 当 $m = n$ 时, Householder QR 方法的计算复杂度为 $\frac{4}{3}n^3 + O(n^2)$. 此外, 该算法并没有显式地计算 Householder 矩阵, 而是直接通过 Householder 反射向量进行运算的, 得到的上三角矩阵 R 则保存在了 A 的上三角部分.

算法 3.4 Householder QR 分解

---

for $k = 1, \cdots, n$ **do**

$\quad v_k = A(k:m,k) - \|A(k:m,k)\|_2 e_1$

$\quad v_k = v_k / \|v_k\|_2$

$\quad A(k:m,k:n) = A(k:m,k:n) - 2v_k * (v_k^\mathsf{T} A(k:m,k:n))$

end

由式 (3.13) 很容易得到矩阵 A 的 QR 分解

$$A = \underbrace{H_1 \cdots H_n}_{Q} R. \tag{3.14}$$

显式地计算 Q 会增加额外的工作量 (计算复杂度估计留作习题 3.10). 但是, 在很多实际问题中, 我们并不需要将 Q 计算出来. 比如, 在接下来将要介绍的使用 QR 分解求解最小二乘的问题中, 矩阵 Q 仅出现在矩阵–向量乘积 $Q^\mathsf{T} b$ 的计算中, 而这很容易通过反射向量 $\{v_k\}_{k=1}^n$ 实现, 见算法 3.5.

算法 3.5 计算 $b \leftarrow Q^\mathsf{T} b$

---

for $k = 1, \cdots, n$ **do**

$\quad b(k:m) = b(k:m) - 2v_k(v_k^\mathsf{T} * b(k:m))$

end

值得注意的是, Householder 变换并不是唯一可以将矩阵上三角化的正交变换方法, 其他常用的还有 Givens 变换. 我们将在习题 3.19 中简单讨论 Givens 变换的应用. 通常情况下, 基于 Givens 变换的 QR 方法的运算量更高, 但是在矩阵有较多零元时会更加灵活.

☆ 3.2.3 列选取 QR 分解

当 $\mathrm{rank}(A) = r$ 时, 易知存在排列矩阵 $P \in \mathbb{R}^{n \times n}$ 使得 A 有如下形式的 QR 分解:

$$AP = Q \begin{bmatrix} R_{11} & R_{12} \\ 0 & 0 \end{bmatrix}, \tag{3.15}$$

或者等价地有

$$Q^\mathsf{T} AP = \begin{bmatrix} R_{11} & R_{12} \\ 0 & 0 \end{bmatrix}, \tag{3.16}$$

其中 $R_{11} \in \mathbb{R}^{r \times r}$ 为可逆上三角矩阵, $R_{12} \in \mathbb{R}^{r \times (n-r)}$, $Q \in \mathbb{R}^{m \times m}$ 为正交矩阵. 接下来可以看到, Householder QR 方法在稍作修改之后可以用来计算式 (3.16) 中的分解. 其

基本想法比较直观: 如图 3.4 所示, 在用 Householder 变换对某列进行消去之前, 先选择待处理的子矩阵中 ℓ_2-范数最大的列与当前列进行交换, 然后再进行消去.

$$\begin{bmatrix} \times & \times & \times & \times & \times & \times \\ & \times & \times & \times & \times & \times \\ & & * & \times & \triangle & \times \\ & & * & \times & \triangle & \times \\ & & * & \times & \triangle & \times \\ & & * & \times & \triangle & \times \end{bmatrix} \xrightarrow{P_k} \begin{bmatrix} \times & \times & \times & \times & \times & \times \\ & \times & \times & \times & \times & \times \\ & & \triangle & \times & * & \times \\ & & \triangle & \times & * & \times \\ & & \triangle & \times & * & \times \\ & & \triangle & \times & * & \times \end{bmatrix} \xrightarrow{H_k} \begin{bmatrix} \times & \times & \times & \times & \times & \times \\ & \times & \times & \times & \times & \times \\ & & \times & \times & \times & \times \\ & & 0 & \times & \times & \times \\ & & 0 & \times & \times & \times \\ & & 0 & \times & \times & \times \end{bmatrix}$$

图 3.4　列选取 QR 分解示例

具体地, 假设在 $k-1$ 步之后, 我们已经构造了 Householder 矩阵 $H_1, \cdots, H_{k-1}$ 以及排列矩阵 $P_1, \cdots, P_{k-1}$ 使得

$$(H_{k-1} \cdots H_1) A (P_1 \cdots P_{k-1}) = R^{(k-1)} = \begin{array}{c} k-1 \\ m-k+1 \end{array} \begin{bmatrix} \overset{k-1}{R_{11}^{(k-1)}} & \overset{n-k+1}{R_{12}^{(k-1)}} \\ 0 & R_{22}^{(k-1)} \end{bmatrix},$$

其中 $R_{11}^{(k-1)}$ 为可逆上三角矩阵. 令

$$R_{22}^{(k-1)} = \left[x_k^{(k-1)}, \cdots, x_n^{(k-1)} \right],$$

并且设 $x_j^{(k-1)}$ 为 $x_k^{(k-1)}, \cdots, x_n^{(k-1)}$ 中 ℓ_2-范数最大的那一列. 若 $\left\| x_j^{(k-1)} \right\|_2 = 0$, 自然有 $R_{22}^{(k-1)} = 0$ 且 $\mathrm{rank}(A) = k-1$. 假设 $\left\| x_j^{(k-1)} \right\|_2 \neq 0$ 且 $j \neq k$. 令 P_k 为能够将矩阵的第 k 列和第 ℓ 列进行交换的排列矩阵, $\widetilde{H}_k$ 为能够把 $x_j^{(k-1)}$ 的第二个到最后一个元素消为 0 的 Householder 矩阵. 并进一步令 $H_k = \mathrm{diag}(I_{k-1}, \widetilde{H}_k)$, 则有

$$(H_k H_{k-1} \cdots H_1) A (P_1 \cdots P_{k-1} P_k) = H_k R^{(k-1)} P_k = \begin{array}{c} k \\ m-k \end{array} \begin{bmatrix} \overset{k}{R_{11}^{(k)}} & \overset{n-k}{R_{12}^{(k)}} \\ 0 & R_{22}^{(k)} \end{bmatrix},$$

其中 $R_{11}^{(k)}$ 为可逆上三角矩阵. 此时若 $R_{22}^{(k)} = 0$, 则意味着 $\mathrm{rank}(A) = k$; 否则可以继续重复以上过程. 这样就得到了带有列选取的 Householder QR 方法, 具体伪代码见算法 3.6. 该算法用向量 $p = [1, \cdots, n]$ 的重排记录了整个置换过程, 而计算出的上三角矩阵则保存在了 A 的上三角部分. 此外, 从以上计算过程易知, 式 (3.15) 中上三角矩阵 R_{11} 的对角线元素呈现依次递减的顺序.

算法 3.6 列选取 Householder QR 分解

初始向量 $p = [1, \cdots, n]$

for $k = 1, \cdots, n$ **do**

    确定 $j \geqslant k$ 使得 $\|A(k:n, j)\|_2 = \max\limits_{\ell} \|A(k:n, \ell)\|_2$

    if $\|A(k:n, j)\|_2 = 0$ **then**

        停止迭代

    end

    $A(1:m, k) \leftrightarrow A(1:m, j)$

    $p(k) \leftrightarrow p(j)$

    $v_k = A(k:m, k) - \|A(k:m, k)\|_2 e_1$

    $v_k = v_k / \|v_k\|_2$

    $A(k:m, k:n) = A(k:m, k:n) - 2 v_k * (v_k^{\mathsf{T}} A(k:m, k:n))$

end

列选取 Householder QR 能够用来揭示矩阵的秩. 特别地, 在计算机没有精度损失的情况下, 算法 3.6 会在 $r = \operatorname{rank}(A)$ 次迭代后停止. 在计算机精度有限的情况下, 如果算法在第 k 次迭代后有 $R_{22}^{(k)} \approx 0$, 也可以说明 A 为近似秩 k 矩阵. 但是需要注意的是, 存在特殊的秩亏矩阵 A, 可以证明对该矩阵使用算法 3.6 时 $\|R_{22}^{(k)}\|_2$ 在任意 $k < n$ 次迭代后都不会太小. 因此, 列选取 Householder QR 通常被看作是估计矩阵秩的 "廉价" 算法[①], 而更加可靠的估计可以通过矩阵的奇异值分解实现.

3.3   线性回归和最小二乘

数据拟合是非常基本的数据处理任务. 给定 m 对样本数据 (z_i, y_i), $i = 1, \cdots, m$, 数据拟合的基本目标为寻找一个函数 $y = f(z)$ 使得

$$y_i \approx f(z_i), \quad i = 1, \cdots, m. \tag{3.17}$$

在实际应用中由于观测误差以及噪声等原因, 我们并不要求 y_i 和 $f(z_i)$ 严格相等. 此外, 数据拟合的目的通常是对于新输入的数据预测其输出, 因此一般需要对 $f(z)$ 进行适当的模型假设, 使其能够反映输入数据的特征. 一个尽管简单但应用范围很广的模型是线性模型, 即 $f(z)$ 有如下形式:

$$f(z) = \beta_1 f_1(z) + \cdots + \beta_n f_n(z), \tag{3.18}$$

---

① 指相对简单、低成本的算法, 可能不是最精确的方案, 但在资源有限的情况下, 它是一个实用且有效的方案, 英文中称为 poorman 算法.

其中 $f_j(z), j = 1, \cdots, n$ 可以看作是对数据进行特征提取, 而 $f(z)$ 表示不同特征的线性组合. 当 $f(z)$ 采用式 (3.18) 中的函数模型时, 通常称相应的数据拟合问题为**线性回归** (linear regression). 注意, 这里我们假设每一个特征函数 $f_j(z)$ 都是给定的. 而如何设计好的特征提取函数实际上是数据处理中非常重要的一环, 现已有许多不同的线性和非线性方法, 不过有关这方面的讨论超出了本书的范围.

显然, 给定模型 (3.18) 之后, 函数 $f(z)$ 的学习问题就变成了系数 $\{\beta_1, \cdots, \beta_n\}$ 的估计问题. 定义均方误差 (mean square error, MSE, 又称经验风险 (empirical risk))

$$\begin{aligned} R(\beta_1, \cdots, \beta_n) &= \frac{1}{m} \sum_{i=1}^{m} (f(z_i) - y_i)^2 \\ &= \frac{1}{m} \sum_{i=1}^{m} \big(\beta_1 f_1(z_i) + \cdots + \beta_n f_n(z_i) - y_i\big)^2. \end{aligned}$$

一个很自然的想法是找到一组系数 $\{\beta_1, \cdots, \beta_n\}$ 使得均方误差最小, 即求解如下最小化问题:

$$\min_{\beta_1, \cdots, \beta_n} R(\beta_1, \cdots, \beta_n). \tag{3.19}$$

记

$$A = \begin{bmatrix} f_1(z_1) & \cdots & f_n(z_1) \\ f_1(z_2) & \cdots & f_n(z_2) \\ \vdots & & \vdots \\ f_1(z_m) & \cdots & f_n(z_m) \end{bmatrix}, \quad x = \begin{bmatrix} \beta_1 \\ \vdots \\ \beta_n \end{bmatrix}, \quad b = \begin{bmatrix} y_1 \\ y_2 \\ \vdots \\ y_m \end{bmatrix}.$$

不难看出式 (3.19) 可以被描述为如下**最小二乘**问题:

$$\min_{x \in \mathbb{R}^n} \|b - Ax\|_2^2. \tag{3.20}$$

简单起见, 本节将假设 $m \geqslant n$ 且 $\mathrm{rank}(A) = n$.

———

从几何直观上看, 最小二乘本质上是在计算向量 b 在矩阵 A 的列空间上的正交投影, 因此可以通过 3.1.1 小节中基于几何直观的讨论计算最小二乘问题的解. 这里, 我们提供另一个分析上的思路. 令 $g(x)$ 为式 (3.20) 中的目标函数, 即

$$g(x) = \|b - Ax\|_2^2.$$

易知该函数为强凸 (strongly convex) 函数, 因此 $g(x)$ 的最小值点唯一且满足 (见习题 3.22)

$$\nabla g(x) = 0.$$

由此可知最小二乘问题的解满足**法方程** (normal equation)[①]

$$A^{\mathsf{T}}Ax = A^{\mathsf{T}}b, \tag{3.21}$$

进而可以得到最小二乘问题的显式解

$$x = (A^{\mathsf{T}}A)^{-1}A^{\mathsf{T}}b.$$

注意, 为了符号上的简单, 我们也会直接用 x 表示最小二乘问题的解.

定义

$$A^{\dagger} = (A^{\mathsf{T}}A)^{-1}A^{\mathsf{T}},$$

则有 $x = A^{\dagger}b$. 容易验证, $A^{\dagger}A = I$. 因此称 $A^{\dagger}$ 为矩阵 A 的**左逆** (left inverse). 此外, 显然有 $AA^{\dagger} = A(A^{\mathsf{T}}A)^{-1}A^{\mathsf{T}}$ 为正交投影矩阵. 在更加一般的意义下, $A^{\dagger}$ 是 A 的满足以下四个条件的 **Moore-Penrose 广义逆** (Moore-Penrose generalized inverse):

(1) $AA^{\dagger}A = A$, (2) $A^{\dagger}AA^{\dagger} = A^{\dagger}$, (3) $(AA^{\dagger})^{\mathsf{T}} = AA^{\dagger}$, (4) $(A^{\dagger}A)^{\mathsf{T}} = A^{\dagger}A$.

对于任意矩阵, 可以证明它的 Moore–Penrose 广义逆存在唯一, 证明留作习题 3.14.

在介绍求解最小二乘问题的数值方法之前, 我们先看一下它关于扰动误差的敏感性. 由于考虑 A 和 b 上都有扰动误差的情形比较复杂, 这里仅讨论向量 b 中有扰动误差的情形. 考虑对 b 进行扰动之后的最小二乘问题

$$\min_{x \in \mathbb{R}^n} \|(b + \Delta b) - Ax\|_2^2,$$

其解为

$$\tilde{x} = A^{\dagger}(b + \Delta b).$$

令 $\Delta x = \tilde{x} - x$, 则

$$
\begin{aligned}
\frac{\|\Delta x\|_2}{\|x\|_2} &= \frac{\|A^{\dagger}\Delta b\|_2}{\|x\|_2} \\
&= \frac{\|(A^{\mathsf{T}}A)^{-1}A^{\mathsf{T}}(A(A^{\mathsf{T}}A)^{-1}A^{\mathsf{T}})\Delta b\|_2}{\|x\|_2} \\
&= \frac{\|A^{\dagger}\widetilde{\Delta b}\|_2}{\|x\|_2}, \tag{3.22}
\end{aligned}
$$

其中 $\widetilde{\Delta b} = A(A^{\mathsf{T}}A)^{-1}A^{\mathsf{T}}(\Delta b)$ 为 Δb 在 A 的列空间上的投影. 进一步地, 令 $\tilde{b} = AA^{\dagger}b$ 为 b 在 A 的列空间上的投影, 由 $Ax = AA^{\dagger}b = \tilde{b}$ 可知

$$\|\tilde{b}\|_2 \leqslant \|A\|_2 \|x\|_2.$$

[①] 值得指出的是, 对于任意矩阵 A 和向量 b, 问题 (3.20) 和法方程 (3.21) 始终有解, 而且等价.

将其代入式 (3.22) 可得

$$\frac{\|\Delta x\|_2}{\|x\|_2} \leqslant \|A\|_2 \|A^\dagger\|_2 \frac{\|\widetilde{\Delta b}\|_2}{\|\tilde{b}\|_2},\tag{3.23}$$

该式表明, 只有 Δb 在 A 的列空间上的投影部分会对解产生影响. 定义

$$\kappa_2(A) = \|A\|_2 \|A^\dagger\|_2,$$

式 (3.23) 还表明最小二乘问题的解对 b 上扰动的敏感性依赖于 $\kappa_2(A)$, 我们依然称其为矩阵 A 的条件数. 显然, 当 $m = n$ 时, 它便退化为可逆矩阵的条件数. 此外可以证明 (留作习题 3.15)

$$\kappa_2(A)^2 = \kappa_2(A^\mathsf{T} A).\tag{3.24}$$

接下来我们介绍最小二乘问题的数值解法. 一个比较直接的方法是用 Cholesky 分解求解法方程:

(1) 计算矩阵 $A^\mathsf{T} A = LL^\mathsf{T}$ 的 Cholesky 分解;

(2) 用前代法求解下三角方程组 $Ly = A^\mathsf{T} b$;

(3) 用回代法求解上三角方程组 $L^\mathsf{T} x = y$.

需要注意的是, 由于 $A^\mathsf{T} A$ 的条件数是 A 的条件数的平方, 对于病态问题, 求解法方程会增加对舍入误差的敏感性. 相比之下, 利用矩阵的 QR 分解可以提供更加稳定的解法.

设 $A = QR$ 为 A 的紧 QR 分解, 将其代入法方程 (3.21) 可得

$$Rx = Q^\mathsf{T} b.$$

由此我们可以得到求解最小二乘问题的 QR 方法:

(1) 计算矩阵 A 的 QR 分解;

(2) 计算 $y = Q^\mathsf{T} b$;

(3) 用回代法求解上三角方程组 $Rx = y$.

此外, 解 x 所对应的残差为

$$\|Ax - b\|_2 = \|(QR)(R^{-1} Q^\mathsf{T} b) - b\|_2 = \|b - QQ^\mathsf{T} b\|_2,$$

其中 $QQ^\mathsf{T} b$ 为 b 在 A 的列空间上的投影. 由此也可以看出最小二乘问题在几何上的正交投影属性.

本节最后考察一个运用最小二乘进行数据拟合的例子.

例 3.4 通过如下方式产生的 20 个数据点 (z_i, y_i):

$$y_i = z_i^2 + e_i, \quad i = 1, \cdots, 20,\tag{3.25}$$

其中 z_i 服从 $[-1, 1]$ 上的均匀分布, e_i 为 Gauss 噪声. 根据数据的产生方式, 我们可以很自然地对其拟合一个二次多项式, 即在式 (3.18) 中取

$$f_1(z) = 1, \quad f_2(z) = z, \quad f_3(z) = z^2.$$

通过最小二乘拟合的结果见图 3.5, 均方误差约为 0.022.

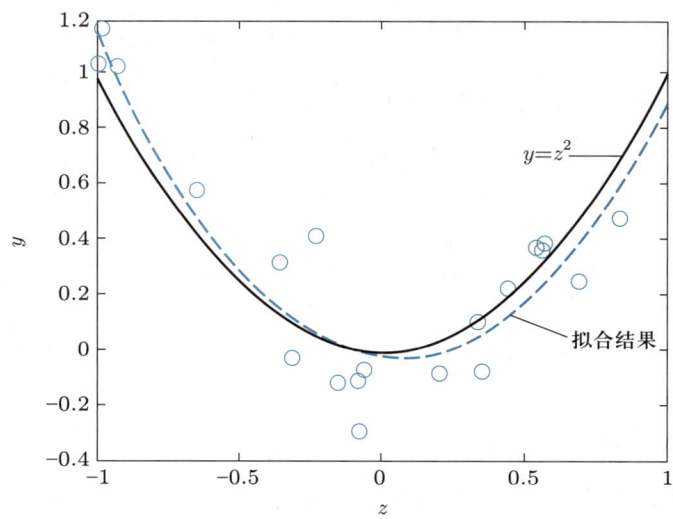

图 3.5 20 个数据点的二次多项式拟合

3.4 最小二乘的两个变形

本节将介绍最小二乘问题的两个常见变形: 带有正则化的最小二乘以及带有线性等式约束的最小二乘.

3.4.1 正则化最小二乘

再次考虑例 3.4 中的多项式拟合问题, 不过除了用式 (3.25) 产生 20 个数据点进行函数拟合, 我们还会用均匀分布抽样得到的 5 个数据点来测试拟合的效果. 在统计学习的问题中, 这两类数据通常被称为训练数据 (training data) 和测试数据 (testing data). 由于数据点是通过对一个二次多项式进行采样并加入噪声得到的, 如果采用二次多项式进行拟合, 得到的拟合函数不仅在训练数据上有较小的误差, 在测试数据上也有较小的误差, 见图 3.6 (a).

接下来我们对相同的训练数据拟合一个六次多项式, 拟合的数值结果见图 3.6 (b). 从图中可以看出, 采用六次多项式进行拟合在训练数据上的误差更小, 但是在测试数据

上呈现了更大的误差. 这一般称为过拟合 (overfitting) 现象.

简单来说, 采用六次多项式进行拟合在训练数据上的误差更小主要得益于六次多项式函数类比二次多项式函数类自由度更多, 从而表达能力也更强. 因此, 高次多项式能够更加准确地拟合训练数据. 但是由于观测数据存在误差, 这同时意味着在拟合过程中更多的误差会被考虑进去, 因而会造成过拟合现象. 正则化方法 (regularization) 通过控制函数类的复杂度能够较好地缓和过拟合现象. 对于线性回归问题, 正则化方法求解的是带有正则化项的最小二乘问题.

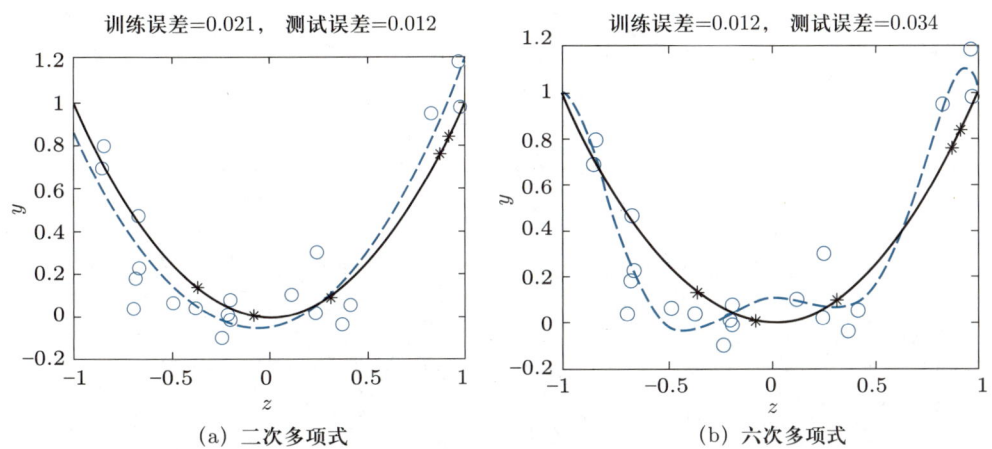

图 **3.6** 二次多项式和六次多项式拟合结果比较, 其中 ○ 为训练数据, ∗ 为测试数据

本小节考虑带有 ℓ_2-范数正则化的**岭回归** (ridge regression) 或者 **Tikhonov 正则化** (Tikhonov regularization) 问题:

$$\min_{x \in \mathbb{R}^n} \|b - Ax\|_2^2 + \tau \|x\|_2^2, \tag{3.26}$$

其中 $\tau > 0$ 为可调节的参数. 通俗地讲, 岭回归通过适当惩罚函数模型 (3.18) 中的系数大小来控制函数的复杂度. 正则化的思想符合机器学习中的 Occam 剃刀原理: 如果两个不同的模型能够完成相同的任务, 我们应该选择更加简单的那个.

通过求导易知, 岭回归的解满足以下形式的法方程:

$$(A^{\mathsf{T}} A + \tau I)x = A^{\mathsf{T}} b.$$

由此可知, 即使 $\mathrm{rank}(A) < n$, 岭回归也存在唯一解. 由于 (3.26) 中的目标函数等价于

$$\left\| \begin{bmatrix} A \\ \sqrt{\tau}I \end{bmatrix} x - \begin{bmatrix} b \\ 0 \end{bmatrix} \right\|_2^2,$$

我们同样可以通过 QR 分解来求解岭回归. 此外, 本书 5.2 节将介绍基于矩阵 A 的奇异值分解的计算方法.

例 3.5 这里将对上面提到的六次多项式拟合加入 ℓ_2-范数正则化并测试不同参数 τ 的影响, 测试结果见图 3.7. 从测试结果可以看出, 如果 τ 选择适当 (如图 3.7 中 $\tau = 0.1$ 和 $\tau = 1$ 的情况), 通过求解岭回归可以同时达到较小的训练误差和测试误差. 但是, 如果 τ 值很大, 由于函数的表达能力变得很弱, 训练误差和测试误差都会变大.

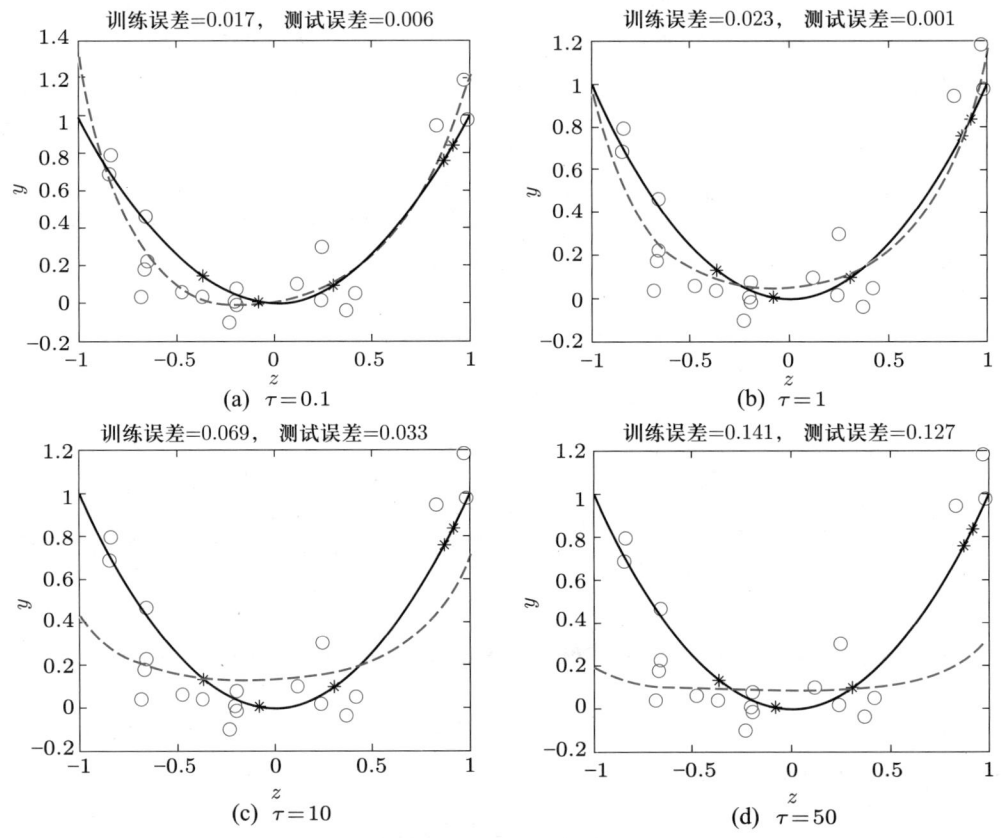

图 3.7 加入 ℓ_2-范数正则化的六次多项式拟合结果比较, 其中 ○ 为训练数据, ∗ 为测试数据

在信号和图像处理问题中, 正则化还可以用来刻画信号和图像的先验知识或者内在结构, 这在样本量少于信号和图像维数的情况下尤为重要. 本书 7.1 节将讨论运用 ℓ_1-范数正则化进行稀疏向量重构的问题.

3.4.2 线性等式约束最小二乘

前面两节中的数值实验考虑的都是全局多项式拟合, 即对所有训练数据拟合同一个多项式. 相应的计算问题为最小二乘或者正则化最小二乘问题. 如果考虑分片多项式拟合 (或者局部多项式拟合), 就可以得到带有线性等式约束的最小二乘问题.

考虑两片的情形. 如图 3.8 所示, 该问题可以被具体描述为, 给定一组数据点 (z_i, y_i), $i = 1, \cdots, m$, 假设 $z_1, \cdots, z_{m_1} < a$, 而 $z_{m_1+1}, \cdots, z_m > a$ (图 3.8 中 $a = 0$), 我们想要

对 a 的左半部分数据拟合一个三次多项式

$$p_1(z) = \beta_0 + \beta_1 z + \beta_2 z^2 + \beta_3 z^3,$$

对 a 的右半部分数据拟合一个三次多项式

$$p_2(z) = \beta_4 + \beta_5 z + \beta_6 z^2 + \beta_7 z^3,$$

并同时要求 $p_1(z)$ 和 $p_2(z)$ 在 $x = a$ 处一阶连续可微

$$p_1(a) = p_2(a), \quad p_1'(a) = p_2'(a). \tag{3.27}$$

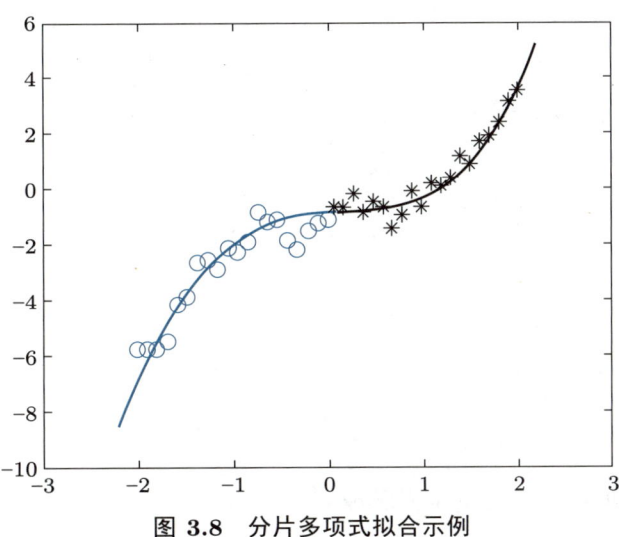

图 **3.8** 分片多项式拟合示例

这种情况下, 所有数据上的拟合误差为

$$R(\beta_1, \cdots, \beta_7) = \sum_{i=1}^{m_1} [\beta_0 + \beta_1 z_i + \beta_2 z_i^2 + \beta_3 z_i^3 - y_i]^2 + \sum_{i=m_1+1}^{m} [\beta_4 + \beta_5 z_i + \beta_6 z_i^2 + \beta_7 z_i^3 - y_i]^2,$$

而约束条件 (3.27) 等价于

$$\beta_0 + \beta_1 a + \beta_2 a^2 + \beta_3 a^3 - \beta_4 - \beta_5 a - \beta_6 a^2 - \beta_7 a^3 = 0,$$

$$\beta_1 + 2\beta_2 a + 3\beta_3 a^2 - \beta_5 - 2\beta_6 a - 3\beta_7 a^2 = 0.$$

因此, 如果令

$$A = \begin{bmatrix} 1 & z_1 & z_1^2 & z_1^3 & & & & \\ 1 & z_2 & z_2^2 & z_2^3 & & & & \\ \vdots & \vdots & \vdots & \vdots & & & & \\ 1 & z_{m_1} & z_{m_1}^2 & z_{m_1}^3 & & & & \\ & & & & 1 & z_{m_1+1} & z_{m_1+1}^2 & z_{m_1+1}^3 \\ & & & & 1 & z_{m_1+2} & z_{m_1+2}^2 & z_{m_1+2}^3 \\ & & & & \vdots & \vdots & \vdots & \vdots \\ & & & & 1 & z_m & z_m^2 & z_m^3 \end{bmatrix}, \quad x = \begin{bmatrix} \beta_0 \\ \beta_1 \\ \vdots \\ \beta_7 \end{bmatrix}, \quad b = \begin{bmatrix} y_1 \\ y_2 \\ \vdots \\ y_{m_1} \\ y_{m_1+1} \\ y_{m_1+2} \\ \vdots \\ y_m \end{bmatrix},$$

以及

$$B = \begin{bmatrix} 1 & a & a^2 & a^3 & -1 & -a & -a^2 & -a^3 \\ 0 & 1 & 2a & 3a^2 & 0 & -1 & -2a & -3a^2 \end{bmatrix}, \quad d = \begin{bmatrix} 0 \\ 0 \end{bmatrix},$$

那么上述两片多项式拟合问题就是一个带有线性等式约束的最小二乘问题

$$\min_x \|b - Ax\|_2^2, \quad \text{s.t.} \quad Bx = d, \tag{3.28}$$

其中 $A \in \mathbb{R}^{m \times 8}$, $B \in \mathbb{R}^{2 \times 8}$. 一般情况下, 我们假设 $A \in \mathbb{R}^{m \times n}$ $(m \geqslant n)$, $B \in \mathbb{R}^{p \times n}$ $(p \leqslant n)$.

定义 Lagrange 乘子函数

$$L(x, \lambda) = \|b - Ax\|_2^2 + \langle \lambda, Bx - d \rangle,$$

由习题 3.22 可知问题 (3.28) 的解需满足

$$\frac{\partial L}{\partial x} = 0, \quad \frac{\partial L}{\partial \lambda} = 0.$$

代入 $\dfrac{\partial L}{\partial x}$ 和 $\dfrac{\partial L}{\partial \lambda}$ 的表达式可得

$$\begin{bmatrix} 2A^{\mathsf{T}}A & B^{\mathsf{T}} \\ B & 0 \end{bmatrix} \begin{bmatrix} x \\ \lambda \end{bmatrix} = \begin{bmatrix} 2A^{\mathsf{T}}b \\ d \end{bmatrix}. \tag{3.29}$$

该线性方程组是带有线性等式约束的最小二乘问题 (3.28) 的 **KKT** (Karush–Kuhn–Tucker) 条件, 也称为鞍点线性系统 (saddle point linear system). 当 $B = 0, d = 0$ 时, 它便退化为最小二乘问题的解所要满足的法方程. 可以证明 (留作习题 3.16), 式 (3.29) 中的系数矩阵非奇异的充分必要条件为

$$B \text{ 行线性无关, 并且 } \begin{bmatrix} A \\ B \end{bmatrix} \text{ 列线性无关.}$$

QR 分解同样可以用于计算带有线性等式约束的最小二乘问题的解. 简单起见, 假设 B 行线性无关, A 列线性无关, 具体步骤如下:

(1) 计算 B^T 的 QR 分解

$$Q^\mathsf{T} B^\mathsf{T} = \begin{array}{c} p \\ n-p \end{array} \begin{bmatrix} Q_1^\mathsf{T} \\ Q_2^\mathsf{T} \end{bmatrix} B^\mathsf{T} = \begin{array}{c} p \\ n-p \end{array} \begin{bmatrix} \overset{p}{R} \\ 0 \end{bmatrix}.$$

(2) 计算

$$AQ = \begin{bmatrix} AQ_1 & AQ_2 \end{bmatrix} = \begin{bmatrix} \overset{p}{A_1} & \overset{n-p}{A_2} \end{bmatrix}, \quad Q^\mathsf{T} x = \begin{bmatrix} Q_1^\mathsf{T} x \\ Q_2^\mathsf{T} x \end{bmatrix} = \begin{array}{c} p \\ n-p \end{array} \begin{bmatrix} y \\ z \end{bmatrix}.$$

(3) 利用以上结果, 式 (3.28) 可以改写为

$$\min_{y,z} \|b - A_1 y - A_2 z\|_2^2, \quad \text{s.t.} \quad R^\mathsf{T} y = d. \tag{3.30}$$

因此, 接下来我们可以先用前代法求解 $R^\mathsf{T} y = d$, 然后将得到的 y 代入式 (3.30) 中的目标函数并基于 A_2 的 QR 分解计算出 z. 最后令

$$x = Q \begin{bmatrix} y \\ z \end{bmatrix},$$

它就是线性等式约束最小二乘问题 (3.28) 的解.

内容注释及参考文献

QR 分解不仅可以用来求解最小二乘问题, 还是大型稀疏线性方程组和大型特征值问题等重要数值代数问题求解算法的基础, 尤其是子空间迭代算法需要用到正交化, 在数值分析中是个经典而又困难的问题. 关于 QR 分解的唯一性及其与正交投影、广义逆和奇异值分解的关系的讨论, 详见文献 [3] 的第 4 章. QR 分解的敏感性分析可以参见文献 [2] 的第 19 章.

最小二乘问题广泛应用于数据拟合、信号处理、机器学习等领域, 其求解方法是许多科学和工程计算中的核心算法之一. 文献 [1] 是全面覆盖最小二乘问题的经典之作. 此外, 也可参考文献 [3] 的第 4 章和文献 [2] 的第 20 章.

本章没有更多介绍秩揭示 (rank-revealing) QR 分解, 这些内容可以归入更一般的低秩近似主题, 包括如何在数值计算中定义矩阵的秩 (称为数值秩, numerical rank). 有兴趣的读者可以参考文献 [3] 的第 5 章.

根据得到 Q 和 R 的顺序不同, 正交化算法分为三角正交化 (triangular orthogonalization) 和正交三角化 (orthogonal triangularization) 两类, Gram–Schmidt 算法及其变形属于第一类, 而 Householder QR 算法则属于第二类.

尽管正交化算法很早就被提出, 迄今已有很多相关研究, 但现有的正交化算法都存在一些不足, 计算量适中且数值稳定性好的算法及其分析仍是个值得研究的课题. 例如, 对如下形式的 Kahan 矩阵

$$
X = \begin{bmatrix} 1 & & & & \\ & s & & & \\ & & \ddots & & \\ & & & s^{n-2} & \\ & & & & s^{n-1} \end{bmatrix} \begin{bmatrix} 1 & -c & \cdots & \cdots & -c \\ & 1 & -c & \cdots & -c \\ & & \ddots & \ddots & \vdots \\ & & & 1 & -c \\ & & & & 1 \end{bmatrix}, \quad c^2 + s^2 = 1,
$$

取 $n = 300, c = 4.664999999999993\mathrm{e}{-1}$, 列选取 Householder QR 算法 3.6 会得到错误的数值结果.

一个令人惊奇的发现是, Houserholder QR 方法和修正 Gram–Schmidt 正交化方法之间存在微妙的联系. 具体地, 在要正交化的矩阵上方添加一个 $n \times n$ 的零矩阵, 再作 Houserholder QR 正交化数值上完全等价于对原向量组的修正 Gram–Schmidt 正交化过程. 这个联系一定程度上解释了修正 Gram–Schmidt 算法要比经典 Gram–Schmidt 算法更优, 文献 [2] 第 19 章的标题页和文献 [3] 第 4 章的内容注释部分都对此有所提及.

[1] ÅKE BJÖRCK. Numerical Methods for Least Squares Problems. SIAM, 1996.

[2] NICHOLAS J HIGHAM. Accuracy and Stability of Numerical Algorithms. 2nd ed. SIAM, 2002.

[3] GILBERT W STEWART. Matrix Algorithms, Volume I: Basic Decomposition. SIAM, 1998.

习题

3.1 对任意 $P \in \mathbb{R}^{n \times n}$, 若它满足 $P^2 = P$, 就称其为投影矩阵. 证明如下关于投影矩阵的性质:

a) $I - P$ 也是投影矩阵;

b) $\text{Range}(I - P) = \text{Null}(P)$, $\text{Null}(I - P) = \text{Range}(P)$;

c) $\text{Range}(P) \cap \text{Null}(P) = \{0\}$.

3.2 证明式 (3.3) 中定义的 A-范数满足向量范数的三条公理化条件.

3.3 本章开始处在讨论关于 A-内积的投影问题时用到了式 (3.5) 中的垂直性质, 严格证明该性质.

3.4 如果把向量 $a \in \mathbb{R}^{n \times 1}$ 看成是一个 $n \times 1$ 矩阵, 它的紧 QR 分解是什么?

3.5 分别用经典 Gram–Schmidt 正交化、修正 Gram–Schmidt 正交化以及 Householder QR 方法计算如下矩阵的 QR 分解:

$$A = \begin{bmatrix} -1 & -1 & 1 \\ 1 & 3 & 3 \\ -1 & -1 & 5 \\ 1 & 3 & 7 \end{bmatrix}. \tag{3.31}$$

3.6 计算最小二乘问题 $\min\limits_{x} \|Ax - b\|_2^2$ 的解, 其中 A 为式 (3.31) 中的矩阵, $b = [1, 1, 1, 1]^{\mathsf{T}}$.

3.7 Gram–Schmidt 正交化的思想还可以用来计算正交多项式. 给定一组单项式 $\{1, x, \cdots, x^n\}$, 显然它们能够张成一个 n 次多项式空间 P_n. 对于任意 $f, g \in P_n$, 定义内积

$$\langle f, g \rangle = \int_{-1}^{1} f(x)g(x)\mathrm{d}x.$$

描述在该内积下计算 P_n 的一组正交基的算法.

3.8 设 $x = [1, 1, 1, 1]^{\mathsf{T}}$, 构造 Householder 矩阵 H 以及实数 α 使得 $Hx = [1, 0, \alpha, -1]^{\mathsf{T}}$.

3.9 算法 3.5 中描述了利用 Householder QR 过程中得到的反射向量计算 $Q^{\mathsf{T}}b$ 的方法, 这里要求给出一个计算 Qb 的算法.

3.10 描述一个通过算法 3.4 中的 Householder 反射向量计算式 (3.14) 中矩阵 Q 的算法, 并考察算法的计算复杂度.

3.11 令 $A \in \mathbb{R}^{m \times n}$ 为列满秩矩阵, 并且设 $A^{\mathsf{T}}A$ 的 Cholesky 分解为 $A^{\mathsf{T}}A = LL^{\mathsf{T}}$. 定义 $Q = AL^{-\mathsf{T}}$.

a) 证明 Q 为正交矩阵.

b) 设计一个通过 $A^{\mathsf{T}}A$ 的 Cholesky 分解计算矩阵 A 的 QR 分解的方法.

3.12 假设 $A \in \mathbb{R}^{m \times n}$ 为奇数列与偶数列正交的列满秩矩阵. 那么它的紧 QR 分解中的 R 矩阵在结构上有什么特点?

3.13 对于任意矩阵 $A = [a_1, \cdots, a_n] \in \mathbb{R}^{n \times n}$, 证明

$$|\det(A)| \leqslant \prod_{i=1}^{n} \|a_i\|_2.$$

3.14 对任意矩阵 $A \in \mathbb{R}^{m \times n}$, 证明它的 Moore–Penrose 广义逆存在且唯一.

3.15 证明式 (3.24).

3.16 证明式 (3.29) 中的系数矩阵非奇异的充分必要条件为

$$B \text{ 行线性无关, 并且 } \begin{bmatrix} A \\ B \end{bmatrix} \text{ 列线性无关.}$$

3.17 设 A 为具有以下形式的 $2n \times n$ 矩阵

$$A = \begin{bmatrix} 0 \\ L_1 \end{bmatrix},$$

其中 L_1 为 $n \times n$ 下三角矩阵. 构造 Householder 矩阵 $H_1, \cdots, H_n$ 使得

$$H_1 \cdots H_n A = \begin{bmatrix} L_2 \\ 0 \end{bmatrix},$$

其中 L_2 为 $n \times n$ 下三角矩阵.

3.18 设 $A \in \mathbb{R}^{m \times n}$ 满足 $\operatorname{rank}(A) = n \leqslant m$. 给出计算矩阵 A 如下分解的算法:

$$A = QL,$$

其中 $Q \in \mathbb{R}^{m \times n}$ 为列正交矩阵, $L \in \mathbb{R}^{n \times n}$ 为下三角矩阵.

3.19 Givens 变换也可以用来计算矩阵的 QR 分解. 与 Householder 变换不同, 它每次通过对一个 2 维向量进行旋转以达到消去的目的.

a) 设

$$G = \begin{bmatrix} \cos\theta & -\sin\theta \\ \sin\theta & \cos\theta \end{bmatrix}, \quad \theta \in [0, 2\pi).$$

证明对任意的 $x \in \mathbb{R}^2$, Givens 变换 Gx 的作用是将 x 沿逆时针方向旋转 θ 度 (同样见例 1.1).

b) 给出能够使 $Gx = re_1$ 成立的 $\cos\theta$ 以及 $\sin\theta$ 的计算公式, 其中 $r \in \mathbb{R}$, $e_1 = [1, 0]^{\mathsf{T}}$.

c) 描述一个使用 Givens 变化将一个 n 维向量的第 2 个至第 n 个元素消为 0 的算法.

3.20 相比于 Householder 变换, Givens 变换在矩阵零元较多时更加灵活. 本题考虑一个带有数据更新的最小二乘问题

$$\min_x \left\| \begin{bmatrix} A \\ a^{\mathsf{T}} \end{bmatrix} x - \begin{bmatrix} b \\ \beta \end{bmatrix} \right\|_2, \tag{3.32}$$

其中 $(A, b) \in \mathbb{R}^{m \times n+1}$ $(m \geqslant n)$ 对应着已有数据, $(a^\mathsf{T}, \beta) \in \mathbb{R}^{1 \times (n+1)}$ 对应着新增加的一条数据.

a) 令 $A = QR$ 为 A 的紧 QR 分解. 证明式 (3.32) 的解等于如下问题的解:

$$\min_x \left\| \begin{bmatrix} R \\ a^\mathsf{T} \end{bmatrix} x - \begin{bmatrix} Q^\mathsf{T} b \\ \beta \end{bmatrix} \right\|_2.$$

b) 注意到 R 为上三角矩阵, 描述一个通过 Givens 变换计算矩阵 $\begin{bmatrix} R \\ a^\mathsf{T} \end{bmatrix}$ 的 QR 分解的算法.

3.21 描述一个当 $\begin{bmatrix} A \\ C \end{bmatrix}$ 列满秩但是 A 不一定列满秩时运用 QR 分解求解 3.4.2 小节中的线性等式约束最小二乘问题的算法.

3.22 本章在讨论几类最小二乘问题的求解时用到了优化中凸分析的一些结论, 本题将简要讨论这方面的基本内容. 令 $f(x)$, $x \in \mathbb{R}^n$ 为一多元光滑函数.

• 如果 $f(x)$ 满足如下性质:

$$f(\alpha x + (1 - \alpha) y) \leqslant \alpha f(x) + (1 - \alpha) f(y), \quad x, y \in \mathbb{R}^n, \alpha \in [0, 1],$$

称其为凸函数.

• 进一步地, 如果存在 $\mu > 0$, 使得 $f(x) - \dfrac{\mu}{2} x^\mathsf{T} x$ 为凸函数, 则称 $f(x)$ 为强凸函数.

a) 证明 $f(x)$ 是凸函数当且仅当 $f(x)$ 满足

$$f(y) \geqslant f(x) + \langle \nabla f(x), y - x \rangle, \quad x, y \in \mathbb{R}^n,$$

或者 $\nabla^2 f(x) \succeq 0$.

b) 证明 $f(x)$ 是强凸函数当且仅当 $f(x)$ 满足

$$f(y) \geqslant f(x) + \langle \nabla f(x), y - x \rangle + \frac{\mu}{2} \|y - x\|_2^2, \quad x, y \in \mathbb{R}^n.$$

c) 令 $f(x) = \|Ax - b\|_2^2$. 证明 $f(x)$ 是凸函数. 进一步地, 如果 A 为列满秩矩阵, 证明 $f(x)$ 是强凸函数.

d) 令 $f(x) = \|Ax - b\|_2^2 + \tau \|x\|_2^2$ $(\tau > 0)$. 证明 $f(x)$ 是强凸函数.

e) 设 $A \in \mathbb{R}^{n \times n}$ 为对称正定矩阵, 令 $f(x) = \dfrac{1}{2} x^\mathsf{T} A x - b^\mathsf{T} x$. 证明 $f(x)$ 是强凸函数.

f) 令 $f(x)$ 为凸函数, 并且假设无约束优化问题

$$\min_x f(x)$$

存在最优解 x_*. 证明 $\nabla f(x_*) = 0$. 此外, 如果 $f(x)$ 是强凸函数, 证明 x_* 是唯一的最小值点.

g) 令 $f(x)$ 与 $g_i(x)$, $i = 1, \cdots, k$ 均为凸函数, 并且假设等式约束优化问题

$$\min_x f(x), \quad \text{s.t.} \quad g_i(x) = 0, \ i = 1, \cdots, k$$

存在最优解 x_*. 定义

$$G(x) = \begin{bmatrix} g_1(x) \\ \vdots \\ g_k(x) \end{bmatrix} \in \mathbb{R}^k$$

以及 Lagrange 乘子函数

$$L(x, v) = f(x) + \langle v, G(x) \rangle.$$

证明存在 v_* 使得

$$\frac{\partial L}{\partial x}(x_*, v_*) = 0 \quad \text{以及} \quad \frac{\partial L}{\partial v}(x_*, v_*) = 0.$$

第四章

特征值分解和特征提取

特征值计算是应用非常广泛的一类数值线性代数问题. 本章将介绍特征值计算的基本方法, 并用相关案例阐述特征值分解在实际应用中的特征提取作用. 我们将在 4.1 节讨论特征值和特征向量的基本性质, 在 4.2 节和 4.3 节分别介绍单一特征值和多个特征值的计算问题, 在 4.4 节讨论特征值和特征向量的敏感性和扰动分析, 并在最后两节介绍两个典型的案例: 网页排序和图绘制.

4.1   基本性质

在讨论具体的计算方法之前, 我们先介绍特征值和特征向量的一些基本性质. 下面的 Schur 分解定理表明通过选取适当的正交相似变换可以将任意 n 阶复矩阵约化成一个上三角矩阵.

定理 4.1 (Schur 分解定理)   对于任意矩阵 $A \in \mathbb{C}^{n \times n}$, 存在酉矩阵 $U \in \mathbb{C}^{n \times n}$ (即 $U^*U = UU^* = I$) 以及上三角矩阵 $T \in \mathbb{C}^{n \times n}$ 使得

$$A = UTU^*,$$

并且 T 的对角元即为 A 的特征值.

证明   定理中的结论等价于存在酉矩阵 U 使得 $T = U^*AU$ 为上三角矩阵, 接下来我们将用归纳法证明该结论. 当 $n = 1$ 时, 结论是显然的. 假设该结论在 $n - 1$ 时成立, 我们只需要把 n 的情形转化成 $n - 1$ 的情形. 令 (λ_1, x) 是 A 的一对特征值和特征向量[①], 其中 $\|x\|_2 = 1$. 选取 $\widetilde{U} \in \mathbb{C}^{n \times (n-1)}$ 使得 $U_1 = [x, \widetilde{U}]$ 为 n 阶酉矩阵, 则

$$U_1^*AU_1 = \begin{bmatrix} x^*Ax & x^*A\widetilde{U} \\ \widetilde{U}^*Ax & \widetilde{U}^*A\widetilde{U} \end{bmatrix}.$$

由于 $Ax = \lambda_1 x$ 以及 $\|x\|_2 = 1$, 我们有 $x^*Ax = \lambda_1$, $\widetilde{U}^*Ax = 0$. 因此,

$$U_1^*AU_1 = \begin{bmatrix} \lambda_1 & x^*A\widetilde{U} \\ 0 & \widetilde{U}^*A\widetilde{U} \end{bmatrix}.$$

基于归纳假设, 存在酉矩阵 $U_2 \in \mathbb{C}^{(n-1) \times (n-1)}$, 使得

$$T_1 = U_2^*(\widetilde{U}^*A\widetilde{U})U_2$$

---

① (λ_1, x), $x \neq 0$ 称为矩阵 A 的特征对 (eigenpair), 复数域上矩阵特征对的存在性参看相关线性代数教材.

为上三角矩阵. 令

$$U = U_1 \begin{bmatrix} 1 & \\ & U_2 \end{bmatrix},$$

易知

$$T = U^* A U = \begin{bmatrix} \lambda_1 & x^* A \tilde{U} U_2 \\ 0 & T_1 \end{bmatrix}$$

为上三角矩阵. 由于相似变换不改变矩阵的特征值, T 的对角元即为 A 的特征值. $\qquad\square$

需要注意的是, 即使 $A \in \mathbb{R}^{n \times n}$ 为实矩阵, Schur 分解里的 Q 和 T 均可能为复矩阵 (实矩阵的特征值也可能是复数). 不过, 此时我们可以选取正交矩阵 $Q \in \mathbb{R}^{n \times n}$ 使得 $T = Q^\mathsf{T} A Q$ 为拟上三角矩阵, 即 T 具有如下形式:

$$T = \begin{bmatrix} T_{11} & T_{12} & \cdots & T_{1n} \\ & T_{22} & \cdots & T_{2n} \\ & & \ddots & \vdots \\ & & & T_{nn} \end{bmatrix} \in \mathbb{R}^{n \times n}, \tag{4.1}$$

其中 T_{ii} 或者为一实数, 或者为一个具有非实数特征值的 2×2 实矩阵. 通常称该分解为实矩阵的**实 Schur 分解**, 其存在性可以类似地通过归纳法进行证明.

在 A 为对称 ($A^\mathsf{T} = A$) 或者 Hermite ($A^* = A$) 矩阵时, 我们自然也期望 T 为对称或 Hermite 矩阵, 而这是能够做到的. 简单起见, 下面将在 A 为实对称矩阵的情况下对此进行介绍.

定理 4.2 (谱分解定理) 若 $A \in \mathbb{R}^{n \times n}$ 为对称矩阵, 则存在正交矩阵 $Q \in \mathbb{R}^{n \times n}$ (即 $Q^\mathsf{T} Q = Q Q^\mathsf{T} = I$) 以及对角矩阵 $\Lambda = \mathrm{diag}(\lambda_1, \cdots, \lambda_n)$ 使得

$$A = Q \Lambda Q^\mathsf{T}.$$

证明 这里同样用数学归纳法证明存在正交矩阵 $Q \in \mathbb{R}^{n \times n}$ 使得 $\Lambda = Q^\mathsf{T} A Q$ 为对角矩阵. 设 (λ_1, x) 为矩阵 A 的一对实特征值和特征向量, 其中 $\|x\|_2 = 1$. 令 $H_1 \in \mathbb{R}^{n \times n}$ 为满足 $H_1^\mathsf{T} x = e_1$ 的 Householder 矩阵, 则有 $H_1^\mathsf{T} A H_1 e_1 = \lambda_1 e_1$. 由此可知, $H_1^\mathsf{T} A H_1$ 的第一列必然为 $\lambda_1 e_1$, 并且由对称性可知 $H_1^\mathsf{T} A H_1$ 的第一行必然为 $\lambda_1 e_1^\mathsf{T}$. 因此, $H_1^\mathsf{T} A H_1$ 有如下形式:

$$H_1^\mathsf{T} A H_1 = \begin{bmatrix} \lambda_1 & 0 \\ 0 & A_1 \end{bmatrix},$$

其中 $A_1 \in \mathbb{R}^{(n-1) \times (n-1)}$ 为对称矩阵. 对 A_1 运用归纳假设即可完成该定理的证明. $\qquad\square$

令定理 4.2 中的 $Q = [q_1, \cdots, q_n]$, 易知 $Aq_i = \lambda_i q_i$, $i = 1, \cdots, n$. 也就是说, 我们可以从矩阵的谱分解中得到它的特征值与特征向量. 基于该结果, 下面定理给出了实对称矩阵特征值的变分表达形式 (类似结论对 Hermite 矩阵同样成立).

定理 4.3 假设对称矩阵 $A \in \mathbb{R}^{n \times n}$ 的特征值满足 $\lambda_1 \geqslant \lambda_2 \geqslant \cdots \geqslant \lambda_n$, 相应的特征向量为 $q_1, q_2, \cdots, q_n$ (由谱分解给出). 则

$$\lambda_k = \max_{\substack{x \neq 0 \\ x \perp q_i, \, i < k}} \frac{x^\mathsf{T} A x}{x^\mathsf{T} x} = \min_{\substack{x \neq 0 \\ x \perp q_i, \, i > k}} \frac{x^\mathsf{T} A x}{x^\mathsf{T} x}.$$

证明 我们仅对第一个等式给予证明, 第二个等式可以类似证明. 不失一般性, 假设 $\|x\|_2 = 1$. 由于 $q_k \perp q_i$ $(i < k)$, 易知

$$\lambda_k = q_k^\mathsf{T} A q_k \leqslant \max_{\substack{\|x\|_2 = 1 \\ x \perp q_i, \, i < k}} x^\mathsf{T} A x.$$

为了证明另一个方向也成立, 首先注意到任意满足 $\|x\|_2 = 1$ 且 $x \perp q_i$ $(i < k)$ 的向量均有如下正交分解:

$$x = a_k q_k + \cdots + a_n q_n, \quad \sum_{j=k}^{n} a_j^2 = 1.$$

从而有

$$x^\mathsf{T} A x = \sum_{j=k}^{n} \lambda_j a_j^2 \leqslant \lambda_k,$$

其中的不等式用到了约束 $\|x\|_2^2 = \sum_{j=k}^{n} a_j^2 = 1$. $\qquad\square$

特征值的变分表示意味着特征值也是一个优化问题的解, 因此可以通过设计优化方法进行求解. 定理 4.3 的一个特例为

$$\lambda_1 = \max_{x \neq 0} \frac{x^\mathsf{T} A x}{x^\mathsf{T} x}, \quad \lambda_n = \min_{x \neq 0} \frac{x^\mathsf{T} A x}{x^\mathsf{T} x}.$$

下述定理是该结论的一个推广.

定理 4.4 假设对称矩阵 $A \in \mathbb{R}^{n \times n}$ 的特征值满足 $\lambda_1 \geqslant \lambda_2 \geqslant \cdots \geqslant \lambda_n$. 则对 $1 \leqslant m \leqslant n$ 有

$$\lambda_1 + \cdots + \lambda_m = \max_{\substack{U \in \mathbb{R}^{n \times m} \\ U^\mathsf{T} U = I_m}} \operatorname{trace}(U^\mathsf{T} A U),$$

$$\lambda_{n-m+1} + \cdots + \lambda_n = \min_{\substack{U \in \mathbb{R}^{n \times m} \\ U^\mathsf{T} U = I_m}} \operatorname{trace}(U^\mathsf{T} A U).$$

证明　我们同样只证第一个等式. 沿用定理 4.2 中矩阵谱分解的符号, 易知对任意满足 $U^{\mathsf{T}}U = I_m$ 的矩阵, 存在唯一同样满足 $V^{\mathsf{T}}V = I_m$ 的矩阵使得 $U = QV$. 因此有

$$\max_{\substack{U \in \mathbb{R}^{n \times m} \\ U^{\mathsf{T}}U = I_m}} \operatorname{trace}(U^{\mathsf{T}}AU) \quad \Leftrightarrow \quad \max_{\substack{V \in \mathbb{R}^{n \times m} \\ V^{\mathsf{T}}V = I_m}} \operatorname{trace}(V^{\mathsf{T}}\Lambda V) \quad \Leftrightarrow \quad \max_{\substack{V \in \mathbb{R}^{n \times m} \\ V^{\mathsf{T}}V = I_m}} \sum_{k=1}^{n} \lambda_k \|V(k,:)\|_2^2,$$

(4.2)

其中 $\Lambda = \operatorname{diag}(\lambda_1, \cdots, \lambda_n)$. 注意到 $V^{\mathsf{T}}V = I_m$ 意味着

$$0 \leqslant \|V(k,:)\|_2^2 \leqslant 1, \quad \sum_{k=1}^{n} \|V(k,:)\|_2^2 = m.$$

因此, 在 $\lambda_1 \geqslant \lambda_2 \geqslant \cdots \geqslant \lambda_n$ 的假设下, 式 (4.2) 中第三个优化问题的最大值为 $\lambda_1 + \cdots + \lambda_m$ (在满足约束的前提下, λ_k 越大, 对应的权重 $\|V(k,:)\|_2^2$ 应该越大), 并且该最大值可以在 $V = [e_1, \cdots, e_m]$ (对应着 $U = [q_1, \cdots, q_m]$) 处取得. □

此外, 细心的读者不难发现, 特征值的变分表示和下面的极小极大定理 (又称 Courant–Fischer 定理) 本质上是一致的.

定理 4.5 (Courant–Fischer 定理)　假设对称矩阵 $A \in \mathbb{R}^{n \times n}$ 的特征值满足 $\lambda_1 \geqslant \lambda_2 \geqslant \cdots \geqslant \lambda_n$. 则有

$$\lambda_k = \max_{\dim(S)=k} \min_{0 \neq x \in S} \frac{x^{\mathsf{T}}Ax}{x^{\mathsf{T}}x} = \min_{\dim(S)=n-k+1} \max_{0 \neq x \in S} \frac{x^{\mathsf{T}}Ax}{x^{\mathsf{T}}x},$$

(4.3)

其中 S 表示 $\mathbb{R}^n$ 中的一个线性子空间.

4.2　单一特征值计算

4.2.1　幂法

为了阐述幂法 (power method, 也称乘幂法) 的基本思想, 考虑 A 为 n 阶实对称矩阵的情形. 由上一节的谱分解定理可知 A 的特征向量构成了 $\mathbb{R}^n$ 空间的一组标准正交基. 设 $\{q_i\}_{i=1}^{n}$ 为这组特征向量, 对应的特征值为 $\{\lambda_i\}_{i=1}^{n}$. 显然, 任意向量 $x \in \mathbb{R}^n$ 都在 $\{q_i\}_{i=1}^{n}$ 下存在一个正交分解, 记为

$$x = \alpha_1 q_1 + \alpha_2 q_2 + \cdots + \alpha_n q_n.$$

通过该分解, 我们能够很容易计算出 $A^k x$,

$$A^k x = \alpha_1 \lambda_1^k q_1 + \alpha_2 \lambda_2^k q_2 + \cdots + \alpha_n \lambda_n^k q_n$$

$$= \lambda_1^k \left(\alpha_1 q_1 + \alpha_2 \left(\frac{\lambda_2}{\lambda_1} \right)^k q_2 + \cdots + \alpha_n \left(\frac{\lambda_n}{\lambda_1} \right)^k q_n \right).$$

假设 $|\lambda_1| > |\lambda_2| \geqslant \cdots \geqslant |\lambda_n|$, 我们有 $(\lambda_i/\lambda_1)^k \to 0$, $i = 2, \cdots, n$. 因此, 如果 $\alpha_1 \neq 0$, 当 $k \to \infty$ 时, $A^k x$ 和 $\pm q_1$ 的方向会越来越吻合. 基于这一观察, 在适当地进行规范化之后, 就能得到求解矩阵模最大的特征值及其对应的特征向量的幂法, 见算法 4.1.

算法 4.1 幂法

初始值 $x^{(0)}$ 满足 $\|x^{(0)}\|_2 = 1$

for $k = 1, 2, \cdots$ **do**

    $w = Ax^{(k-1)}$

    $x^{(k)} = w/\|w\|_2$

    $\lambda^{(k)} = (x^{(k)})^\mathsf{T} A x^{(k)}$

end

算法 4.1 中采用的是向量 ℓ_2-范数规范化. 在实际应用中, 可以根据需要使用 ℓ_1-范数、ℓ_∞-范数、元素和等进行规范化.

注意幂法可以用来计算一般矩阵模最大的特征值及其对应的特征向量. 简单起见, 下面仅在 A 为 n 阶实对称矩阵的情形下对其收敛性进行严格分析.

定理 4.6 设 θ_k 为向量 q_1 和 $x^{(k)}$ 的夹角, 其中 $x^{(k)}$ 为幂法第 k 步迭代的返回向量. 若 $|\lambda_1| > |\lambda_2| \geqslant \cdots \geqslant |\lambda_n|$ 且 $\cos \theta_0 \neq 0$, 则

$$|\sin \theta_k| \leqslant |\tan \theta_0| \left| \frac{\lambda_2}{\lambda_1} \right|^k,$$

$$|\lambda^{(k)} - \lambda_1| \leqslant \max_{2 \leqslant i \leqslant n} |\lambda_1 - \lambda_i| \, (\tan \theta_0)^2 \left| \frac{\lambda_2}{\lambda_1} \right|^{2k}.$$

证明 从 θ_k 的定义以及幂法的迭代格式不难得到,

$$|\sin \theta_k|^2 = 1 - (q_1^\mathsf{T} x^{(k)})^2 = 1 - \left(\frac{q_1^\mathsf{T} A^k x^{(0)}}{\|A^k x^{(0)}\|_2} \right)^2.$$

设 $x^{(0)} = \alpha_1 q_1 + \cdots + \alpha_n q_n$, 其中 $\alpha_1^2 + \cdots + \alpha_n^2 = 1$. 由 $\cos \theta_0 \neq 0$ 可知 $\alpha_1 \neq 0$. 因此有

$$|\sin \theta_k|^2 = 1 - \frac{\alpha_1^2 \lambda_1^{2k}}{\sum\limits_{i=1}^{n} \alpha_i^2 \lambda_i^{2k}} = \frac{\sum\limits_{i=2}^{n} \alpha_i^2 \lambda_i^{2k}}{\sum\limits_{i=1}^{n} \alpha_i^2 \lambda_i^{2k}}$$

$$\leqslant \frac{\sum\limits_{i=2}^{n} \alpha_i^2 \lambda_i^{2k}}{\alpha_1^2 \lambda_1^{2k}} \leqslant \frac{1}{\alpha_1^2} \left(\sum\limits_{i=2}^{n} \alpha_i^2 \right) \left(\frac{\lambda_2}{\lambda_1} \right)^{2k}$$

$$= \frac{1 - \alpha_1^2}{\alpha_1^2} \left(\frac{\lambda_2}{\lambda_1} \right)^{2k} = (\tan\theta_0)^2 \left(\frac{\lambda_2}{\lambda_1} \right)^{2k}.$$

类似地, 因为

$$\lambda^{(k)} = \frac{(x^{(0)})^\mathsf{T} A^{2k+1} x^{(0)}}{(x^{(0)})^\mathsf{T} A^{2k} x^{(0)}} = \frac{\sum\limits_{i=1}^{n} \alpha_i^2 \lambda_i^{2k+1}}{\sum\limits_{i=1}^{n} \alpha_i^2 \lambda_i^{2k}},$$

所以

$$\left| \lambda^{(k)} - \lambda_1 \right| = \left| \frac{\sum\limits_{i=2}^{n} \alpha_i^2 \lambda_i^{2k} (\lambda_i - \lambda_1)}{\sum\limits_{i=1}^{n} \alpha_i^2 \lambda_i^{2k}} \right| \leqslant \max_{2 \leqslant i \leqslant n} |\lambda_1 - \lambda_i| (\tan\theta_0)^2 \left(\frac{\lambda_2}{\lambda_1} \right)^{2k}.$$

这就完成了第二个不等式的证明. □

从定理 4.6 可以看出, 幂法的收敛性由两个条件决定: (1) 初始向量要在模最大的特征值对应的特征向量上有分量; (2) 模最大的特征值必须唯一. 通常情况下, 我们可以随机产生一个初始向量, 这样就会以概率 1 在模最大的特征值对应的特征向量上有分量[①]. 如果矩阵 A 存在两个以上模最大的特征值, 则幂法的收敛性无法保证. 此外, 如果 $|\lambda_2/\lambda_1|$ 接近于 1, 幂法会收敛得很慢.

例 4.1 考虑如下 3×3 矩阵:

$$A = \begin{bmatrix} 3 & 1 & 0 \\ -1 & 0 & 0 \\ 3 & 1 & 1 \end{bmatrix}.$$

易知它的三个特征值分别为 $\lambda_1 = (3 + \sqrt{5})/2 = 2.61803398$, $\lambda_2 = 1$, $\lambda_3 = (3 - \sqrt{5})/2$, 因此有 $|\lambda_2/\lambda_1| \approx 0.382$. 给定 $x^{(0)} = [1/\sqrt{3}, 1/\sqrt{3}, 1/\sqrt{3}]^\mathsf{T}$, 幂法在 20 步迭代之后得到 $\lambda^{(k)} = 2.6180339$, 达到小数点后 7 位精确数字.

例 4.2 考虑如下 3×3 矩阵:

$$A = \begin{bmatrix} 0 & 0 & 1 \\ 1 & 0 & 0 \\ 0 & 1 & 0 \end{bmatrix}.$$

由于它是一个排列矩阵, 因此所有特征值的模均为 1. 容易验证, 对于任意初始向量, 应用幂法于 A 都不会收敛.

---

① 除了特别设计的例子, 在舍入误差的影响下, 实际计算过程中很容易在模最大特征向量上产生分量.

4.2.2　反幂法

尽管幂法只能用来计算矩阵模最大的特征值及其对应的特征向量, 它的思想却是十分重要的. 当我们想要求解矩阵的其他特征值时, 可以构造辅助矩阵, 使得目标特征值对应着辅助矩阵模最大的特征值, 然后用幂法进行求解. 这就是反幂法 (inverse iteration, 也称 inverse power method) 的基本思想.

给定 μ, 如果它不是 A 的一个特征值, 则 $A - \mu I$ 就是一个可逆矩阵. 进一步地, 设 A 的特征值为 $\lambda_j, j = 1, \cdots, n$, 则 $(A - \mu I)^{-1}$ 的特征值为 $(\lambda_j - \mu)^{-1}$, 相应的特征向量不会发生变化. 因此, 如果 μ 和 A 的某个特征值 λ_j 非常接近, $(\lambda_j - \mu)^{-1}$ 的模会远大于 $(A - \mu I)^{-1}$ 的其他特征值的模. 此时对矩阵 $(A - \mu I)^{-1}$ 应用幂法就可以计算 A 的特征值 λ_j 及其对应的特征向量. 这样就得到了反幂法, 具体步骤见算法 4.2. 在该算法中, μ 通常被称为**位移** (shift). 由幂法的收敛性质不难看出, 我们可以通过在反幂法中选择适当的位移来加速算法的收敛.

算法 4.2 反幂法

初始值 $x^{(0)}$ 满足 $\|x^{(0)}\|_2 = 1$

for $k = 1, 2, \cdots$ **do**

　　求解线性方程组 $(A - \mu I)w = x^{(k-1)}$ 得到 w

　　$x^{(k)} = w/\|w\|_2$

　　$\lambda^{(k)} = (x^{(k)})^{\mathsf{T}} A x^{(k)}$

end

显然, 当 $\mu = 0$ 时, 反幂法会计算矩阵模最小的特征值及其对应的特征向量. 值得注意的是, 反幂法的每一步都需要求解一个线性方程组. 但是由于不同迭代中线性方程组的系数矩阵是相同的, 因此可以预先对该矩阵做一次 LU 分解, 然后在迭代过程中用前代法和回代法进行求解 (见第一章 1.2.1 小节). 对于反幂法, 我们有类似定理 4.6 中的收敛性质, 具体细节留作读者思考.

例 4.3　考虑例 1.4 中出现 $n \times n$ 二阶有限差分矩阵

$$A = \begin{bmatrix} 2 & -1 & & & \\ -1 & 2 & -1 & & \\ & \ddots & \ddots & \ddots & \\ & & -1 & 2 & -1 \\ & & & -1 & 2 \end{bmatrix}.$$

它的 n 个特征值为 (按模大小顺序排列)

$$\lambda_j = 2\Big(1 - \cos\frac{j\pi}{n+1}\Big), \quad j = 1, \cdots, n,$$

并且对应的特征向量也有显式解 (见习题 4.6). 易知, 当 $n \to \infty$ 时, $|\lambda_1/\lambda_2| \to 1$. 令 $n = 20$, 用反幂法来求解 A 模最小的特征值 λ_1 和对应的特征向量 ($x^{(0)}$ 随机产生). 图 4.1 展示了 $|\sin\theta_k|$ (定义见定理 4.6) 随迭代步数的变化, 从中可以看出反幂法呈现线性收敛. 由于 $|\lambda_1/\lambda_2| \approx 0.2514$, 反幂法在 13 步之后的 $|\sin\theta_k|$ 的值大约为 1.5×10^{-8}.

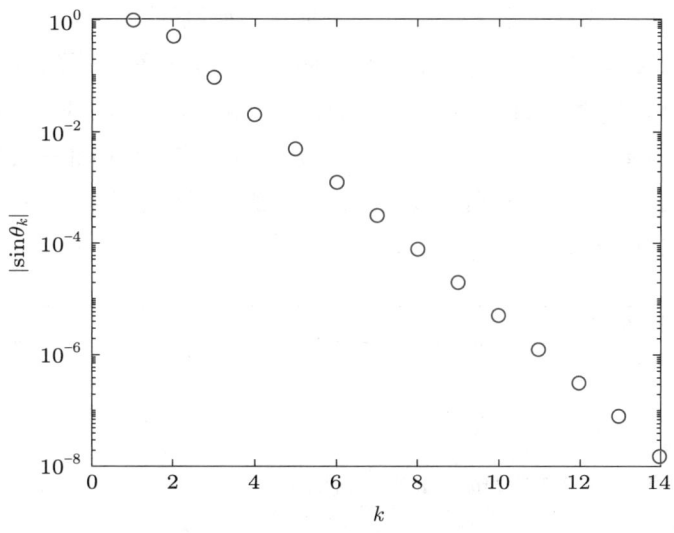

图 4.1 $|\sin\theta_k|$ 随迭代步数的变化

4.2.3 Rayleigh 商迭代

Rayleigh 商迭代 (Rayleigh quotient iteration) 通过在反幂法中自适应地选择位移以实现更快的收敛. 虽然 Rayleigh 商迭代适用于一般矩阵的特征值计算问题, 本节我们仅在 A 为 n 阶实对称矩阵的情形下进行讨论.

定义 4.7 给定对称矩阵 $A \in \mathbb{R}^{n \times n}$, 非零向量 $x \in \mathbb{R}^n$ 的 Rayleigh 商为

$$\rho(x) = \frac{x^\mathsf{T} A x}{x^\mathsf{T} x}.$$

从 Rayleigh 商的定义不难看出, $\rho(x)$ 是下列最小化问题的解:

$$\rho(x) = \arg\min_{\alpha} \|Ax - \alpha x\|_2.$$

也就是说, $\rho(x)$ 是 Ax 在 x 方向上的投影系数. 特别地, 如果 q 是 A 的特征向量, $\rho(q)$ 就是相应的特征值, 即有 $Aq = \rho(q)q$. 此外, 我们可以用链式法则计算 $\rho(x)$ 的梯度

$$\nabla\rho(x) = \frac{(2Ax)(x^\mathsf{T} x) - (x^\mathsf{T} A x)(2x)}{(x^\mathsf{T} x)^2}$$

$$= \frac{2}{x^\mathsf{T} x}(Ax - \rho(x)x).$$

因此, 对于 A 的特征向量 q, 有 $\nabla\rho(q) = 0$. 进一步地, 通过 $\rho(x)$ 在 q 处的二阶 Taylor 展开可知

$$\rho(x) - \rho(q) = O(\|x - q\|_2^2).$$

这表明, 如果 x 离 q 比较近的话, $\rho(x)$ 就是特征值 $\rho(q)$ 的一个良好估计. 注意到幂法和反幂法中的最后一步就是用 Rayleigh 商来估计特征值的.

如果我们在反幂法中用 Rayleigh 商代替固定位移 μ 就可以得到 Rayleigh 商迭代, 见算法 4.3, 其中 $\lambda^{(k)}$ 通常被称为 Rayleigh 商位移. 相比于反幂法, Rayleigh 商迭代有更快的收敛速度. 事实上, 当 A 为实对称矩阵时, Rayleigh 商迭代局部三次收敛, 详见本章参考文献. 但是, 由于每次迭代所涉及的线性方程组的系数矩阵都不一样, Rayleigh 商迭代的单步计算复杂度通常会高于反幂法.

算法 4.3 Rayleigh 商迭代

初始值 $x^{(0)}$ 满足 $\|x^{(0)}\|_2 = 1$

设 $\lambda^{(0)} = (x^{(0)})^{\mathsf{T}} A x^{(0)}$

for $k = 1, 2, \cdots$ **do**

　　求解线性方程组 $(A - \lambda^{(k-1)} I)w = x^{(k-1)}$ 得到 w

　　$x^{(k)} = w/\|w\|_2$

　　$\lambda^{(k)} = (x^{(k)})^{\mathsf{T}} A x^{(k)}$

end

例 4.4　考虑用 Rayleigh 商迭代计算矩阵

$$A = \begin{bmatrix} 3 & 1 & 0 \\ 1 & 3 & 0 \\ 0 & 0 & 1.5 \end{bmatrix}$$

的特征值. 不难验证, A 的三个特征值分别为 4, 2 和 1.5. 当 $x^{(0)} = [1/\sqrt{3}, 1/\sqrt{3}, 1/\sqrt{3}]^{\mathsf{T}}$ 时, Rayleigh 商迭代返回

$$\lambda^{(1)} = 3.722222222\cdots, \quad \lambda^{(2)} = 3.995126705\cdots, \quad \lambda^{(3)} = 3.999999981\cdots.$$

当 $x^{(0)} = [-1/\sqrt{3}, 1/\sqrt{3}, 1/\sqrt{3}]^{\mathsf{T}}$ 时, Rayleigh 商迭代返回

$$\lambda^{(1)} = 1.944444444\cdots, \quad \lambda^{(2)} = 1.999025341\cdots, \quad \lambda^{(3)} = 1.999999996\cdots.$$

可以看到, 对于不同的 $x^{(0)}$, Rayleigh 商迭代可能会收敛到不同的特征值. 不过两种情形下, 算法在 3 次迭代后得到的返回值均达到了小数点后 7 位精确数字.

值得注意的是, 在反幂法或者 Rayleigh 商迭代中, 如果位移 μ 或者 $\lambda^{(k-1)}$ 离 A 的某个特征值非常近, 相应的系数矩阵会变得十分病态. 一般来说, 数值求解一个病态矩阵构成的线性方程组会有较大的计算误差. 但是, 这对于反幂法或者 Rayleigh 商迭代来说并不是问题, 因为我们在求解的过程中主要关注解向量的方向, 而不是它的模长. 下面将在固定位移下给出粗略分析.

记 A 的特征值为 λ_i, 对应的特征向量为 q_i, 其中 $i = 1, \cdots, n$. 不失一般性, 考虑 $\mu = 0$ 的情形. 假设 $|\lambda_1| \geqslant \cdots \geqslant |\lambda_{n-1}| \gg |\lambda_n| \approx 0$, 定义

$$Q_1 = \begin{bmatrix} q_1, \cdots, q_{n-1} \end{bmatrix}.$$

令 $\tilde{w}$ 为用向后稳定的算法得到的线性方程组 $Aw = v$ 的解, 那么有

$$(A + E)\tilde{w} = v,$$

其中 E 满足 $\|E\|_2/\|A\|_2 = O(\mathbf{u})$, $\mathbf{u}$ 是机器精度. 因此, $\tilde{w}$ 和真解 w 之间的误差为

$$\tilde{w} - w = -A^{-1}E\tilde{w}.$$

由此可知, $\tilde{w} - w$ 在 q_n 的正交补空间 Q_1 上的分量大小为

$$\|Q_1^{\mathsf{T}}(A^{-1}E\tilde{w})\|_2 \leqslant \frac{\|E\tilde{w}\|_2}{|\lambda_{n-1}|},$$

而在 q_n 方向上的分量大小为

$$\|q_n^{\mathsf{T}}(A^{-1}E\tilde{w})\|_2 \leqslant \frac{\|E\tilde{w}\|_2}{|\lambda_n|}.$$

这就意味着当 $|\lambda_{n-1}| \gg |\lambda_n|$ 且 λ_n 接近于 0 时, 误差 $\tilde{w} - w$ 在 q_n 方向上可能会有很大的分量, 这反而有利于我们确定该方向.

4.3　多个特征值计算

我们自然可以把幂法及其变形中的想法进行拓展, 以计算矩阵的多个特征值和特征向量. 当用于计算矩阵的全部特征值和特征向量时, 就会得到矩阵计算中最精彩的算法之一: QR 算法. 该算法是计算机问世以来矩阵计算的重要进展, 并且被列入 20 世纪最伟大的十大算法之一[①]. QR 算法的基本思想是通过一系列的正交相似变换将目标矩阵

---

① JACK DONGARRA, FRANCIS SULLIVAN. Guest Editors' Introduction to the Top 10 Algorithms. Computing in Science & Engineering, 2000(2.1): 22–23.

约化为一个上三角矩阵或者对角矩阵, 即计算矩阵的 Schur 分解或者谱分解. 本节将首先介绍适用于一般矩阵的基本 QR 算法, 然后以实对称矩阵为例介绍基本 QR 算法的加速技巧.

4.3.1 从正交迭代到基本 QR 算法

为了更好地理解基本 QR 算法的思路, 我们从计算矩阵部分特征值和特征向量的正交迭代 (orthogonal iteration) 开始讨论. 设 $1 \leqslant r \leqslant n$, 正交迭代的基本步骤见算法 4.4. 在算法的第 k 步, 它首先将矩阵 A 作用在当前的 $n \times r$ 列正交矩阵 Q_{k-1} 上, 然后通过 QR 分解得到新的列正交矩阵 Q_k. 当 $r = 1$ 时, 不难看出正交迭代就是幂法.

我们知道幂法会收敛到矩阵模最大的特征值所对应的特征向量. 类似地, 正交迭代也能够在一定条件下收敛到矩阵模最大的 r 个特征值所对应的特征向量. 具体地, 根据 Schur 分解定理可知, 存在正交矩阵 $Q \in \mathbb{C}^{n \times n}$ 使得

$$Q^* A Q = T = \mathrm{diag}(\lambda_1, \cdots, \lambda_n) + N,$$

其中 $\lambda_1, \cdots, \lambda_n$ 为矩阵 A 的特征值, 而矩阵 $N \in \mathbb{C}^{n \times n}$ 是严格上三角矩阵, 即对角线以及对角线以下的元素全为 0. 不失一般性, 设 $|\lambda_1| \geqslant \cdots \geqslant |\lambda_n|$, 并且将矩阵 Q 做如下分块:

$$Q = \begin{bmatrix} Q_\alpha, Q_\beta \end{bmatrix},$$

其中 Q_α 为 Q 的前 r 列, Q_β 为 Q 的后 $n - r$ 列. 可以证明, 当 $|\lambda_r| > |\lambda_{r+1}|$ 且初始矩阵满足一定的条件时, Q_k 所张成的子空间会线性收敛到 Q_α 所张成的子空间, 而收敛率依赖于比值 $|\lambda_{r+1}|/|\lambda_r|$, 具体细节可参考本章文献. 在得到矩阵的近似特征向量之后, 近似特征值可以由 $\mathrm{diag}(Q_k^\mathsf{T} A Q_k)$ 给出.

算法 4.4 正交迭代

初始值 Q_0 为 $n \times r$ 矩阵, 并满足 $Q_0^* Q_0 = I$

for $k = 1, 2, \cdots$ **do**

    $Z_k = A Q_{k-1}$

    $Q_k R_k = Z_k$

end

接下来考察用正交迭代计算矩阵 A 的全部特征值和特征向量的问题, 即在算法 4.4 中设 $r = n$. 若 $|\lambda_1| > |\lambda_2| > \cdots > |\lambda_n|$, 基于以上讨论可知, 对于任意 $1 \leqslant r < n$, Q_k 前 r 列所张成的子空间将收敛到 Q 前 r 列所张成的子空间, 收敛速度取决于 $\max_r |\lambda_{r+1}|/|\lambda_r|$.

这意味着, 当 k 足够大时, Q_k 和 Q 的相应列之间只差一个符号. 因此如果定义

$$T_k = Q_k^* A Q_k,$$

则 T_k 会收敛到一个上三角矩阵. 那么正交迭代是如何更新矩阵 T_k 的呢? 首先, 基于算法 4.4 的迭代格式可知

$$T_{k-1} = Q_{k-1}^* A Q_{k-1} = Q_{k-1}^* Z_k = (Q_{k-1}^* Q_k) R_k.$$

其次, 我们有

$$T_k = Q_k^* A Q_k = Q_k^* A Q_{k-1} Q_{k-1}^* Q_k = Q_k^* Z_k Q_{k-1}^* Q_k = R_k (Q_{k-1}^* Q_k).$$

由于 $Q_{k-1}^* Q_k$ 为正交矩阵, $T_{k-1} = (Q_{k-1}^* Q_k) R_k$ 实际上就是 T_{k-1} 的 QR 分解. 通过对比以上两个等式可以看出矩阵 T_k 实际上可以通过交换 T_{k-1} 的 QR 分解中两个因子矩阵的乘积顺序得到. 因此, 当采用正交迭代法 (设初始值 $Q_0 = I$) 求解矩阵的全部特征值和特征向量时, 它等价于算法 4.5 中描述的基本 QR 算法.

算法 4.5 基本 QR 算法

初始值 $T_0 = A$

for $k = 1, 2, \cdots$ **do**

　　$T_{k-1} = Q_k R_k$

　　$T_k = R_k Q_k$

end

注意, 算法 4.4 和 4.5 中的矩阵 Q_k 代表不同的正交矩阵. 从算法 4.5 的迭代格式不难得到

$$T_k = (Q_k^* \cdots Q_1^*) A (Q_1 \cdots Q_k) = \bar{Q}_k^* A \bar{Q}_k, \tag{4.4}$$

其中 $\bar{Q}_k = Q_1 \cdots Q_k$. 基于算法 4.4 和 4.5 的等价性, 我们知道当 $|\lambda_1| > |\lambda_2| > \cdots > |\lambda_n|$ 时, T_k 将收敛到一个上三角矩阵. 也就是说, 基本 QR 算法本质上是通过一系列的正交相似变换将目标矩阵逐步约化为一个上三角矩阵, 从而得到矩阵的 Schur 分解.

当 A 为实矩阵时, 基本 QR 算法每一步均可以在实数运算下进行. 但是, 如果 A 存在非实数特征值, T_k 就不可能收敛到一个实上三角矩阵. 那么, 此时 T_k 会收敛到一个什么样的矩阵呢? 本章 4.1 节提到实矩阵存在实 Schur 分解, 因此不难想象在适当的条件下, T_k 将会收敛到一个拟上三角矩阵, 即式 (4.1) 中的形式. 相关细节可以参阅本章文献.

例 4.5 这里我们将基本 QR 算法应用到例 4.1 中的 3×3 矩阵上, 得到的 T_1, T_5, T_{10} 和 T_{15} 分别为

$$T_1 = \begin{bmatrix} 3.1579 & 2.1585 & 2.5955 \\ 0.0372 & 0.3421 & -0.1147 \\ -0.4867 & -0.1147 & 0.5000 \end{bmatrix}, \quad T_5 = \begin{bmatrix} 2.6277 & 2.5798 & -2.6475 \\ -0.0064 & 1.0172 & -0.5180 \\ -0.0003 & 0.0330 & 0.3551 \end{bmatrix},$$

$$T_{10} = \begin{bmatrix} 2.6181 & 2.4468 & 2.7744 \\ -0.0001 & 1.0001 & 0.5616 \\ 0.0000 & -0.0003 & 0.3817 \end{bmatrix}, \quad T_{15} = \begin{bmatrix} 2.6180 & 2.4457 & -2.7754 \\ -0.0000 & 1.0000 & -0.5619 \\ -0.0000 & 0.0000 & 0.3820 \end{bmatrix}.$$

从中可以看出 T_k 逐渐逼近一个上三角矩阵, 其对角线上的元素值即为矩阵的近似特征值.

例 4.6 对于例 4.2 中的 3×3 排列矩阵, 容易验证基本 QR 算法不收敛.

4.3.2 对称 QR 算法

如前所述, 基本 QR 算法的收敛速度取决于矩阵特征值在模上的差异. 如果矩阵存在两个模相近的特征值, 算法的收敛速度会比较慢. 此外, 算法的每一次迭代通常都需要计算一个稠密矩阵的 QR 分解, 其运算量为 $O(n^3)$. 接下来, 我们从这两个方面对基本 QR 算法进行改进以提高计算效率. 为了方便介绍, 本小节将假设 A 为 n 阶实对称矩阵, 相关思想在稍加修改之后也适用于一般矩阵的特征值计算问题. 由于 A 为实对称矩阵, 谱分解定理表明 A 存在 n 个实特征对 (λ_i, q_i), $i = 1, \cdots, n$. 这里假设 $|\lambda_1| > |\lambda_2| > \cdots > |\lambda_n|$.

根据上一小节的讨论可知, 当应用基本 QR 算法于实对称矩阵时, T_k 会收敛到一个对角矩阵. 也就是说, 基本 QR 算法本质上是计算矩阵的谱分解. 进一步地, 我们对该算法有类似幂法和反幂法的两种解释方式.

令 $\bar{R}_k = R_k \cdots R_1$. 由于 $R_1, \cdots, R_k$ 均为上三角矩阵, 它们的乘积 $\bar{R}_k$ 同样是上三角矩阵. 注意到式 (4.4) 中 $\bar{Q}_k$ 的定义, 我们有

$A = T_0 = Q_1 R_1 = \bar{Q}_1 \bar{R}_1,$

$A^2 = (Q_1 R_1)(Q_1 R_1) = Q_1 T_1 R_1 = Q_1(Q_2 R_2)R_1 = \bar{Q}_2 \bar{R}_2,$

$\cdots,$

$$A^k = A\bar{Q}_{k-1}\bar{R}_{k-1} = \bar{Q}_{k-1}\bar{Q}_{k-1}^{\mathsf{T}} A \bar{Q}_{k-1}\bar{R}_{k-1} = \bar{Q}_{k-1}T_{k-1}\bar{R}_{k-1} = \bar{Q}_{k-1}Q_k R_k \bar{R}_{k-1} = \bar{Q}_k \bar{R}_k.$$

$$(4.5)$$

在上面推导的最后一行, 第一个等号用到了归纳假设, 第三个等号用到了式 (4.4). 因此, 类似于幂法, 基本 QR 算法是通过对 $A^k = A^k I$ 进行 QR 分解来计算近似特征矩

阵 $\bar{Q}_k$ 的.

基于不同的初始矩阵, 基本 QR 算法还可以从类似于反幂法的角度进行解释, 这将为后续通过引入位移加速算法收敛提供可能性. 定义排列矩阵

$$P = \begin{bmatrix} & & 1 \\ & \ddots & \\ 1 & & \end{bmatrix} \in \mathbb{R}^{n \times n}.$$

由于 A 为对称矩阵, $A^k = \bar{Q}_k \bar{R}_k$ 意味着

$$A^{-k} = \bar{R}_k^{-1} \bar{Q}_k^\mathsf{T} = \bar{Q}_k \bar{R}_k^{-\mathsf{T}}.$$

因此我们有

$$A^{-k}P = \bar{Q}_k \bar{R}_k^{-\mathsf{T}} P = (\bar{Q}_k P)(P \bar{R}_k^{-\mathsf{T}} P). \tag{4.6}$$

在上式的推导过程中用到了恒等式 $P^2 = I$. 一方面, 注意到 $\bar{R}_k^{-\mathsf{T}}$ 是下三角矩阵, 在经过排列矩阵左右两次作用之后得到的矩阵 $P \bar{R}_k^{-\mathsf{T}} P$ 为上三角矩阵. 另一方面, $\bar{Q}_k P$ 依然是正交矩阵, 只不过是对矩阵 $\bar{Q}_k$ 的所有列进行了逆序重排. 因此, 类似于反幂法, 基本 QR 算法也可以看作是通过计算 $A^{-k}P$ 的列空间得到 $\bar{Q}_k P$, 进而得到 $\bar{Q}_k$ 的. 在计算矩阵单一特征值和特征向量的反幂法中, 可以通过位移的选取加速算法的收敛. 同样地, 我们也可以通过选取位移加速基本 QR 算法的收敛, 这是将算法变得更加实用的重要一步.

此外, 由于正交变换不改变矩阵的特征值, 为了降低基本 QR 算法中每次迭代的运算量, 可以先通过正交相似变换将目标矩阵约化为一个三对角矩阵, 然后再用带有位移的 QR 算法计算约化后三对角矩阵的特征值和特征向量, 基本框架见算法 4.6. 这里我们沿用现有教材中的名字, 称改进后的算法为对称 QR 算法, 即计算对称矩阵特征值和特征向量的 QR 算法.

算法 4.6 对称 QR 算法

计算实对称矩阵 A 的三对角分解: $T_0 = Q_0^\mathsf{T} A Q_0$, 其中 T_0 是三对角矩阵.

for $k = 1, 2, \cdots$ **do**

    选取位移 μ_k

    $T_{k-1} - \mu_k I = Q_k R_k$

    $T_k = R_k Q_k + \mu_k I$

end

在算法 4.6 的描述中, 我们假定每一步迭代中出现的三对角矩阵 T_k 不是近似可约的, 即不存在某个次对角元素 $|t_{i+1,i}^{(k)}| \approx 0$. 如若不然, 则会有

$$T_k \approx \begin{bmatrix} T_{k_1} & \\ & T_{k_2} \end{bmatrix}.$$

此时我们可以通过分别计算 T_{k_1} 和 T_{k_2} 的特征值和特征向量得到 T_k 的特征值和特征向量, 见习题 4.13.

由对称 QR 算法的迭代格式可知

$$T_k = Q_k^\mathsf{T} T_{k-1} Q_k,$$

并通过数学归纳法有

$$T_k = \bar{Q}_k^\mathsf{T} T_0 \bar{Q}_k, \tag{4.7}$$

其中 $\bar{Q}_k = Q_1 \cdots Q_k$. 因此对称 QR 算法延续着基本 QR 算法通过正交相似变换将矩阵进行对角化的思想. 同时它又类似于反幂法和 Rayleigh 商迭代, 通过引入位移使得 $\bar{Q}_k$ 的某一列能够快速收敛到某个特征向量. 值得注意的是, 如果 T_0 是三对角矩阵, 算法 4.6 每次迭代得到的矩阵 T_k 依然是三对角矩阵, 见习题 4.14. 但是, 在算法实现的过程中, 如果显式地计算 $T_{k-1} - \mu_k I$ 的 QR 分解然后通过公式 $T_k = R_k Q_k + \mu_k I$ 得到 T_k 会有较高的运算量. 一个更聪明的方法是通过 T_{k-1} 和 T_k 的正交相似关系隐式地计算 T_k, 但是有关这部分的详细介绍超出了本书的范围, 有兴趣的读者可以查阅本章的参考文献. 接下来我们将着重介绍对称矩阵三对角化以及位移的选取.

1. 对称矩阵三对角化

对于实对称矩阵, 我们可以通过一系列的正交相似变换将其约化为一个三对角矩阵. 下面将通过一个 5×5 矩阵

$$A = \begin{bmatrix} \times & \times & \times & \times & \times \\ \times & \times & \times & \times & \times \\ \times & \times & \times & \times & \times \\ \times & \times & \times & \times & \times \\ \times & \times & \times & \times & \times \end{bmatrix}$$

介绍约化的基本步骤.

(1) 根据向量 $A(2:5,1)$ 构造一个 Householder 矩阵 H_1, 将矩阵 A 第一列次对角线以下的元素消为 0, 同时 H_1 左乘 A 之后不会改变 A 的第一行. 这样得到的 $H_1 A$ 和 $H_1 A H_1^\mathsf{T}$

就有如下形式:

$$H_1A = \begin{bmatrix} \times & \times & \times & \times & \times \\ \times & \times & \times & \times & \times \\ & \times & \times & \times & \times \\ & \times & \times & \times & \times \\ & \times & \times & \times & \times \end{bmatrix}, \quad A_1 := H_1AH_1^\mathsf{T} = \begin{bmatrix} \times & \times & & & \\ \times & \times & \times & \times & \times \\ & \times & \times & \times & \times \\ & \times & \times & \times & \times \\ & \times & \times & \times & \times \end{bmatrix}.$$

注意到 H_1 左乘 A 不会改变 A 的第一行, 因此 H_1^T 右乘 H_1A 也不会改变 H_1A 的第一列, 从而 H_1A 第一列中的 0 元素在右乘 H_1^T 之后依然为 0. 此外, 由于 $H_1AH_1^\mathsf{T}$ 是对称矩阵, 其第一行次对角线右边的元素也必然全为 0.

(2) 根据向量 $A_1(3:5,2)$ 构造一个 Householder 矩阵 H_2, 将矩阵 A_1 第二列次对角线以下的元素消为 0, 同时 H_2 左乘 A_1 之后不会改变 A_1 的第二行. 基于类似的分析可得

$$H_2A_1 = \begin{bmatrix} \times & \times & & & \\ \times & \times & \times & \times & \times \\ & \times & \times & \times & \times \\ & & \times & \times & \times \\ & & \times & \times & \times \end{bmatrix}, \quad A_2 := H_2A_1H_2^\mathsf{T} = \begin{bmatrix} \times & \times & & & \\ \times & \times & \times & & \\ & \times & \times & \times & \times \\ & & \times & \times & \times \\ & & \times & \times & \times \end{bmatrix}.$$

(3) 同样地, 我们可以根据 $A_2(4:5,3)$ 构造一个 Householder 矩阵 H_3 使得

$$H_3A_2 = \begin{bmatrix} \times & \times & & & \\ \times & \times & \times & & \\ & \times & \times & \times & \times \\ & & \times & \times & \times \\ & & & \times & \times \end{bmatrix}, \quad A_3 := H_3A_2H_3^\mathsf{T} = \begin{bmatrix} \times & \times & & & \\ \times & \times & \times & & \\ & \times & \times & \times & \\ & & \times & \times & \times \\ & & & \times & \times \end{bmatrix}.$$

这样经过三次正交相似变换之后, A 就被约化为了一个三对角矩阵, 即有 $QAQ^\mathsf{T} = A_3$, 其中 $Q = H_3H_2H_1$. 对于一个 n 阶实对称矩阵, 将其约化成三对角矩阵的具体步骤见算法 4.7. 值得指出的是, 在算法迭代的第 3 步, 没有必要先计算出 $I - 2v_kv_k^\mathsf{T}$, 然后通过计算矩阵–矩阵的乘积来更新 $A(k+1:n,k+1:n)$, 这样会增加不必要的计算量. 事实上, 令 $A_k = A(k+1:n,k+1:n)$, 我们有

$$(I - 2v_kv_k^\mathsf{T})A_k(I - 2v_kv_k^\mathsf{T}) = A_k - 2(A_kv_k)v_k^\mathsf{T} - 2v_k(v_k^\mathsf{T}A_k) + 4v_kv_k^\mathsf{T}A_kv_kv_k^\mathsf{T}$$

$$= A_k - 2(Av_k - 2(v_k^\mathsf{T}A_kv_k)v_k)v_k^\mathsf{T} - 2v_k(v_k^\mathsf{T}A_k).$$

由此不难看出更新 A_k 的运算量主要在计算矩阵–向量乘积 Av_k 上. 对比第三章算法 3.4 的计算复杂度分析, 注意到算法 4.7 两侧都作用了 Householder 变换同时又因为对称性只需计算一半元素, 因此, 它的总体计算复杂度为

$$4 \times n^2 + 4 \times (n-1)^2 + \cdots + 4 \times 1^2 = \frac{4}{3}n^3 + O(n^2).$$

此外, 计算将矩阵 A 约化成三对角矩阵的正交矩阵 $Q = H_{n-2} \cdots H_1$ 可以通过算法每次迭代得到的反射向量 v_k 来实现, 见习题 3.10.

算法 4.7 对称矩阵三对角化的 Householder 变换法

给定对称矩阵 $A \in \mathbb{R}^{n \times n}$

for $k = 1 : n - 2$ **do**

　　根据 $A(k+1:n, k)$ 计算 Householder 反射向量 v_k

　　$A(k+1, k) = A(k, k+1) = \|A(k+1:n, k)\|_2$

　　$A(k+1:n, k+1:n) = (I - 2v_k v_k^\mathsf{T})A(k+1:n, k+1:n)(I - 2v_k v_k^\mathsf{T})$

end

---

2. 位移的选取

对于算法 4.6, 类似于式 (4.5) 和 (4.6), 我们可以建立如下两个等式 (留作习题 4.16):

$$(T_0 - \mu_k I)(T_0 - \mu_{k-1}I) \cdots (T_0 - \mu_1 I) = \bar{Q}_k \bar{R}_k, \tag{4.8}$$

$$(T_0 - \mu_k I)^{-1}(T_0 - \mu_{k-1}I)^{-1} \cdots (T_0 - \mu_1 I)^{-1}P = (\bar{Q}_k P)(P\bar{R}_k^{-\mathsf{T}}P). \tag{4.9}$$

这里 $\bar{Q}_k$, $\bar{R}_k$ 以及 P 的定义同式 (4.5) 和 (4.6). 由此不难看出, $\bar{Q}_k$ 的第一列为带位移的幂法 (初始值为 e_1) 第 k 步迭代得到的向量, 而最后一列则是带位移的反幂法 (初始值为 e_n) 第 k 步迭代得到的向量. 因此如果我们能够自适应地选择有效的位移, $\bar{Q}_k$ 的最后一列将会很快收敛到矩阵 A 的某个特征向量.

受 Rayleigh 商迭代的启发, 算法 4.6 中 μ_k 的一个自然选择为 Rayleigh 商位移,

$$\mu_k = \bar{Q}_{k-1}^\mathsf{T}(:, n)T_0\bar{Q}_{k-1}(:, n) = T_{k-1}(n, n),$$

其中第二个等号可以从式 (4.7) 推得. 在采用 Rayleigh 商位移之后, 算法 4.6 如果收敛会有局部三次收敛率, 但是其收敛性无法保证. 比如, 即使对于 $\begin{bmatrix} 0 & 1 \\ 1 & 0 \end{bmatrix}$ 这样简单的 2×2 排列矩阵, 带有 Rayleigh 商位移的 QR 算法也不收敛.

一个比 Rayleigh 商位移更有效的选择为 Wilkinson 位移. 令 T_{k-1} 右下角的 2×2 矩阵 $T_{k-1}(n-1:1, n-1:n)$ 为

$$\begin{bmatrix} \alpha_{n-1} & \beta_{n-1} \\ \beta_{n-1} & \alpha_n \end{bmatrix}.$$

Wilkinson 位移 μ_k 为该 2×2 矩阵的两个特征值中靠近 α_n 的那一个. 具体计算公式如下:

$$\mu_k = \alpha_n + \delta - \text{sign}(\delta)\sqrt{\delta^2 + \beta_{n-1}^2},$$

其中 $\delta = (\alpha_{n-1} - \alpha_n)/2$. 如果使用 Wilkinson 位移, 算法 4.6 的收敛性能够得到保证, 并且大部分情况下收敛是三次的, 详见本章参考文献.

现在考察算法 4.6 的总体计算复杂度. 显然, 在每个 QR 迭代步中, 上述位移选取策略的计算复杂度为常数, 三对角矩阵约化的计算复杂度为 $O(n)$. 由于 QR 算法的快速收敛性, 平均每个特征值只需要不超过 2 个 QR 步就可以收敛. 因此求解对称三对角矩阵所有特征值的复杂度为 $O(n^2)$, 而求解一般对称矩阵所有特征值的计算复杂度为 $\frac{4}{3}n^3 + O(n^2)$. 如果同时需要计算所有特征向量, 则计算复杂度约为 $9n^3 + O(n^2)$, 具体细节留给感兴趣的读者思考. 从这个意义上讲, QR 算法可以看作是求解特征值问题的 "直接法".

例 4.7　在本例中, 我们将带有 Wilkinson 位移的对称 QR 算法应用于矩阵

$$T_0 = \begin{bmatrix} 2 & -1 & \\ -1 & 2 & -1 \\ & -1 & 2 \end{bmatrix}.$$

迭代的前 3 个输出为

$$T_1 = \begin{bmatrix} 1.0000 & 0.7071 & \\ 0.7071 & 2.0000 & -0.7071 \\ & -0.7071 & 3.0000 \end{bmatrix},$$

$$T_2 = \begin{bmatrix} 0.6940 & 0.3760 & \\ 0.3760 & 1.8924 & -0.0304 \\ & -0.0304 & 3.4136 \end{bmatrix},$$

$$T_3 = \begin{bmatrix} 0.6145 & 0.1994 & \\ 0.1994 & 1.9713 & -0.0000 \\ & -0.0000 & 3.4142 \end{bmatrix}.$$

首先可以看到, T_k 的三对角结构在迭代过程中能够得以保持. 其次, 3 次迭代之后, $T_3(3, 2)$ 已经足够小, 我们已经可以从中读出矩阵的一个近似特征值估计并只需在接下来的迭代中考虑左上角的 2×2 矩阵

$$T_3(1:2, 1:2) = \begin{bmatrix} 0.6145 & 0.1994 \\ 0.1994 & 1.9713 \end{bmatrix}.$$

☆4.3.3　Jacobi 算法和分而治之法

本节最后我们再介绍两个计算对称矩阵多个特征值的常用算法: Jacobi 算法和分而治之法 (divide-and-conquer).

1. Jacobi 算法

Jacobi 算法并不需要像 QR 算法那样先把 A 约化为三对角形式, 而是直接在原始的稠密矩阵上进行操作. 虽然 Jacobi 方法通常要比 QR 算法更慢, 但它仍然受到关注, 因为它有时能够比 QR 方法以更高的精度计算出矩阵的极小特征值及其对应的特征向量.

Jacobi 算法的主要想法是不断约减矩阵非对角元素的平方和

$$\mathrm{off}(A)^2 = \sum_{i \neq j} a_{ij}^2,$$

采用的主要工具是 (i,j)-平面的旋转矩阵

$$J_{ij} = \begin{array}{c} \\ \\ \\ \\ i \to \\ \\ \\ \\ j \to \\ \\ \\ \\ \\ \end{array}\left(\begin{array}{ccccccccc} 1 & & & & & & & & \\ & \ddots & & & & & & & \\ & & 1 & & & & & & \\ & & & c & & & & s & \\ & & & & 1 & & & & \\ & & & & & \ddots & & & \\ & & & & & & 1 & & \\ & & & -s & & & & c & \\ & & & & & & & & 1 \\ & & & & & & & & & \ddots \\ & & & & & & & & & & 1 \end{array}\right).$$

其中 $c = \cos\theta,\ s = \sin\theta$. 定义 Jacobi 变换 (或 Jacobi 更新)

$$A' = J_{ij}^{\mathsf{T}} A J_{ij}. \tag{4.10}$$

经过简单计算可知 A' 的元素和 A 的元素存在如下关系:

$$a'_{k\ell} = a_{k\ell}, \quad \text{如果 } k \neq i,j \text{ 并且 } \ell \neq i,j;$$

$$a'_{i\ell} = a'_{\ell i} = c \cdot a_{i\ell} - s \cdot a_{j\ell}, \quad \text{如果 } \ell \neq i,j;$$

$$a'_{j\ell} = a'_{\ell j} = s \cdot a_{i\ell} + c \cdot a_{j\ell}, \quad \text{如果 } \ell \neq i,j;$$

$$a'_{ii} = c^2 \cdot a_{ii} - 2cs \cdot a_{ij} + s^2 \cdot a_{jj};$$

$$a'_{jj} = s^2 \cdot a_{ii} + 2cs \cdot a_{ij} + c^2 \cdot a_{jj};$$

$$a'_{ij} = a'_{ji} = cs \cdot (a_{ii} - a_{jj}) + (c^2 - s^2)a_{ij}.$$

Jacobi 算法的基本更新步骤如下:

(1) 选择指标对 (i, j), $1 \leqslant i < j \leqslant n$.

(2) 计算 c, s 使得 Jacobi 变换后能够消去 a_{ij} 和 a_{ji}, 即 $a'_{ij} = a'_{ji} = 0$. 这实际上也是计算相应 2×2 矩阵的特征值分解

$$\begin{bmatrix} c & s \\ -s & c \end{bmatrix}^{\mathsf{T}} \begin{bmatrix} a_{ii} & a_{ij} \\ a_{ji} & a_{jj} \end{bmatrix} \begin{bmatrix} c & s \\ -s & c \end{bmatrix} = \begin{bmatrix} a'_{ii} & 0 \\ 0 & a'_{jj} \end{bmatrix},$$

其中 c, s 的具体选取方式见习题 4.17.

注意到矩阵 Frobenius 范数在正交变换下保持不变, 我们有

$$a_{ii}^2 + 2a_{ij}^2 + a_{jj}^2 = (a'_{ii})^2 + (a'_{jj})^2.$$

由于 $a_{kk} = a'_{kk}$, $k \neq i, j$, 进而有

$$\mathrm{off}(A')^2 = \|A'\|_F^2 - \sum_{k=1}^{n} (a'_{kk})^2 = \|A\|_F^2 - \sum_{k=1}^{n} a_{kk}^2 + (a_{ii}^2 + a_{jj}^2 - (a'_{ii})^2 - (a'_{jj})^2)$$

$$= \mathrm{off}(A)^2 - 2a_{ij}^2 < \mathrm{off}(A)^2. \tag{4.11}$$

这意味着经过一步 Jacobi 变换后矩阵 A' 更接近对角矩阵.

更一般地, 给定 $A = A_0$, Jacobi 算法通过不断重复以上操作产生一系列正交相似的矩阵 $A_1, A_2, \cdots$, 它们最终收敛到一个对角元为特征值的对角矩阵. 如上所述, 在适当选取指标对 (i, j) 后, A_{k+1} 通过下列公式由 A_k 得到

$$A_{k+1} = J_{ij}^{\mathsf{T}} A_k J_{ij}.$$

注意 Jacobi 变换的运算量是 $6n$.

令 $N = n(n-1)/2$ 为矩阵严格上三角部分元素的个数, 通常定义一轮 (a sweep) 更新为 N 个 Jacobi 变换. 此外, Jacobi 算法可以使用如下停机准则 (stopping criterion)

$$\mathrm{off}(A_k) \leqslant \tau \cdot \|A\|_F,$$

其中 $\tau > 0$ 为某个给定阈值.

下面讨论指标对 (i, j) 的选取问题, 也称为排序 (ordering), 这里介绍两种常用的排序.

经典 Jacobi 算法

从最大程度约减 $\mathrm{off}(A)^2$ 来看, 选择 $|a_{ij}|$ 最大的指标对是合理的. 假设就用 $|a_{ij}|$ 表示最大的非对角元, 则

$$\mathrm{off}(A)^2 \leqslant N(a_{ij}^2 + a_{ji}^2) = 2N a_{ij}^2.$$

因此由 (4.11) 可知

$$\mathrm{off}(A')^2 \leqslant \left(1 - \frac{1}{N}\right) \mathrm{off}(A)^2.$$

由数学归纳法, 我们有

$$\mathrm{off}(A_k)^2 \leqslant \left(1 - \frac{1}{N}\right)^k \mathrm{off}(A_0)^2.$$

这意味着经典 Jacobi 算法线性收敛.

事实上, 经典 Jacobi 算法的渐近收敛速度显著优于线性收敛. 可以验证, 当 k 充分大时, 存在常数 α, 使得

$$\mathrm{off}(A_{k+1}) \leqslant \alpha \cdot \mathrm{off}(A_k)^2,$$

也就是说, 该算法的渐近收敛率是二次的, 感兴趣的读者可参看本章文献.

例 4.8   设矩阵

$$A = \begin{bmatrix} 1 & 1 & 1 & 1 \\ 1 & 2 & 3 & 4 \\ 1 & 3 & 6 & 10 \\ 1 & 4 & 10 & 20 \end{bmatrix}.$$

经过 4 轮更新后有

轮次	0	1	2	3	4
$O(\mathrm{off}(A_{k+1}))$	10^2	10	10^{-2}	10^{-11}	10^{-17}

并且可以得到 A 的所有近似特征值: 0.0380, 0.4538, 2.2034, 26.3047.

行循环 (cyclic-by-row) 算法

经典 Jacobi 算法的问题在于每次更新涉及 $O(n)$ 次浮点运算, 而寻找最佳指标对则需要 $O(n^2)$ 次比较. 解决这一不平衡矛盾的一个方法是预先固定指标对的顺序, 一种自然的选择是按行逐一遍历所有指标对. 例如, 当 $n = 4$ 时, 可以对 (i, j) 进行如下循环:

$$(i, j) = (1, 2), (1, 3), (1, 4),$$

$$(2, 3), (2, 4),$$

$$(3, 4).$$

行循环 Jacobi 算法的收敛性由 Forsythe 和 Henrici 在 1960 年首次得到, 后来有大量这方面的研究.

例 4.9 考察例 4.8 中的矩阵, 行循环 Jacobi 算法的 4 轮更新结果如下:

轮次	0	1	2	3	4
$O(\text{off}(A_{k+1}))$	10^2	10	10^{-2}	10^{-6}	10^{-16}

2. 分而治之法

分而治之法是基于对称矩阵三对角化之后的形式, 我们这里介绍一下它的基本想法和计算过程.

首先易知任意对称三对角矩阵 T 有如下分解:

$$T = \begin{bmatrix} T_1 & 0 \\ 0 & T_2 \end{bmatrix} + \rho vv^\mathsf{T},$$

其中 T_1 是 $m \times m$ 矩阵, T_2 是 $(n-m) \times (n-m)$ 矩阵, $\rho = T(m, m+1) = T(m+1, m)$, $v = [0, \cdots, 0, 1, 1, 0, \cdots, 0]^\mathsf{T}$. 注意, T_1, T_2 并不是 T 的严格块对角部分, 而是有 $T_1(m,m) = T(m,m) - \rho$, $T_2(1,1) = T(m+1, m+1) - \rho$. 假设我们已经得到 T_i 的特征值分解 $T_i = Q_i \Lambda_i Q_i^\mathsf{T}$, $i = 1, 2$, 则

$$T = \begin{bmatrix} Q_1 & \\ & Q_2 \end{bmatrix} \left(\begin{bmatrix} \Lambda_1 & 0 \\ 0 & \Lambda_2 \end{bmatrix} + \rho uu^\mathsf{T} \right) \begin{bmatrix} Q_1^\mathsf{T} & \\ & Q_2^\mathsf{T} \end{bmatrix},$$

其中

$$u = \begin{bmatrix} Q_1^\mathsf{T} & \\ & Q_2^\mathsf{T} \end{bmatrix} v = \begin{bmatrix} Q_1^\mathsf{T} \ \text{最后一列} \\ Q_2^\mathsf{T} \ \text{第一列} \end{bmatrix}.$$

因此, 计算矩阵 T 的特征值等价于求矩阵

$$\begin{bmatrix} \Lambda_1 & 0 \\ 0 & \Lambda_2 \end{bmatrix} + \rho uu^\mathsf{T} \triangleq D + \rho uu^\mathsf{T}$$

的特征值, 后者是对角矩阵 D 加上一个秩 1 矩阵的形式.

为了求出矩阵 $D + \rho uu^\mathsf{T}$ 的特征值, 假设 $D - \lambda I$ 非奇异, 其特征多项式计算如下:

$$\det(D + \rho uu^\mathsf{T} - \lambda I) = \det\left((D - \lambda I)(I + \rho(D - \lambda I)^{-1} uu^\mathsf{T})\right).$$

由于 $D - \lambda I$ 非奇异, 我们有

$$\det\left(I + \rho(D - \lambda I)^{-1} uu^\mathsf{T}\right) = 0,$$

其中 λ 是矩阵 $D + \rho uu^\mathsf{T}$ 的特征值. 此外, 我们还需要下述引理, 证明留作读者思考.

引理 4.8   对任意 $x,\,y\in\mathbb{R}^n$, 有 $\det(I+xy^{\mathsf{T}})=1+y^{\mathsf{T}}x$.

记 $u=(u_i)$, $D=\operatorname{diag}(d_i)$, 由上述引理可知

$$\det\big(I+\rho(D-\lambda I)^{-1}uu^{\mathsf{T}}\big)=1+\rho u^{\mathsf{T}}(D-\lambda I)^{-1}u=1+\rho\sum_{i=1}^{n}\frac{u_i^2}{d_i-\lambda}\triangleq f(\lambda).$$

因此, T 的特征值是下列特征方程 (secular equation) 的根:

$$f(\lambda)=0.$$

假设所有 d_i 互不相同, 并且所有 $u_i\neq 0$ (否则可以进行 "紧缩"(deflation), 也就是分解为两个独立的问题). 此时特征函数 $f(\lambda)$ 如图 4.2 所示.

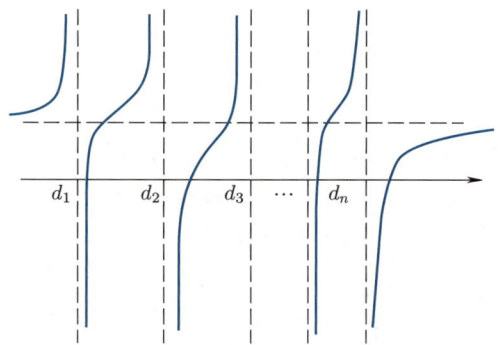

图 4.2   函数 $f(\lambda)$ 的图像

从图中可以看出, 同时不难严格证明, (1) $f(\lambda)$ 的根 λ_i 和 d_i 交错相间; (2) $f(\lambda)$ 在区间 (d_i,d_{i+1}) 上单调. 因此, 我们可以用 Newton 法求出每一个根 λ_i. 计算 $D+\rho uu^{\mathsf{T}}$ 的所有 n 个特征值需要 $O(n^2)$ 的运算量, 细节可以参看本章文献.

下面考察矩阵 $D+\rho uu^{\mathsf{T}}$ 的特征向量.

引理 4.9   如果 λ 是矩阵 $D+\rho uu^{\mathsf{T}}$ 的特征值, 则 $(D-\lambda I)^{-1}u$ 是其对应的特征向量.

证明   可以直接验证

$$
\begin{aligned}
(D+\rho uu^{\mathsf{T}})[(D-\lambda I)^{-1}u] &= (D-\lambda I+\lambda I+\rho uu^{\mathsf{T}})(D-\lambda I)^{-1}u\\
&= u+\lambda(D-\lambda I)^{-1}u+u[\rho u^{\mathsf{T}}(D-\lambda I)^{-1}u]\\
&= u+\lambda(D-\lambda I)^{-1}u-u\\
&= \lambda[(D-\lambda I)^{-1}u],
\end{aligned}
$$

其中第三个等式使用了 $f(\lambda)=1+\rho u^{\mathsf{T}}(D-\lambda I)^{-1}u=0$.   □

注意到 $D - \lambda I$ 是对角矩阵, 上述公式对所有 n 个特征值计算全部特征向量的运算量为 $O(n^2)$.

综上, 我们就能得到递归实现的分而治之法, 见算法 4.8. 它的优点是非常易于并行, 参看图 4.3. 需要注意的是, 尽管计算特征值和特征向量的方式看上去简单, 但是特征方程很难精确求解. 特别地, 用于计算 $D + \rho u u^\mathsf{T}$ 特征向量的简单公式在数值上并不稳定, 因为当两个 λ_i 值非常接近时, 可能会导致计算出的特征向量 u_i 并不正交.

算法 4.8 对称三对角矩阵的分而治之法 $(Q, \Lambda) = \mathbf{dc\_eig}(T)$

给定对称三对角矩阵 T

if T 大小为 1×1 **then**
  返回 $Q = 1$, $\Lambda = T$
end
else

  拆分 $T = \begin{bmatrix} T_1 & 0 \\ 0 & T_2 \end{bmatrix} + \rho v v^\mathsf{T}$
  调用 $(Q_1, \Lambda_1) = \mathbf{dc\_eig}(T_1)$
  调用 $(Q_2, \Lambda_2) = \mathbf{dc\_eig}(T_2)$
  令 $D = \begin{bmatrix} \Lambda_1 & 0 \\ 0 & \Lambda_2 \end{bmatrix}$, $u = \begin{bmatrix} Q_1^\mathsf{T} \text{ 最后一列} \\ Q_2^\mathsf{T} \text{ 第一列} \end{bmatrix}$
  计算 $D + \rho u u^\mathsf{T}$ 的特征值 Λ 和特征向量 Q'
  形成 T 的特征向量 $Q = \begin{bmatrix} Q_1 & 0 \\ 0 & Q_2 \end{bmatrix} Q'$

  返回 Q 和 Λ
end

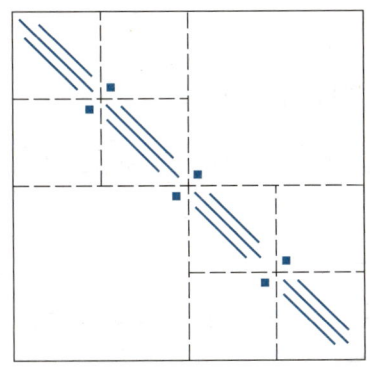 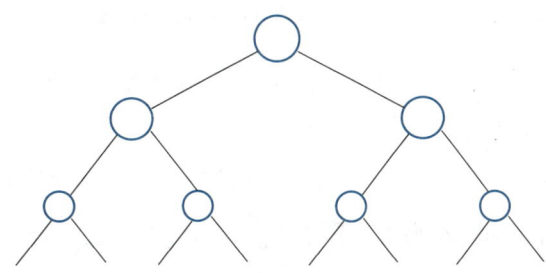

图 4.3 分而治之法的并行化

分而治之法是当前计算阶数大于 25 的对称三对角矩阵所有特征值和特征向量非常快的方法. 该方法数值稳定的实现较为微妙. 事实上, 尽管该方法最早由 Cuppen 在 1981 年提出, 但 "正确的" 实现直到 1992 年才得以完成. 值得指出的是, 分而治之是一类非常重要的算法思想, 其他典型应用包括快速排序 (quicksort)、快速傅里叶变换 (fast Fourier transform, FFT) 等.

4.4 敏度分析和扰动理论

前面两节介绍了特征值计算的一些基本方法, 而本节将讨论特征值计算的敏感性问题以及介绍几个典型的扰动分析结果.

在一般情况下讨论特征值问题的敏感性会比较复杂. 简单起见, 我们只讨论矩阵单特征值的敏感性问题. 给定矩阵 $A \in \mathbb{C}^{n \times n}$, 令 λ 为它的一个单特征值. 由 Jordan 分解可知, 存在可逆矩阵 X 使得

$$A = X \Lambda X^{-1}, \quad \Lambda = \begin{bmatrix} \lambda & \\ & J \end{bmatrix},$$

其中 J 是不含特征值 λ 的 Jordan 块. 容易验证, X 的第一列和 X^{-1} 的第一行分别为特征值 λ 对应的 (右) 特征向量和左特征向量, 记规范化后的向量分别为 x 和 y^*, 显然有 $Ax = \lambda x$ 和 $y^*A = \lambda y^*$. 由于 $X^{-1}X = I$, 规范化之前两个向量的内积为 1, 从而 $y^*x \neq 0$.

假设我们给矩阵 A 以微小的扰动 ΔA 使其变为 $A + \Delta A$. 若相应的特征值由 λ 变为 $\lambda + \Delta\lambda$, 相应的特征向量由 x 变为 $x + \Delta x$, 则有

$$(A + \Delta A)(x + \Delta x) = (\lambda + \Delta\lambda)(x + \Delta x).$$

对等式两边进行展开并利用 $Ax = \lambda x$ 消去相等的项可得

$$A(\Delta x) + (\Delta A)x + (\Delta A)(\Delta x) = \lambda(\Delta x) + (\Delta\lambda)x + (\Delta\lambda)(\Delta x).$$

假设 $\Delta A, \Delta\lambda$ 以及 Δx 都较小, 在忽略上面等式中的二阶小量 $(\Delta A)(\Delta x)$ 和 $(\Delta\lambda)(\Delta x)$ 之后有

$$A(\Delta x) + (\Delta A)x \approx \lambda(\Delta x) + (\Delta\lambda)x.$$

两边同时左乘 y^* 并利用 $y^*A = \lambda y^*$ 消去相等的项可得

$$\Delta\lambda \approx \frac{y^*(\Delta A)x}{y^*x}.$$

因此, 当 $\|x\|_2 = \|y\|_2 = 1$ 时, 我们有

$$|\Delta\lambda| \lesssim \frac{\|\Delta A\|_2}{|y^*x|}. \tag{4.12}$$

该式表明特征值 λ 的敏感性和 $|y^*x|$ 的大小有关, 因此通常称 $|y^*x|$ 为特征值 λ 的条件数.

在 $A \in \mathbb{R}^{n \times n}$ 为对称矩阵的情况下 (本节有关对称矩阵的结论对 Hermite 矩阵同样适用), λ 所对应的左特征向量等于右特征向量, 即 $y = x$. 当 $\|x\|_2 = \|y\|_2 = 1$ 时, 由于 $y^\mathsf{T} x = 1$, 由 (4.12) 可知

$$|\Delta\lambda| \lesssim \|\Delta A\|_2.$$

事实上, 上式中的不等号在扰动矩阵对称的情况下严格成立, 即有下面的 Weyl 定理. 该定理可以通过 4.1 节中提到的 Courant–Fischer 定理进行证明 (留作习题 4.19).

定理 4.10 (Weyl 定理) 假设 $A \in \mathbb{R}^{n \times n}$ 和 $E \in \mathbb{R}^{n \times n}$ 为对称矩阵. 令 A 和 $A + E$ 的特征值分别为

$$\lambda_1(A) \geqslant \lambda_2(A) \geqslant \cdots \geqslant \lambda_n(A),$$

$$\lambda_1(A+E) \geqslant \lambda_2(A+E) \geqslant \cdots \geqslant \lambda_n(A+E),$$

则有

$$|\lambda_i(A) - \lambda_i(A+E)| \leqslant \|E\|_2.$$

此外还有一个综合矩阵所有特征值的扰动误差结果, 即下面的 Wielandt–Hoffman 定理. 该定理的证明见本章文献.

定理 4.11 (Wielandt–Hoffman 定理) 假设 $A \in \mathbb{R}^{n \times n}$ 和 $E \in \mathbb{R}^{n \times n}$ 为对称矩阵. 令 A 和 $A + E$ 的特征值分别为

$$\lambda_1(A) \geqslant \lambda_2(A) \geqslant \cdots \geqslant \lambda_n(A),$$

$$\lambda_1(A+E) \geqslant \lambda_2(A+E) \geqslant \cdots \geqslant \lambda_n(A+E),$$

则有

$$\sum_{i=1}^{n}(\lambda_i(A) - \lambda_i(A+E))^2 \leqslant \|E\|_F^2.$$

关于矩阵特征向量的扰动分析问题, 我们这里也不做全面的讨论, 而是只叙述几个简单而实用的结果. 对于单一特征向量的扰动分析, 我们有如下结论.

定理 4.12 给定 $A \in \mathbb{C}^{n \times n}$ 以及 $E \in \mathbb{C}^{n \times n}$, 设 λ 为 A 的一个单特征值, 对应着单位特征向量 q_1. 假设 $Q = [q_1, Q_2]$ 为一个 n 阶正交矩阵, 并且 Q^*AQ 和 Q^*EQ 有如下形式的分块表示:

$$Q^*AQ = \begin{bmatrix} \lambda & v^* \\ 0 & A_2 \end{bmatrix}, \quad Q^*EQ = \begin{bmatrix} \varepsilon & e^* \\ \delta & E_2 \end{bmatrix}.$$

定义 $d = \sigma_{\min}(A_2 - \lambda I)$, 其中 $\sigma_{\min}(\cdot)$ 表示矩阵最小的奇异值. 当 $\|E\|_2$ 足够小时, 存在 $A + E$ 的一个单位特征向量 $\tilde{q}_1$, 使得

$$\sin\theta \leqslant \frac{4\|\delta\|_2}{d},$$

其中 θ 是向量 q_1 和 $\tilde{q}_1$ 之间所夹的锐角, 即 $\sin\theta = \sqrt{1 - |q_1^*\tilde{q}_1|^2}$.

　　粗略地讲, 上述定理中的 d 刻画了 λ 和矩阵其他特征值的分离程度. 因此, 该定理表明特征向量的敏感性依赖于相应特征值与其他特征值之间的最小距离. 当 $A \in \mathbb{R}^{n \times n}$ 为对称矩阵时, A_2 仍然是对称矩阵, 并且它的特征值为矩阵 A 的剩余 $n - 1$ 个特征值. 此时有

$$d = \min_{\lambda_i(A) \neq A} |\lambda - \lambda_i(A)|.$$

　　对于多个特征向量的扰动分析, 我们仅讨论实对称矩阵的情形. 为此, 需要先定义列正交矩阵 (或者相应的线性子空间) 之间的距离, 这里将考虑基于夹角的定义方式. 给定两个列正交矩阵 $Q, \widehat{Q} \in \mathbb{R}^{n \times r}$ $(r \leqslant n)$, 令 $\sigma_1 \geqslant \sigma_2 \geqslant \cdots \geqslant \sigma_r \geqslant 0$ 为 $Q^\mathsf{T}\widehat{Q}$ 的奇异值. 由于 $\sigma_k \leqslant \|Q^\mathsf{T}\widehat{Q}\|_2 \leqslant 1$ $(1 \leqslant k \leqslant r)$, 因此可以定义

$$\theta_k = \arccos\sigma_k, \quad k = 1, \cdots, r.$$

注意, 当 $r = 1$ 时, 所定义的角度即是两个单位向量之间的夹角. 对于 $r > 1$ 的情形, 基于矩阵奇异值的变分表示 (将在第五章 5.1.3 小节讨论) 不难看出

　　　θ_1 是 Q 和 $\widehat{Q}$ 所张成的子空间中相关性最大的两个向量之间的夹角,

　　　θ_2 是 Q 和 $\widehat{Q}$ 所张成的子空间中相关性第二大的两个向量之间的夹角,

　　　……

进一步定义矩阵

$$\sin\Theta(Q, \widehat{Q}) = \begin{bmatrix} \sin\theta_1 & & & \\ & \sin\theta_2 & & \\ & & \ddots & \\ & & & \sin\theta_r \end{bmatrix},$$

如果用 $\|\sin\Theta(Q, \widehat{Q})\|_2$ 或者 $\|\sin\Theta(Q, \widehat{Q})\|_F$ 衡量 Q 和 $\widehat{Q}$ (或者它们所对应的子空间) 之间的距离, 则有下面的 Davis–Kahan $\sin\Theta$ 定理.

定理 4.13 (Davis–Kahan $\sin\Theta$ 定理)　假设 $A \in \mathbb{R}^{n \times n}$ 和 $E \in \mathbb{R}^{n \times n}$ 为对称矩阵, 并且 A 和 $\widehat{A} = A + E$ 的谱分解有如下形式的分块表示:

$$A = \begin{bmatrix} Q, & Q_\perp \end{bmatrix} \begin{bmatrix} \Lambda & \\ & \Lambda_\perp \end{bmatrix} \begin{bmatrix} Q^\mathsf{T} \\ Q_\perp^\mathsf{T} \end{bmatrix},$$

$$\widehat{A} = \begin{bmatrix} \widehat{Q}, & \widehat{Q}_\perp \end{bmatrix} \begin{bmatrix} \widehat{\Lambda} & \\ & \widehat{\Lambda}_\perp \end{bmatrix} \begin{bmatrix} \widehat{Q}^{\mathsf{T}} \\ \widehat{Q}_\perp^{\mathsf{T}} \end{bmatrix},$$

其中

$$\Lambda = \mathrm{diag}(\lambda_1, \cdots, \lambda_r) \in \mathbb{R}^{r \times r}, \quad \Lambda_\perp = \mathrm{diag}(\lambda_{r+1}, \cdots, \lambda_n) \in \mathbb{R}^{(n-r) \times (n-r)},$$

$$\widehat{\Lambda} = \mathrm{diag}(\hat{\lambda}_1, \cdots, \hat{\lambda}_r) \in \mathbb{R}^{r \times r}, \quad \widehat{\Lambda}_\perp = \mathrm{diag}(\hat{\lambda}_{r+1}, \cdots, \hat{\lambda}_n) \in \mathbb{R}^{(n-r) \times (n-r)}.$$

假设存在 $\alpha \leqslant \beta$ 以及 $\delta > 0$ 使得

$$\lambda(\Lambda) = \{\lambda_1, \cdots, \lambda_r\} \subseteq [\alpha, \beta], \tag{4.13}$$

$$\lambda(\widehat{\Lambda}_\perp) = \{\hat{\lambda}_{r+1}, \cdots, \hat{\lambda}_n\} \subseteq (-\infty, \alpha - \delta] \cup [\beta + \delta, \infty), \tag{4.14}$$

则有

$$\|\sin \Theta(Q, \widehat{Q})\|_2 \leqslant \frac{\|EQ\|_2}{\delta}, \quad \|\sin \Theta(Q, \widehat{Q})\|_F \leqslant \frac{\|EQ\|_F}{\delta}. \tag{4.15}$$

值得注意的是, 如果式 (4.13)、式 (4.14) 中的条件交换一下, 即

$$\lambda(\Lambda) = \{\lambda_1, \cdots, \lambda_r\} \subseteq (-\infty, \alpha - \delta] \cup [\beta + \delta, \infty),$$

$$\lambda(\widehat{\Lambda}_\perp) = \{\hat{\lambda}_{r+1}, \cdots, \hat{\lambda}_n\} \subseteq [\alpha, \beta],$$

定理 4.13 中的结论同样成立. 此外, 式 (4.15) 中的结论实际上对任意酉不变范数都成立. 下面是 Davis–Kahan $\sin \Theta$ 定理的一个常用推论.

推论 4.14　假设定理 4.13 中的特征值 $\{\lambda_k\}_{k=1}^n$ 以及 $\{\hat{\lambda}_k\}_{k=1}^n$ 按降序排列, 并且有 $\delta = \lambda_r - \lambda_{r+1} > 0$. 如果 $\|E\|_2 < \delta$, 则

$$\|\sin \Theta(Q, \widehat{Q})\|_2 \leqslant \frac{\|EQ\|_2}{\delta - \|E\|_2}, \quad \|\sin \Theta(Q, \widehat{Q})\|_F \leqslant \frac{\|EQ\|_F}{\delta - \|E\|_2}.$$

4.5　案例: Markov 链和网页排序

网页排序是搜索引擎的基本功能之一. 当我们使用某个关键词进行搜索时, 搜索引擎首先找到与该关键词相匹配的网页, 然后会把它们按某种顺序呈现出来. 由于整个网络可以看作是一个有向图, 网页排序问题自然就是有向图上节点的排序问题. 本书已在第一章 1.3.3 小节介绍了一个无向图上节点的排序方法, 而本节将介绍一个基于 Markov 链的、有向图上节点的排序方法.

4.5.1   Markov 链

考虑离散随机过程 $\{X_0, X_1, X_2, \cdots\}$, 其中 X_t 为取值属于某个状态空间 S 的随机变量. 简单起见, 我们仅考虑有限状态空间的情形, 此时可以令 $S = \{1, \cdots, n\}$. 如果

$$P[X_{t+1} = i_{t+1} \mid X_0 = i_0, \cdots, X_t = i_t] = P[X_{t+1} = i_{t+1} \mid X_t = i_t], \quad i_0, \cdots, i_{t+1} \in S,$$

就称 $\{X_0, X_1, X_2, \cdots\}$ 为 Markov 链. 换句话说, Markov 链的未来状态只依赖于当前状态, 而与过去的状态无关. 进一步地, 如果转移概率分布 $P[X_t = i \mid X_{t-1} = j]$ 与时间 t 无关, 即

$$P[X_{t+s} = i \mid X_{t+s-1} = j] = P[X_t = i \mid X_{t-1} = j], \quad i, j \in S, s = 0, 1, \cdots \qquad (4.16)$$

则称该 Markov 链为时间齐次 (time homogeneous) 的, 或者直接简称齐次的. 本节所提到的 Markov 链均是时间齐次的.

对于 n 个状态、时间齐次的 Markov 链, 定义**转移概率矩阵** (transition probability matrix)

$$P = \begin{bmatrix} p_{11} & p_{12} & \cdots & p_{1N} \\ p_{21} & p_{22} & \cdots & p_{2N} \\ \vdots & \vdots & & \vdots \\ p_{N1} & p_{N2} & \cdots & p_{NN} \end{bmatrix},$$

其中

$$p_{ij} = P[X_t = i \mid X_{t-1} = j].$$

显然有

$$0 \leqslant p_{ij} \leqslant 1, \quad 1 \leqslant i, j \leqslant n, \qquad (4.17)$$

而且

$$\sum_{i=1}^{N} p_{ij} = 1, \quad 1 \leqslant j \leqslant n. \qquad (4.18)$$

在初始概率分布给定之后, 一个有限状态空间、时间齐次的 Markov 链完全是由其转移概率矩阵决定的. 通常称满足以上两条性质的矩阵为**随机矩阵** (stochastic matrix). 如果 P 进一步满足

$$\sum_{j=1}^{N} p_{ij} = 1, \quad 1 \leqslant i \leqslant n,$$

则称其为**双随机矩阵** (doubly stochastic matrix).

例 4.10   图上的随机游走是典型的 Markov 链. 考虑图 4.4 中的有向图, 其中每条边上的权重代表从一个节点转移到另一个节点的概率. 对于该 Markov 链, 我们有

$$P = \begin{bmatrix} 1/3 & 1/2 & 3/4 \\ 2/3 & 0 & 0 \\ 0 & 1/2 & 1/4 \end{bmatrix}.$$

这里 P 是随机矩阵, 但不是双随机矩阵.

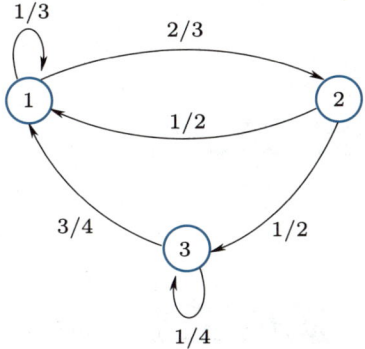

图 4.4   Markov 链示例一

令 $\pi_t \in \mathbb{R}^N$ 为一 Markov 链在 t 时刻的概率分布, 即

$$P[X_t = i] = \pi_t(i).$$

根据转移概率矩阵的定义易知下述关系成立:

$$\pi_t = P\pi_{t-1}.$$

进一步地, 令 $\pi_0 \in \mathbb{R}^N$ 为初始概率分布, 则有

$$\pi_t = P^t\pi_0.$$

换句话说, P_{ij}^t 表示 Markov 链经过 t 步之后由状态 j 转入状态 i 的概率. 平稳分布是 Markov 链中的一个核心概念, 定义如下.

定义 4.15(平稳分布)   对于一个有限状态空间、时间齐次、转移概率矩阵为 P 的 Markov 链, 如果存在状态空间上的一个概率分布 $\pi \in \mathbb{R}^N$ 使得

$$\pi = P\pi,$$

则称 π 为该 Markov 链的平稳分布.

我们接下来回答关于平稳分布的两个基本问题:

(1) 平稳分布 π 是否存在和唯一?

(2) 对任意初始分布 π_0, 是否有 $\lim\limits_{t} \pi_t = \lim\limits_{t} P^t \pi_0 = \pi$?

为了回答第一个问题, 我们需要介绍著名的 Perron–Frobenius 定理. 为此需要引入非负矩阵不可约 (irreducible) 的概念.

定义 4.16　给定 n 阶非负矩阵 (每个元素均大于等于 0) $A \in \mathbb{R}^{n \times n}$, 如果对任意的 i, j, 存在 $t > 0$ 使得 $A_{ij}^t > 0$, 则称 A 不可约.

对于一个随机矩阵 P, 由于 P_{ij}^t 表示相应的 Markov 链经过 t 步之后由状态 j 转入状态 i 的概率, 易知 P 不可约的充分必要条件为: 任意两个状态 i, j 间存在一条从 j 到 i 长度为 t 的路径. 此时我们也称该 Markov 链不可约.

定理 4.17 (Perron–Frobenius 定理)　如果 $A \in \mathbb{R}^{n \times n}$ 是非负、不可约矩阵, 则 A 的谱半径 $\rho(A)$ 是 A 的一个单特征值, 并且存在一个严格正的特征向量 (每个元素均大于 0) $x \in \mathbb{R}^n$ 满足 $Ax = \rho(A)x$.

基于 Perron–Frobenius 定理, 我们能够证明 Markov 链平稳分布的存在、唯一性.

定理 4.18 (平稳分布的存在、唯一性)　有限状态空间、齐次、不可约的 Markov 链存在唯一的平稳分布.

证明　由式 (4.17) 和 (4.18) 可知对任意 x,

$$\|x^{\mathsf{T}} P\|_\infty \leqslant \|x\|_\infty,$$

$$e^{\mathsf{T}} P = e^{\mathsf{T}},$$

其中 $e = [1, \cdots, 1]^{\mathsf{T}}$ 表示全 1 向量, 因此有 $\rho(P) = 1$. 根据 Perron–Frobenius 定理可知 1 是 P 的单特征值并且存在正向量 x 满足 $Px = x$. 由此易知 $\pi = x/\|x\|_1$ 是唯一的平稳分布.　□

例 4.11　容易验证例 4.10 中的 Markov 链是不可约的, 因此存在唯一的平稳分布.

例 4.12　考察图 4.5 中的 Markov 链, 有

$$P = \begin{bmatrix} 1/3 & 1/2 & 0 \\ 2/3 & 0 & 0 \\ 0 & 1/2 & 1 \end{bmatrix}.$$

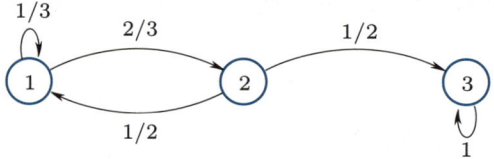

图 4.5　Markov 链示例二

对于任意正整数 t, P^t 有如下结构:

$$P^t = \begin{bmatrix} \times & \times & 0 \\ \times & \times & 0 \\ \times & \times & \times \end{bmatrix}.$$

因此 P 是可约的. 从图中也可以看出如果从状态 3 出发, 始终不可能到达状态 1 和 2. 该 Markov 链的平稳分布不唯一, 具体细节留给读者思考.

在平稳分布存在唯一的基础上, 我们接下来考虑极限分布是否收敛的问题, 即还需要什么样的条件才能够保证对任意初始分布 π_0 有

$$\lim_{t \to \infty} P^t \pi_0 = \pi.$$

为此先考察一个例子.

例 4.13 考察图 4.6 中的 Markov 链, 其对应的转移概率矩阵为

$$P = \begin{bmatrix} 0 & 1/2 & 0 \\ 1 & 0 & 1 \\ 0 & 1/2 & 0 \end{bmatrix}.$$

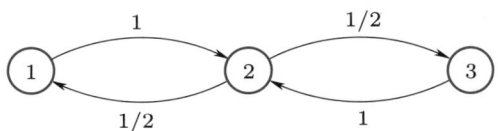

图 4.6　Markov 链示例三

不难看出该 Markov 链是不可约的, 因此存在唯一的平稳分布

$$\pi = \begin{bmatrix} 1/4, 1/2, 1/4 \end{bmatrix}^{\mathsf{T}}.$$

但是, 经过简单的计算可知

$$P^{2t} = \begin{bmatrix} 1/2 & 0 & 1/2 \\ 0 & 1 & 0 \\ 1/2 & 0 & 1/2 \end{bmatrix}, \quad P^{2t+1} = \begin{bmatrix} 0 & 1/2 & 0 \\ 1 & 0 & 1 \\ 0 & 1/2 & 0 \end{bmatrix}.$$

因此 P^t 不收敛, 同时也意味着对任意初始分布 π_0, $P^t \pi_0$ 不收敛.

注意例 4.13 中的 Markov 链存在周期为 2 的环. 以节点 2 为例, 从图中不难看出, 它在奇数时刻回到自己的概率为 0, 而在偶数时刻会以概率 1 回到自己, 因此 P^t 不会收敛. 为了讨论极限分布的收敛性, 需要进一步引入周期性的概念.

定义 4.19   一个 Markov 链状态 $i \in S$ 的**周期** (period) 定义为

$$d(i) = \gcd\{t \geqslant 1 : P_{ii}^t > 0\},$$

其中 $\gcd\{\cdot\}$ 表示一组整数的最大公约数. 如果对所有的 $i \in S$ 都有 $d(i) = 1$, 则称该 Markov 链为**非周期**的 (aperiodic).

定理 4.20 (极限分布收敛)   有限状态空间、齐次、不可约、非周期 Markov 链不仅存在唯一的平稳分布 (用 π 表示), 并且对任意初始分布 π_0, 有

$$\lim_{t \to \infty} P^t \pi_0 = \pi.$$

注意到极限分布的收敛问题其实就是幂法是否能够收敛到模最大的特征值所对应的特征向量的问题, 进而又是转移概率矩阵模最大的特征值是否唯一的问题. 对该定理证明感兴趣的读者可以参考 Markov 链的相关教材.

例 4.14   考察例 4.10 中的 Markov 链, 经过简单的计算可知 $P^t > 0$ $(t \geqslant 2)$. 也就是说, 该 Markov 链是不可约、非周期的, 因此极限分布收敛. 事实上有

$$\lim_{t \to \infty} P^t \approx \begin{bmatrix} 0.4737 & 0.4737 & 0.4737 \\ 0.3158 & 0.3158 & 0.3158 \\ 0.2105 & 0.2105 & 0.2105 \end{bmatrix},$$

其中每一列都收敛到平稳分布.

4.5.2 网页排序

如果把整个网络看成一个有向图, 把根据超链接进行网页浏览当作图上的随机游走, 那么可以用长时间之后每个网页被访问的概率来衡量它们的重要性. 这本质上就是计算相应 Markov 链的平稳分布问题, 而剩下的任务就是针对该问题建模合适的转移概率矩阵. 这里我们考虑一种特定的转移概率模型.

首先介绍建模转移概率矩阵所需的一些概念. 在本节中, $G = (V, E)$ 表示一个有向图, 其中 $V = \{v_1, \cdots, v_n\}$ 代表 n 个节点组成的集合, 而 E 代表所有边组成的集合. 与无向图不同的是, 这里的边是有方向的. 在第二章扩散系统的案例中, 我们使用了节点和边交互的关联矩阵去表示一个有向图, 而本节将采取邻接矩阵的方式, 即与无向图的邻接矩阵类似, 用矩阵元素是 0 还是 1 表明是否存在由一个节点指向另一个节点的一条边. 具体地, 令 $A = (a_{ij}) \in \mathbb{R}^{n \times n}$ 是一个有向图所对应的邻接矩阵, 其每个元素的定义如下:

$$a_{ij} = \begin{cases} 1, & v_j \text{ 指向 } v_i, \\ 0, & \text{其他.} \end{cases}$$

以图 4.7 中的有向图为例, 有

$$A = \begin{bmatrix} 0 & 0 & 1 & 0 & 1 & 1 \\ 1 & 0 & 1 & 0 & 1 & 0 \\ 0 & 1 & 0 & 0 & 0 & 0 \\ 1 & 1 & 0 & 0 & 0 & 0 \\ 0 & 0 & 0 & 0 & 0 & 0 \\ 0 & 0 & 0 & 0 & 1 & 0 \end{bmatrix}.$$

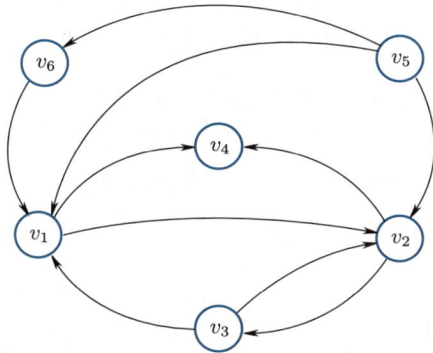

图 4.7　一个包含 6 个节点、 10 条边的有向网络图示例

有向图中的边是有方向的, 因此对应的邻接矩阵不一定对称. 此外, 由于网络中的每个节点通常只和少数几个其他节点相连, A 往往是一个稀疏矩阵. 在定义了邻接矩阵 A 之后, 我们分别用 r_i 和 c_j 来表示 A 的第 i 行与第 j 列的和, 即

$$r_i = \sum_{j=1}^{n} a_{ij}, \quad c_j = \sum_{i=1}^{n} a_{ij}.$$

也就是说, r_i 为指向 v_i 的节点数量, 而 c_j 为 v_j 所指向的节点数量.

本节将通过如下方式建模转移概率 p_{ij}:

$$p_{ij} = \begin{cases} \dfrac{\alpha\, a_{ij}}{c_j} + \dfrac{1-\alpha}{n}, & c_j \neq 0, \\ \dfrac{1}{n}, & c_j = 0, \end{cases}$$

其中 $0 < \alpha < 1$ 为一常数. 该建模方式有如下直观解释: 如果节点 v_j 没有指向任何节点 (例如图 4.7 中的 v_4), 我们就随机等概率地从所有节点中选择一个进行访问; 否则就有 $\alpha > 0$ 的可能性从 v_j 所指向的节点中随机等概率地选择一个进行访问, 而有 $(1 - \alpha)$ 的可能性从所有节点中随机等概率地选择一个进行访问. 不难验证相应的矩阵 $P =$

(p_{ij}) 是转移概率矩阵或者随机矩阵. 此外, 由于 P 是严格正的 (即每个元素都大于 0), 容易验证它对应的 Markov 链是不可约、非周期的, 因此存在唯一的平稳分布 π, 并且 π 可以通过幂法进行计算 (即极限分布收敛): 给定 π_0,

$$\pi_t = P\pi_{t-1} \to \pi.$$

需要注意的是, 由于 P 是一个稠密矩阵, 当 n 很大时直接计算 $P\pi_{t-1}$ 将有 $O(n^2)$ 的运算量. 不过充分利用转移概率矩阵 P 和 (稀疏) 邻接矩阵 A 之间的关系能够大大降低计算量, 具体细节留给读者思考.

例 4.15   运用本节讨论的方法对图 4.7 中的节点进行排序. 令 $\alpha = 0.85$, 可得

$$\pi \approx \begin{bmatrix} 0.2124, & 0.2366, & 0.1612, & 0.2514, & 0.0606, & 0.0778 \end{bmatrix}^\top.$$

从中可以看出节点 v_4 的排名最高, 而节点 v_5 的排名最低. 从图 4.7 可以看出有较多的节点指向 v_1 和 v_2, 因此 v_1 和 v_2 的排名应该较高. 既然 v_1 和 v_2 同时指向了 v_4, 其排名最高是合理的. 由于没有任何节点指向 v_5, 其排名最低也符合预期.

4.6   案例: 图绘制

顾名思义, 图绘制就是将图中的节点映射到一个有限维的欧氏空间, 以便我们能够更加直观地观察和发现图的结构. 本节主要讨论无向图的绘制, 我们先从一些基本概念开始介绍.

4.6.1   基本概念

在本节中, $G = (V, E)$ 表示一个无向图, 其中 $V = \{v_1, \cdots, v_n\}$ 同样表示 n 个节点组成的集合, 而 E 为所有边组成的集合. 本节将考虑加权图, 即任意两个节点 v_i 和 v_j 之间都存在一个权重 $w_{ij} \geqslant 0$, 用来刻画它们之间的相似度 (权重越大, 相似度越高). 由于 G 是无向图, 我们有 $w_{ij} = w_{ji}$, 而 $w_{ij} = w_{ji} = 0$ 则说明 v_i 和 v_j 之间并不相连. 对于加权图, 我们可以进一步用 $G = (V, W)$ 进行表示, 其中 $W = (w_{ij}) \in \mathbb{R}^{n \times n}$ 为权重矩阵. 显然, W 为非负对称矩阵. 给定一个加权图, 它的每一个节点 v_i 的度数定义为

$$d_i = \sum_{j=1}^{n} w_{ij},$$

而整个图的节点度数矩阵定义为

$$D = \mathrm{diag}(d_1, \cdots, d_n).$$

有了 W 和 D 之后, 我们就可以定义图论中一个非常重要的概念: Laplace 矩阵, 具体表达式为

$$L = D - W.$$

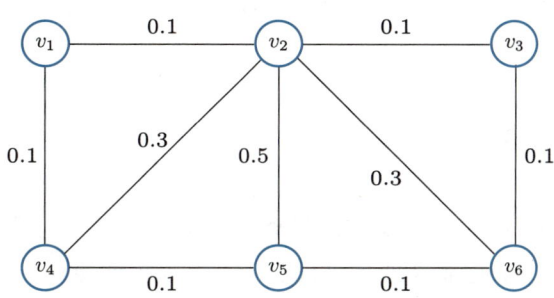

图 4.8 一个包含 6 个节点、9 条边的加权无向图

以图 4.8 中的无向图为例, 它对应的 Laplace 矩阵为

$$
L = \begin{bmatrix}
0.2 & -0.1 & 0 & -0.1 & 0 & 0 \\
-0.1 & 1.3 & -0.1 & -0.3 & -0.5 & -0.3 \\
0 & -0.1 & 0.2 & 0 & 0 & -0.1 \\
-0.1 & -0.3 & 0 & 0.5 & -0.1 & 0 \\
0 & -0.5 & 0 & -0.1 & 0.7 & -0.1 \\
0 & -0.3 & -0.1 & 0 & -0.1 & 0.5
\end{bmatrix}. \tag{4.19}
$$

Laplace 矩阵在图论中的基础性作用在一定程度上是由下面定理决定的.

定理 4.21　　Laplace 矩阵 L 满足以下性质: 对任意的 $z \in \mathbb{R}^n$, 我们有

$$z^\mathsf{T} L z = \frac{1}{2} \sum_{i=1}^{n} \sum_{j=1}^{n} w_{ij} (z_i - z_j)^2.$$

证明　　根据 L 的定义, 有

$$
\begin{aligned}
z^\mathsf{T} L z = z^\mathsf{T} D z - z^\mathsf{T} W z &= \sum_{i=1}^{n} d_i z_i^2 - \sum_{i=1}^{n} \sum_{j=1}^{n} w_{ij} z_i z_j \\
&= \frac{1}{2} \left(\sum_{i=1}^{n} d_i z_i^2 - 2 \sum_{i=1}^{n} \sum_{j=1}^{n} w_{ij} z_i z_j + \sum_{j=1}^{n} d_j z_j^2 \right) \\
&= \frac{1}{2} \left(\sum_{i=1}^{n} \sum_{j=1}^{n} w_{ij} z_i^2 - 2 \sum_{j=1}^{n} \sum_{j=1}^{n} w_{ij} z_i z_j + \sum_{i=1}^{n} \sum_{j=1}^{n} w_{ij} z_j^2 \right) \\
&= \frac{1}{2} \sum_{i=1}^{n} \sum_{j=1}^{n} w_{ij} (z_i - z_j)^2,
\end{aligned}
$$

定理得证. □

由定理 4.21 可知 Laplace 矩阵 L 是一个半正定矩阵, 因此它的特征值全部大于等于 0. 此外, 从 L 的定义可以直接验证, 0 是它的一个特征值, 对应的特征向量为 e (全 1 向量). 我们还可以进一步证明零特征值的重数等于图中连通子图的个数 (留作习题 4.24). 简单起见, 本节将假设 0 是矩阵 L 的一个单特征值, 即 $G = (V, W)$ 是一个连通图.

4.6.2 无向图绘制

给定加权图 $G = (V, W)$, 图绘制的目标是将每一个节点 v_i 映射为一个 k 维的向量 $x_i \in \mathbb{R}^k$, 其中 $k < n$ (通常情况下 k 远小于 n). 这样即使在不知道边上的权重的情况下我们依然可以看出节点之间的亲疏关系. 直观上讲, 如果两个节点 v_i 和 v_j 之间的权重越大 (即节点间相似度较高), 映射后得到的向量 x_i 和 x_j 之间的距离就应该越小. 这可以通过最小化目标函数

$$f(x_1, \cdots, x_n) = \frac{1}{2} \sum_{i=1}^{n} \sum_{j=1}^{n} w_{ij} \|x_i - x_j\|_2^2$$

来实现. 令 $X = [x_1, \cdots, x_n]^\mathsf{T} \in \mathbb{R}^{n \times k}$, 我们有如下命题.

命题 4.22　$f(x_1, \cdots, x_n) = \mathrm{trace}(X^\mathsf{T} L X)$, 其中 L 为 Laplace 矩阵.

证明　设 $x_{i\ell}$ 为向量 x_i 的第 ℓ 个元素, 则 $x_{i\ell} = X(i, \ell)$. 我们有

$$\begin{aligned}
f(x_1, \cdots, x_n) &= \frac{1}{2} \sum_{i=1}^{n} \sum_{j=1}^{n} w_{ij} \|x_i - x_j\|_2^2 \\
&= \frac{1}{2} \sum_{i=1}^{n} \sum_{j=1}^{n} \sum_{\ell=1}^{k} w_{ij} (x_{i\ell} - x_{j\ell})^2 \\
&= \frac{1}{2} \sum_{\ell=1}^{k} \sum_{i=1}^{n} \sum_{j=1}^{n} w_{ij} (X(i, \ell) - X(j, \ell))_2^2 \\
&= \sum_{\ell=1}^{k} X(:, \ell)^\mathsf{T} L X(:, \ell) \\
&= \mathrm{trace}(X^\mathsf{T} L X),
\end{aligned}$$

其中倒数第二个等式用到了定理 4.21.　　　　　　　　　　　　　　　　□

以上命题表明我们可以把关于向量 $\{x_1, \cdots, x_n\}$ 的最小化问题转化成关于矩阵 X 的最小化问题, 转化的关键是图 Laplace 矩阵能够用来刻画向量元素间的差异. 考虑到把所有点进行相同的平移视觉效果不会发生变化以及为了消除平凡的零解, 我们进一步在

矩阵 X 上施加以下两个约束条件:

$$e^\mathsf{T} X = 0, \quad X^\mathsf{T} X = I. \tag{4.20}$$

这里的第一个条件可以等价地改写为

$$\frac{1}{n} \sum_{i=1}^{n} x_i = 0,$$

即所有点的均值为 0 或者说把所有点的中心固定在 0 点. 第二个条件可以等价地改写为

$$\frac{1}{n} \sum_{i=1}^{n} x_i x_i^\mathsf{T} = I.$$

在向量均值为 0 的情况下, 该条件进一步地要求向量间的协方差矩阵为单位矩阵. 这意味着在平均意义下, 所得到向量的 k 个坐标之间应该是相互独立的, 并且是各向同性的 (或者地位相同的). 总的来说, 式 (4.20) 对目标向量分别施加了一阶和二阶矩条件.

综上所述, 我们可以通过求解如下带有约束的优化问题来进行图绘制:

$$\min_{X \in \mathbb{R}^{n \times k}} \mathrm{trace}(X^\mathsf{T} L X), \quad \text{s.t.} \quad e^\mathsf{T} X = 0, \quad X^\mathsf{T} X = I. \tag{4.21}$$

该优化问题解的每一行就是图中每个节点所对应的向量. 尽管这是一个带有约束的优化问题, 实际上它的解可以从 Laplace 矩阵 L 的特征向量得到, 即有下面的定理. 该定理可以视作定理 4.4 的一个简单推广, 证明留作习题 4.26.

定理 4.23 设 $0 = \lambda_1 < \lambda_2 \leqslant \lambda_3 \leqslant \ldots \leqslant \lambda_n$ 为矩阵 L 的特征值, 对应的特征向量为 $q_1, q_2, q_3, \cdots, q_n$, 其中 $q_1 = e/\sqrt{n}$. 优化问题 (4.21) 在 $X = [q_2, q_3, \cdots, q_{k+1}]$ 处达到最小值 $\lambda_2 + \lambda_3 + \cdots + \lambda_{k+1}$.

例 4.16 令 $k = 2$, 采用本节讨论的方法绘制加权图 4.8. 通过定理 4.23 求解优化问题 (4.21) 后, 可以得到图 4.9. 从中不难看出, 和图 4.8 相比, 图 4.9 更能直观地反映节点间的亲疏关系.

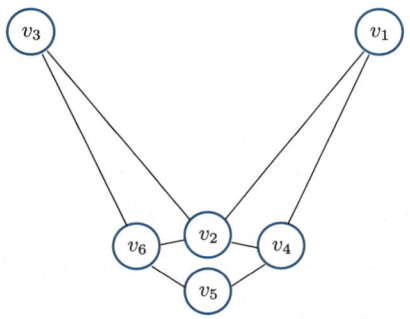

图 4.9 绘制图 4.8

内容注释及参考文献

所有特征值问题都是非线性问题, 包括本章介绍的线性特征值问题. 高效特征值算法的提出不仅解决了数值线性代数的一个核心问题, 也为求解实际的科学和工程问题提供了有效的工具, 直接影响了科学研究和工程应用的深度及广度, 标志着数值线性代数领域的巨大进步.

特征值问题的更多性质以及计算细节可在标准线性代数和数值线性代数教材中找到, 例如文献 [2, 3, 9]. 对于一般矩阵的特征值计算问题, 首先会通过正交相似变换将其约化成上 Hessenberg 矩阵 (见习题 4.23), 然后再用带位移的隐式 QR 迭代进行计算. 文献 [1] 的第 2 章也对特征值问题进行了简要介绍, 除了涵盖本章介绍的对称矩阵和非对称矩阵的标准特征值问题, 还包括广义特征值问题 (见本书第六章) 和非线性特征值问题等多种形式.

关于单一特征值计算的迭代法, 文献 [4] 的第 4 章和文献 [5] 的第 2 章提供了精彩而详尽的阐述, 其中文献 [4] 的第 4 章包含了 Rayleigh 商迭代应用于实对称矩阵时局部渐近三次收敛性的分析. 此外, 文献 [2] 的第 5 章提供了类似的证明.

正是由于特征值问题的重要性, 非常多的文献讨论了多个特征值的迭代法包括 QR 算法的相关内容, 例如参考文献 [4] 的第 8 章、文献 [5] 的第 2 章、文献 [9] 的第 7 章和第 8 章以及文献 [10] 的第 3 章. QR 算法的高性能实现有更多的实际考虑, 可参见文献 [7] 的第 4 章, 例如多位移 QR 和 AED (aggressive early deflation) 策略都已经在 LAPACK 和 ScaLAPACK 中得以实现.

Jacobi 算法包括其渐近二次收敛性的分析详见文献 [4] 的第 9 章. 文献 [2] 的第 5 章则对分而治之算法及其相关实现问题进行了全面讨论.

扰动分析为特征值算法的可靠性提供了支撑, 关于特征值问题的敏感分析和扰动理论的全面讨论, 可参看文献 [6,8].

[1] ZHAOJUN BAI, JAMES DEMMEL, JACK DONGARRA, et al. Templates for the Solution of Algebraic Eigenvalue Problems. SIAM, 2000.

[2] JAMES W DEMMEL. Applied Numerical Linear Algebra. 2nd ed. SIAM, 1997.

[3] GENE H GOLUB, CHARLES F VAN LOAN. Matrix Computations. 4th ed. JHU Press, 2013.

[4] BERESFORD N PARLETT. The Symmetric Eigenvalue Problem. SIAM, 1998.

[5] GILBERT W STEWART. Matrix Algorithms, Volume II: Eigensystems. SIAM, 2001.

[6] GILBERT W STEWART, JI GUANG SUN. Matrix Perturbation Theory. Elsevier, 1990.

[7] DAVID S WATKINS. The Matrix Eigenvalue Problem. SIAM, 2007.

[8] 孙继广. 矩阵扰动分析. 2 版. 北京: 科学出版社, 2001.

[9] 徐树方、高立、张平文. 数值线性代数. 2 版. 北京: 北京大学出版社, 2013.

[10]　蒋尔雄. 对称矩阵计算. 上海: 上海科学技术出版社, 1984.

习题

4.1 设 $A \in \mathbb{R}^{n \times n}$ 是一个对称矩阵, (λ, x) 是 A 的一对特征值和特征向量, 即 $Ax = \lambda x$. 证明 λ 为实数且可以取 $x \in \mathbb{R}^n$.

4.2 设 $A \in \mathbb{C}^{n \times n}$, (λ, x) 是 A 的一对特征值和特征向量. 考察 $A - \lambda x x^*$ 和 A 的特征值之间的关系.

4.3 设 $A \in \mathbb{R}^{n \times n}$ 为反称矩阵, 即 $A^\mathsf{T} = -A$.

a) 证明 A 的特征值为纯虚数;

b) 证明 $I - A$ 为可逆矩阵.

4.4 如果矩阵 $A \in \mathbb{C}^{n \times n}$ 满足 $A^* A = A A^*$, 则称其为正规 (normal) 矩阵.

a) 证明一个上三角矩阵 $T \in \mathbb{C}^{n \times n}$ 为正规矩阵当且仅当 T 为对角矩阵.

b) 证明矩阵 $A \in \mathbb{C}^{n \times n}$ 可被酉对角化 (即存在酉矩阵 U 使得 $U^* A U$ 为对角矩阵) 的充分必要条件为 A 为正规矩阵.

4.5 设 $A \in \mathbb{R}^{n \times n}$ 为对称矩阵, $Q \in \mathbb{R}^{n \times (n-1)}$ 为列正交矩阵 (即 $Q^\mathsf{T} Q = I$). 定义 $A' = Q^\mathsf{T} A Q$. 设 A 和 A' 的特征值分别为 $\lambda_1(A) \geqslant \cdots \geqslant \lambda_n(A)$ 与 $\lambda_1(A') \geqslant \cdots \geqslant \lambda_{n-1}(A')$. 通过 Courant–Fischer 定理证明 A 和 A' 的特征值满足如下分隔关系:

$$\lambda_i(A) \geqslant \lambda_i(A') \geqslant \lambda_{i+1}(A).$$

如果 $Q \in \mathbb{R}^{n \times k}$ $(k < n)$ 为更一般的列正交矩阵, A 和 A' 的特征值之间有什么关系?

4.6 证明例 4.3 中矩阵的特征值为 $\lambda_j = 2\left(1 - \cos\dfrac{j\pi}{n+1}\right)$, 对应特征向量为 $z_j = \left(\sqrt{\dfrac{2}{n+1}} \sin\dfrac{jk\pi}{n+1}\right)_{k=1}^n$.

4.7 设

$$A = \begin{bmatrix} a_1 & b_1 & & & \\ b_1 & a_2 & b_2 & & \\ & \ddots & \ddots & \ddots & \\ & & b_{n-2} & a_{n-1} & b_{n-1} \\ & & & b_{n-1} & a_n \end{bmatrix} \in \mathbb{R}^{n \times n}.$$

若 $b_j \neq 0$, $j = 1, \cdots, n-1$, 证明 A 有 n 个互不相同的特征值.

4.8 设 x 和 y 属于 $\mathbb{R}^n$ 且满足 $x^\mathsf{T} y = 1$, 定义 $A = x y^\mathsf{T}$.

a) A 的特征值是多少?

b) 如果应用幂法 (算法 4.1) 于 A, 需要多少步能够收敛?

4.9 应用幂法于如下矩阵:

$$A = \begin{bmatrix} 1 & 1 \\ 0 & 1 \end{bmatrix}, \quad B = \begin{bmatrix} 1 & 1 \\ 0 & -1 \end{bmatrix},$$

考察所得的序列是否收敛.

4.10 假设矩阵 A 模最大的特征值和对应的特征向量已知, 设计一个求解模第二大的特征值和对应的特征向量的算法.

4.11 对于反幂法 (算法 4.2), 描述并证明一个类似于定理 4.6 的结果.

4.12 为了更好地应用反幂法, 我们需要对目标特征值有一个粗略的估计, 而 Gerschgorin 圆盘定理提供了一种估计特征值的简单方法. 设 $A = (a_{ij})$ 为 n 阶方阵, 令

$$G_i(A) = \Big\{ z : |z - a_{ii}| \leqslant \sum_{j \neq i} |a_{ij}| \Big\}.$$

该定理表明

$$\lambda(A) \subset G_1(A) \cup \cdots \cup G_n(A).$$

证明 Gerschgorin 圆盘定理并用其估计矩阵

$$A = \begin{bmatrix} 8 & 1 & 0 \\ 1 & 4 & 0.1 \\ 0 & 0.1 & 1 \end{bmatrix}$$

的特征值取值范围.

4.13 假设 A 有如下分块形式:

$$A = \begin{bmatrix} A_1 & \\ & A_2 \end{bmatrix}.$$

如何从 A_1 和 A_2 的特征值和特征向量得到 A 的特征值和特征向量?

4.14 设 T 为 n 阶满秩三对角矩阵, 令 $T = QR$ 为 A 的 QR 分解. 证明 RQ 依然是三对角矩阵.

4.15 设 $a \neq b, \varepsilon \ll 1$,

$$T = \begin{bmatrix} a & \varepsilon \\ \varepsilon & b \end{bmatrix} \in \mathbb{R}^{2 \times 2}.$$

假设运用一步基本 QR 算法 (算法 4.5)、一步带有 Rayleigh 商位移以及一步带有 Wilkinson 位移的对称 QR 算法 (算法 4.6) 后得到的矩阵均用 $\widetilde{T}$ 表示, $\widetilde{T}_{21}$ 的值分别为多少? 从中能够得出什么结论?

4.16 证明式 (4.8) 和 (4.9).

4.17 给出 2×2 对称矩阵特征值分解的显式表达式, 即求 c, s 使得

$$\begin{bmatrix} c & s \\ -s & c \end{bmatrix}^{\mathsf{T}} \begin{bmatrix} a & b \\ b & c \end{bmatrix} \begin{bmatrix} c & s \\ -s & c \end{bmatrix} = \begin{bmatrix} d_1 & 0 \\ 0 & d_2 \end{bmatrix}.$$

4.18 证明分而治之法中特征方程的以下性质:

a) $f(\lambda)$ 的根 λ_i 和 d_i 交错相间;

b) $f(\lambda)$ 在区间 (d_i, d_{i+1}) 上单调.

4.19 利用 Courant–Fischer 定理证明 Weyl 定理.

4.20 设 $A \in \mathbb{R}^{n \times n}$ 为对称正定矩阵, $E \in \mathbb{R}^{n \times n}$ 为对称矩阵. 若 $\|A^{-1}\|_2 \|E\|_2 < 1$, 证明 $A + E$ 正定.

4.21 给定两个列正交矩阵 $Q, \widehat{Q} \in \mathbb{R}^{n \times r}$ $(r \leqslant n)$, 证明

$$\|\sin \Theta(Q, \widehat{Q})\|_2 = \|Q_\perp^{\mathsf{T}} \widehat{Q}\|_2, \text{ 以及 } \|\sin \Theta(Q, \widehat{Q})\|_F = \|Q_\perp^{\mathsf{T}} \widehat{Q}\|_F,$$

其中 $Q_\perp \in \mathbb{R}^{n \times (n-r)}$ 为 Q 的正交补矩阵.

4.22 证明推论 4.14.

4.23 给定任意矩阵 $A \in \mathbb{R}^{n \times n}$, 设计算法求解一个正交矩阵 Q, 使得 $H = Q^{\mathsf{T}} A Q$ 为上 Hessenberg 矩阵, 即当 $i > j + 1$ 时有 $h_{ij} = 0$.

4.24 证明 Laplace 矩阵零特征值的重数等于所对应的无向图中连通子图的个数.

4.25 根据 4.5 节中介绍的方法对图 4.10 中的节点进行排序并给出排序结果 (尝试不同的参数 α).

4.26 证明定理 4.23.

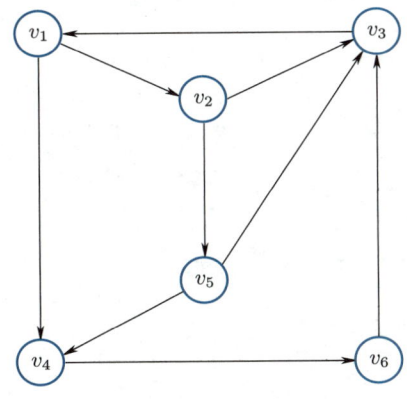

图 4.10   网络节点图

第五章

奇异值分解和低秩逼近

　　矩阵的低秩性是科学和工程问题中常见的一种低维数据结构, 因此能够用来计算矩阵低秩逼近的奇异值分解有广泛的应用. 本章将在 5.1 节介绍有关奇异值分解的基础知识, 在 5.2 节介绍求解最小二乘以及总体最小二乘的奇异值分解方法, 在 5.3 节介绍奇异值分解的一个典型应用: 主成分分析, 并在 5.4 节介绍非负低秩矩阵分解及其应用.

5.1　奇异值分解

5.1.1　基本性质

　　我们已经在第一章 1.3.4 小节给出了奇异值分解的定义. 不失一般性, 本章考虑 $m \times n$ 实矩阵的奇异值分解, 并假设 $m \geqslant n$. 下述定理表明矩阵的奇异值分解总是存在的.

　　定理 5.1　给定 $A \in \mathbb{R}^{m \times n}$, 它存在以下形式的奇异值分解:

$$A = U \begin{bmatrix} \Sigma \\ 0 \end{bmatrix} V^{\mathsf{T}},$$

其中 $U = [u_1, \cdots, u_m] \in \mathbb{R}^{m \times m}$ 和 $V = [v_1, \cdots, v_n] \in \mathbb{R}^{n \times n}$ 为正交矩阵, $\Sigma = \mathrm{diag}(\sigma_1, \cdots, \sigma_n)$ 为对角矩阵, 并且有 $\sigma_1 \geqslant \cdots \geqslant \sigma_n \geqslant 0$.

　　证明　用数学归纳法. 设 $\sigma_1 = \|A\|_2$, 由矩阵 2-范数的定义可知存在单位向量 $u_1 \in \mathbb{R}^m$ 以及 $v_1 \in \mathbb{R}^n$ 使得 $Av_1 = \sigma_1 u_1$. 令 $[u_1, U_1] \in \mathbb{R}^{m \times m}$ 和 $[v_1, V_1] \in \mathbb{R}^{n \times n}$ 分别为 u_1, v_1 的正交扩展, 则有

$$[u_1, U_1]^{\mathsf{T}} A [v_1, V_1] = \begin{bmatrix} \sigma_1 & w^T \\ 0 & B \end{bmatrix} \triangleq A_1,$$

其中 $w \in \mathbb{R}^{n-1}$, $B \in \mathbb{R}^{(m-1) \times (n-1)}$. 如果能够证明 $w = 0$, 就可以把 $m \times n$ 矩阵的奇异值分解问题转化为 $(m-1) \times (n-1)$ 矩阵的奇异值分解问题, 然后利用数学归纳法完成证明. 为了证明 $w = 0$, 首先注意到 $\|A_1\|_2 = \|A\|_2 = \sigma_1$. 此外, 由

$$\left\| A_1 \begin{bmatrix} \sigma_1 \\ w \end{bmatrix} \right\|_2 \geqslant \sigma_1^2 + \|w\|_2^2$$

可知 $\|A_1\|_2 \geqslant \sqrt{\sigma_1^2 + \|w\|_2^2}$. 因此必然有 $w = 0$.　　　　□

　　在矩阵的奇异值分解中, 通常称 u_i 为左奇异向量, v_i 为右奇异向量, σ_i 为奇异值. 显然, 矩阵 A 还存在如下紧形式的奇异值分解 (见第一章图 1.8):

$$A = U \Sigma V^{\mathsf{T}},$$

其中 $U = [u_1, \cdots, u_n]$ 为 $m \times n$ 列正交矩阵 (不同于定理 5.1 中的 U, 但这里为了避免烦琐采用了相同的符号), 而 Σ 和 V 的定义同上.

奇异值分解能够用来分析矩阵的诸多性质, 相关内容已经在第一章 1.3.4 小节中提及. 这里, 我们再次将矩阵 2-范数以及 Frobenius 范数与矩阵奇异值的关系总结如下.

引理 5.2 给定矩阵 A, 我们有 $\|A\|_2 = \sigma_1$, $\|A\|_F = \sqrt{\sigma_1^2 + \cdots + \sigma_n^2}$.

事实上, 我们可以基于矩阵的奇异值定义矩阵范数, 如矩阵的 Ky Fan k-范数和 Schatten p-范数. Ky Fan k-范数定义为 k 个最大奇异值的和

$$\|A\|_{(k)} = \sum_{i=1}^{k} \sigma_i, \quad k = 1, \cdots, n,$$

而 Schatten p-范数定义为奇异值向量的 ℓ_p 范数

$$\|A\|_p = \left(\sum_{i=1}^{n} \sigma_i^p \right)^{1/p}, \quad p \geqslant 1.$$

由于矩阵的奇异值在酉变换下保持不变, 因此 Ky Fan k-范数和 Schatten p-范数都是酉不变范数. 显然, $p = 2$ 时的 Schatten p-范数就是矩阵的 Frobenius 范数, 而 $k = 1$ 时的 Ky Fan k-范数以及 $p \to \infty$ 时的 Schatten p-范数就是矩阵的 2-范数. 当 $k = n$ 或 $p = 1$ 时可以得到另一个常见的矩阵范数, 即矩阵的核范数 (nuclear norm, 通常用 $\|\cdot\|_*$ 表示),

$$\|A\|_* = \sum_{i=1}^{n} \sigma_i.$$

值得注意的是, 矩阵的秩就是奇异值向量的 ℓ_0-范数. 向量的 ℓ_1-范数可以看作 ℓ_0-范数的凸松弛 (详见 7.1 节); 相应地, 矩阵的核范数则是矩阵秩的凸松弛. 该联系在高维信号与数据处理中发挥着重要作用, 能够提供更可行的计算方法.

5.1.2 最佳低秩逼近

顾名思义, 低秩逼近是指用一个低秩矩阵去近似给定的目标矩阵. 本书第一章 1.3.4 小节讨论了低秩逼近在图像压缩方面的应用, 这里再考察一个有关矩阵估计的简单案例. 设 A 是一个 100×100 秩为 5 的目标矩阵, 其非零奇异值为 $(50, 40, 30, 20, 10)$, 见图 5.1 (a). 在实际问题中, 由于噪声的存在, 通常我们无法精确观测到 A, 而只能得到 A 的一个噪声版本 $\widehat{A} = A + W$, 其中 W 表示噪声矩阵. 当 W 的每个元素服从均值为 0、方差为 0.01 的正态分布时, 矩阵 $\widehat{A}$ 的奇异值见图 5.1 (b).

从图中可以看出, 尽管 $\widehat{A}$ 的秩不再是 5, 它的第 $6 \sim 100$ 个奇异值却相对较小, 这从侧面反映了原始矩阵 A 的秩为 5. 这里一个自然的问题是如何在已知 $\widehat{A}$ 情况下去估

计 A. 一个比较直观的方法就是用 $\widehat{A}$ 的最佳秩 5 逼近当作 A 的近似估计. 尽管该想法比较直接, 却是许多复杂方法的基础.

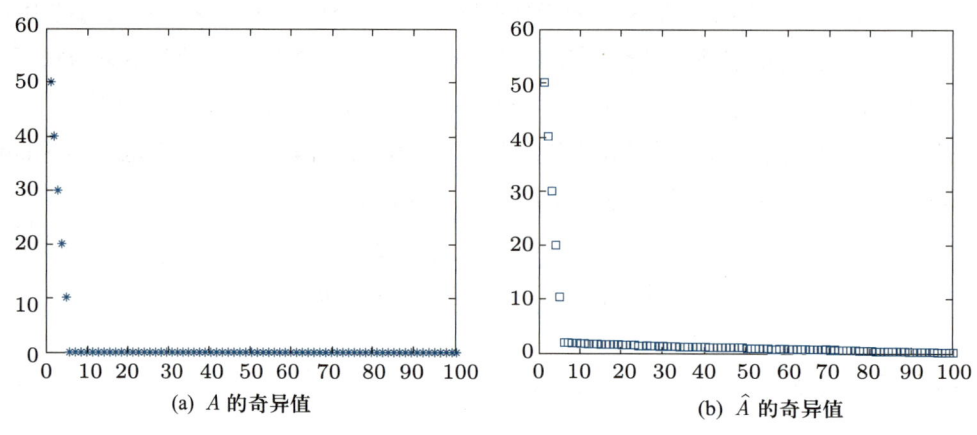

(a) A 的奇异值　　　　　　　(b) $\widehat{A}$ 的奇异值

图 5.1

下述定理给出了矩阵在 2-范数和 Frobenius 范数下的最佳低秩逼近结果以及相应的逼近误差. 该定理表明一个矩阵的最佳低秩逼近由奇异值大的部分决定, 见示意图 5.2.

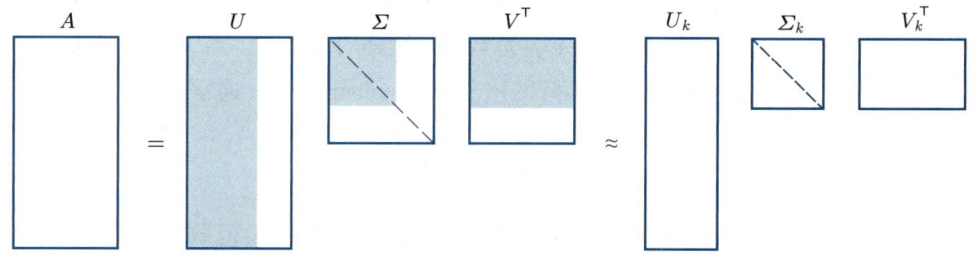

图 5.2　最佳低秩逼近示意图

定理 5.3 (Eckart–Young–Mirsky 定理[①])　设矩阵 A 的秩为 r. 对任意 $0 \leqslant k \leqslant r$, 定义 A 的秩 k 截断

$$A_k = U_k \Sigma_k V_k^{\mathsf{T}} = \sum_{i=1}^{k} \sigma_i u_i v_i^{\mathsf{T}}. \tag{5.1}$$

我们有

$$\min_{\mathrm{rank}(Z)=k} \|A - Z\|_2 = \|A - A_k\|_2 = \sigma_{k+1},$$

以及

$$\min_{\mathrm{rank}(Z)=k} \|A - Z\|_F = \|A - A_k\|_F = \sqrt{\sigma_{k+1}^2 + \cdots + \sigma_n^2}.$$

---

① 事实上, Eckart–Young–Mirsky 定理对任意酉不变范数都成立.

证明　首先用反证法证明 2-范数下的结论. 假设存在矩阵 B 满足 $\mathrm{rank}(B) \leqslant k$ 且 $\|A - B\|_2 < \|A - A_k\|_2 = \sigma_{k+1}$. 此时存在 $n - k$ 维子空间 S_1 使得对任意的 $z \in S_1$ 有 $Bz = 0$. 进而有

$$\|Az\|_2 = \|(A - B)z\|_2 < \sigma_{k+1}\|z\|_2. \tag{5.2}$$

另一方面, 易知对任意 $z \in S_2 = \mathrm{span}\{v_1, \cdots, v_{k+1}\}$ 有

$$\|Az\|_2 \geqslant \sigma_{k+1}\|z\|_2. \tag{5.3}$$

由于 $\dim(S_1) = n - k$ 以及 $\dim(S_2) = k + 1$, 必然存在向量 z 同时满足式 (5.2) 和 (5.3), 显然矛盾. 因此假设不成立.

接下来我们证明 Frobenius 范数下的结论, 其中会用到 2-范数下的结论. 考虑任一秩小于等于 k 的矩阵 B, 记 $(A - B)_{i-1}$ 和 B_{j-1} 分别为 $A - B$ 和 B 的秩 $i - 1$ 和秩 $j - 1$ 截断. 我们有

$$\sigma_i(A - B) + \sigma_j(B) = \|(A - B) - (A - B)_{i-1}\|_2 + \|B - B_{j-1}\|_2$$

$$\geqslant \|A - (A - B)_{i-1} - B_{j-1}\|_2$$

$$\geqslant \sigma_{i+j-1}(A),$$

其中最后一行用到 $\mathrm{rank}((A - B)_{i-1} + B_{j-1}) \leqslant i + j - 2$ 以及 2-范数下的最佳低秩逼近误差. 当 $j \geqslant k + 1$ 时, 由于 $\mathrm{rank}(B) \leqslant k$, 有

$$\sigma_i(A - B) \geqslant \sigma_{i+k}(A).$$

由此可得,

$$\|A - B\|_F^2 = \sum_{i=1}^{n} \sigma_i^2(A - B) \geqslant \sum_{i=k+1}^{n} \sigma_i^2(A) = \|A - A_k\|_F^2.$$

定理得证. □

5.1.3　奇异值分解与特征值分解

如第一章 1.3.4 小节所述, 奇异值分解与特征值分解之间有着密切的关系. 为了方便叙述, 假定 A 为 n 阶方阵. 若 $A = U\Sigma V^{\mathsf{T}}$ 为 A 的奇异值分解, 则

$$A^{\mathsf{T}}A = V \, \mathrm{diag}(\sigma_1^2, \cdots, \sigma_n^2)V^{\mathsf{T}}$$

为矩阵 $A^{\mathsf{T}}A$ 的特征值分解, 而

$$AA^{\mathsf{T}} = U \, \mathrm{diag}(\sigma_1^2, \cdots, \sigma_n^2)U^{\mathsf{T}}$$

为矩阵 AA^T 的特征值分解. 进一步地, 如果定义

$$Q = \frac{1}{\sqrt{2}} \begin{bmatrix} V & V \\ U & -U \end{bmatrix},$$

则 Q 为 $2n \times 2n$ 正交矩阵并且有

$$\begin{bmatrix} 0 & A^\mathsf{T} \\ A & 0 \end{bmatrix} = Q \operatorname{diag}(\sigma_1, \cdots, \sigma_n, -\sigma_1, \cdots, -\sigma_n) Q^\mathsf{T}.$$

基于奇异值分解和特征值分解之间的关系, 我们可以得到矩阵奇异值的变分表达形式.

定理 5.4   设 $A = U\Sigma V^\mathsf{T}$ 为 A 的奇异值分解, 则

$$\sigma_k = \max_{\substack{x \neq 0 \\ x \perp v_i,\, i < k}} \frac{\|Ax\|_2}{\|x\|_2} = \min_{\substack{x \neq 0 \\ x \perp v_i,\, i > k}} \frac{\|Ax\|_2}{\|x\|_2}.$$

此外, 奇异值还有如下变分表达形式.

定理 5.5   设 $A = U\Sigma V^\mathsf{T}$ 为 A 的奇异值分解, 则

$$\sigma_k = \max_{\substack{\|x\|_2 = \|y\|_2 = 1 \\ x \perp u_i,\, y \perp v_i,\, i < k}} \left| x^\mathsf{T} A y \right|.$$

特别地, 我们有

$$\sigma_1 = \max_{\|x\|_2 = \|y\|_2 = 1} \left| x^\mathsf{T} A y \right|.$$

矩阵奇异值的扰动结果也可以通过特征值的扰动结果得到.

定理 5.6   给定矩阵 A 和 E, 以下两个不等式成立:

$$|\sigma_k(A + E) - \sigma_k(A)| \leqslant \|E\|_2, \quad k = 1, \cdots, n,$$

$$\sum_{k=1}^{n} (\sigma_k(A + E) - \sigma_k(A))^2 \leqslant \|E\|_F^2.$$

☆5.1.4   矩阵双对角化

第四章 4.3.2 小节介绍了通过 Householder 变换将对称矩阵三对角化的方法, 从而得到了求解特征值的实用算法. 由于矩阵 $A^\mathsf{T} A$ 的特征值是矩阵 A 的奇异值的平方, 因此可以通过计算 $A^\mathsf{T} A$ 的特征值来得到 A 的奇异值. 自然地, 我们首先可以寻找矩阵 A 的

标准形式, 使得矩阵 $A^{\mathsf{T}}A$ 是个三对角矩阵, 这就是双对角形 (bidiagonal form), 相应的约化过程称为双对角化 (bidiagonal reduction).

以 4×4 矩阵

$$A = \begin{bmatrix} \times & \times & \times & \times \\ \times & \times & \times & \times \\ \times & \times & \times & \times \\ \times & \times & \times & \times \end{bmatrix}$$

为例, 双对角化的具体步骤如下:

(1) 根据向量 $A(1:4,1)$ 构造一个 Householder 矩阵 Q_1, 将矩阵 A 第一列对角线以下的元素消为 0, 再根据矩阵 Q_1A 的第一行构造一个 Householder 矩阵 V_1, 将其第一行次对角线右侧的元素消为 0. 注意右乘 V_1^{T} 不会改变 Q_1A 的第一列. 因此 Q_1A 和 $Q_1AV_1^{\mathsf{T}}$ 有如下形式:

$$Q_1A = \begin{bmatrix} \times & \times & \times & \times \\ & \times & \times & \times \\ & \times & \times & \times \\ & \times & \times & \times \end{bmatrix}, \quad A_1 := Q_1AV_1^{\mathsf{T}} = \begin{bmatrix} \times & \times & & \\ & \times & \times & \times \\ & \times & \times & \times \\ & \times & \times & \times \end{bmatrix}.$$

(2) 根据向量 $A_1(2:4,2)$ 构造一个 Householder 矩阵 Q_2, 将矩阵 A_1 第二列对角线以下的元素消为 0, 再根据矩阵 Q_2A_1 的第二行构造一个 Householder 矩阵 V_2, 将其第二行次对角线右侧的元素消为 0. 进而有

$$Q_2A_1 = \begin{bmatrix} \times & \times & & \\ & \times & \times & \times \\ & & \times & \times \\ & & \times & \times \end{bmatrix}, \quad A_2 := Q_2A_1V_2^{\mathsf{T}} = \begin{bmatrix} \times & \times & & \\ & \times & \times & \\ & & \times & \times \\ & & \times & \times \end{bmatrix}.$$

(3) 同样地, 我们可以根据 $A_2(3:4,3)$ 构造一个 Householder 矩阵 Q_3 使得

$$B := Q_3A_2 = \begin{bmatrix} \times & \times & & \\ & \times & \times & \\ & & \times & \times \\ & & & \times \end{bmatrix}.$$

这样三步之后 A 就被约化为了一个双对角矩阵 B, 即有 $QAV^{\mathsf{T}} = B$, 其中 $Q = Q_3Q_2Q_1$, $V = V_2V_1$. 对于一个 $m \times n$ 实矩阵, 将其约化为双对角矩阵的具体步骤见算法 5.1. 忽略低次项, 该算法的计算复杂度为 (不显式形成 Q 和 V)

$$4mn + 4(m-1)(n-1) + \cdots + 4(m-n+1) = 2mn^2 - \frac{2}{3}n^3 + O(mn).$$

算法 5.1 矩阵双对角化的 Householder 变换法

给定对称矩阵 $A \in \mathbb{R}^{m \times n}$

for $k = 1 : n - 1$ **do**

　　根据 $A(k : m, k)$ 计算 Householder 反射向量 v_k

　　$A(k, k) = \|A(k : m, k)\|_2$

　　$A(k : m, k + 1 : n) = (I - 2v_k v_k^\mathsf{T}) A(k : m, k + 1 : n)$

　　根据 $A(k, k + 1 : n)$ 计算 Householder 反射向量 w_k

　　$A(k, k + 1) = \|A(k, k + 1 : n)\|_2$

　　$A(k + 1 : m, k + 1 : n) = A(k + 1 : m, k + 1 : n)(I - 2w_k w_k^\mathsf{T})$

end

记约化得到的双对角矩阵为

$$B = \begin{bmatrix} a_1 & b_1 & & \\ & \ddots & \ddots & \\ & & a_{n-1} & b_{n-1} \\ & & & a_n \end{bmatrix}.$$

易知, B 和 A 具有相同的奇异值, 并且 $B^\mathsf{T} B$ 为三对角矩阵. 求解 $B^\mathsf{T} B$ 的特征值的对称 QR 算法可以在不形成矩阵的情况下隐式计算. 另一方面, 容易验证, 存在排列矩阵 P 使得

$$P \begin{bmatrix} 0 & B^\mathsf{T} \\ B & 0 \end{bmatrix} P^\mathsf{T} = \mathrm{tridiag} \begin{pmatrix} & a_1 & b_1 & a_2 & b_2 & \cdots & b_{n-1} & a_n \\ 0 & 0 & 0 & 0 & 0 & \cdots & 0 & 0 \\ & a_1 & b_1 & a_2 & b_2 & \cdots & b_{n-1} & a_n \end{pmatrix}.$$

由于这个对称三对角矩阵[①]的对角元全是 0, 可以针对性地设计更高效的方法. 这两方面的算法细节超出了本书范围, 有兴趣的读者可以参考本章文献.

5.2 求解最小二乘和总体最小二乘

5.2.1 求解最小二乘

我们已经在第一章 1.3.2 小节介绍了最小二乘问题的基本形式,

$$\min_x \|b - Ax\|_2^2, \tag{5.4}$$

---

① 称为 Golub–Kahan 对称三对角矩阵, 为了节省篇幅, 这里采用了较特殊的一个约定记号表示三对角矩阵, 读者应该不难理解其含义.

其中 $A \in \mathbb{R}^{m \times n}$ $(m \geqslant n)$. 本节将讨论求解最小二乘问题的奇异值分解方法, 而且我们不仅会讨论 A 列满秩且条件数良好的情形, 还讨论 A 秩亏和近似秩亏的情形.

首先考虑 A 列满秩且条件数良好的情形. 假设 A 的奇异值分解为 $A = U \Sigma V^\mathsf{T}$, 其中 $\Sigma = \mathrm{diag}(\sigma_1, \cdots, \sigma_n)$, 此时应该有

$$\sigma_1 \geqslant \sigma_2 \geqslant \cdots \geqslant \sigma_n \gg 0.$$

这种情况下最小二乘问题的解唯一并且满足法方程

$$A^\mathsf{T} A x = A^\mathsf{T} b.$$

本书在第三章 3.3 节介绍了通过 QR 分解化简法方程以求解最小二乘的方法. 毫无疑问, 奇异值分解也可以用来化简法方程. 具体地, 将 $A = U \Sigma V^\mathsf{T}$ 代入法方程可得

$$\Sigma V^\mathsf{T} x = U^\mathsf{T} b.$$

进而有

$$x = A^\dagger b = V \Sigma^{-1} U^\mathsf{T} b, \tag{5.5}$$

其中 $A^\dagger = (A^\mathsf{T} A)^{-1} A^\mathsf{T} = V \Sigma^{-1} U^\mathsf{T}$ 为矩阵 A 的 Moore–Penrose 广义逆 (见第三章 3.3 节).

我们可以用奇异值和奇异向量将式 (5.5) 改写为

$$x = \sum_{i=1}^{n} \frac{u_i^\mathsf{T} b}{\sigma_i} v_i. \tag{5.6}$$

当 $\mathrm{rank}(A) = r < n$ 时, 由于有 $\sigma_1 \geqslant \cdots \geqslant \sigma_r > \sigma_{r+1} = \cdots = \sigma_n = 0$, 上式中 x 的定义不再成立. 此时自然可以考虑如下定义:

$$x = \sum_{i=1}^{r} \frac{u_i^\mathsf{T} b}{\sigma_i} v_i, \tag{5.7}$$

即只保留式 (5.6) 中奇异值大于 0 的部分. 下面定理表明用这种方式定义的 x 是最小二乘问题的所有解中 ℓ_2-范数最小的那个.

定理 5.7 当 $\mathrm{rank}(A) = r < n$ 时, 最小二乘问题有无穷多个解, 其中 ℓ_2-范数最小的解由式 (5.7) 给出.

证明 当 $\mathrm{rank}(A) = r < n$ 时, $\dim(\mathrm{Null}(A)) = n - r$. 给定最小二乘问题的一个解 z, 不难看出对任意 $v \in \mathrm{Null}(A)$, $z + v$ 也是它的一个解, 因此该情形下最小二乘问题有无穷多个解.

由于 A 的列空间由 $\{u_1, \cdots, u_r\}$ 张成, b 在 A 的列空间上的投影为 $\tilde{b} = \sum_{i=1}^{r} (u_i^\mathsf{T} b) u_i$. 容易验证式 (5.7) 中的 x 满足 $Ax = \tilde{b}$, 即它是最小二乘问题的一个解. 由于任何向量 $z \in \mathbb{R}^n$ 都可以表示为 $z = \sum_{i=1}^{n} (z^\mathsf{T} v_i) v_i$, 因此有

$$Az = \sum_{i=1}^{n} (z^\mathsf{T} v_i) \sigma_i u_i.$$

注意到 $\tilde{b}$ 的表达式, 欲使 $Az = \tilde{b}$, 必然有 $z^\mathsf{T} v_i = (u_i^\mathsf{T} b)/\sigma_i$, $i = 1, \cdots, r$, 而对于 $i = r+1, \cdots, n$ 的部分, $z^\mathsf{T} v_i$ 可以取任意值. 因此式 (5.7) 中的 x 是 ℓ_2-范数最小的那个解. □

最后考虑 $\mathrm{rank}(A) = n$, 但是 A 存在很小的奇异值的情形. 假设

$$\sigma_1 \geqslant \cdots \geqslant \sigma_r > \sigma_{r+1} \approx \cdots \approx \sigma_n \approx 0.$$

此时若用 (5.6) 求解最小二乘会带来较大的数值舍入误差. 这种情况下通常有两种处理方式:

(1) 截断奇异值分解的方法, 即用式 (5.7) 求解最小二乘.

(2) 正则化的方法, 即求解第三章 3.4.1 小节中介绍的岭回归问题:

$$\min_{x \in \mathbb{R}^n} \|b - Ax\|_2^2 + \tau \|x\|_2^2.$$

由于加入了 ℓ_2-范数惩罚, 求解岭回归问题能够确保解的 ℓ_2-范数不会过大, 因此也就弱化了小奇异值的影响. 事实上, 易知岭回归的解由如下公式给出:

$$x_\tau = \sum_{i=1}^{n} \frac{\sigma_i (u_i^\mathsf{T} b)}{\sigma_i^2 + \tau} v_i,$$

并且有 $\lim_{\tau \to 0^+} x_\tau = A^\dagger b$.

5.2.2 求解总体最小二乘

注意到式 (5.4) 中的最小二乘问题可以被等价地改写为

$$\min_{z,x} \|z\|_2^2, \quad \text{s.t.} \quad Ax = b + z \text{ (或者 } b + z \in \mathrm{Range}(A)).$$

也就是说, 最小二乘计算的是观测向量存在误差时线性方程组的解. 因此, 一个自然的拓展就是考虑观测向量和系数矩阵同时存在误差的情形, 这就是总体最小二乘 (total least squares) 问题. 具体地, 总体最小二乘求解的是如下问题:

$$\min_{E,z,x} \|[E, z]\|_F^2, \quad \text{s.t.} \quad (A + E)x = b + z \text{ (或者 } b + z \in \mathrm{Range}(A + E)). \tag{5.8}$$

相比最小二乘, 有关总体最小二乘是否可解以及如何求解等问题的讨论更加复杂. 这里我们仅讨论解存在唯一并且可以通过矩阵奇异值分解进行计算的情形.

命题 5.8 设增广矩阵 $[A, b]$ 的秩为 $n+1$, 并且它的奇异值分解有如下划分:

$$\begin{bmatrix} A, b \end{bmatrix} = \begin{bmatrix} U_{11}, u_{12} \end{bmatrix} \begin{bmatrix} \Sigma_{11} & \\ & \sigma_{22} \end{bmatrix} \begin{bmatrix} V_{11} & v_{12} \\ v_{21}^{\mathsf{T}} & v_{22} \end{bmatrix}^{\mathsf{T}},$$

其中 $U_{11} \in \mathbb{R}^{m \times n}$, $\Sigma_{11} \in \mathbb{R}^{n \times n}$, $V_{11} \in \mathbb{R}^{n \times n}$, 并且 σ_{22} 是最小的奇异值. 若 $v_{22} \neq 0$, 则总体最小二乘问题 (5.8) 的解为

$$x = -\frac{v_{12}}{v_{22}}.$$

证明 首先总体最小二乘问题 (5.8) 可以被等价地表达为

$$\min_{E, z, x} \|[E, z]\|_F^2, \quad \text{s.t.} \quad \begin{bmatrix} A + E, b + z \end{bmatrix} \begin{bmatrix} x \\ -1 \end{bmatrix} = 0.$$

这里的等式约束表明 $\mathrm{rank}([A, b] + [E, z]) \leqslant n$, 因此由矩阵最佳低秩逼近的结论易知最小化 $\|[E, z]\|_F^2$ 意味着

$$[E, z] = -\sigma_{22} u_{12} \begin{bmatrix} v_{12} \\ v_{22} \end{bmatrix}^{\mathsf{T}}.$$

此时有

$$\begin{bmatrix} A + E, b + z \end{bmatrix} = U_{11} \Sigma_{11} \begin{bmatrix} V_{11} \\ v_{21}^{\mathsf{T}} \end{bmatrix}^{\mathsf{T}},$$

以及

$$\begin{bmatrix} A + E, b + z \end{bmatrix} \begin{bmatrix} v_{12} \\ v_{22} \end{bmatrix} = 0.$$

由此不难看出总体最小二乘问题的解为 $x = -v_{12}/v_{22}$. $\qquad \square$

从命题 5.8 的证明过程大致可以看出, 总体最小二乘问题的解和增广矩阵 (augmented matrix) $[A, b]$ 的最小奇异值及其奇异向量有关. 粗略地讲, 总体最小二乘问题可能存在唯一解, 可能不存在解, 也可能存在无穷多解. 我们不再对此展开讨论, 有兴趣的读者可以参考本章的文献.

为了更好地理解最小二乘和总体最小二乘两个问题的差异, 图 5.3 提供了 $n = 1$ 时两者的直观解释, 证明留作习题 5.15. 此时, A 和 b 都是列向量, 记 $A = [a_1, \cdots, a_m]^{\mathsf{T}}$, $b = [b_1, \cdots, b_m]^{\mathsf{T}}$. 假设 A 和 b 既不平行, 也不垂直, 这时总体最小二乘问题对应的统计模型称为 Deming 回归 (Deming regression), 其解可以从命题 5.8 得到.

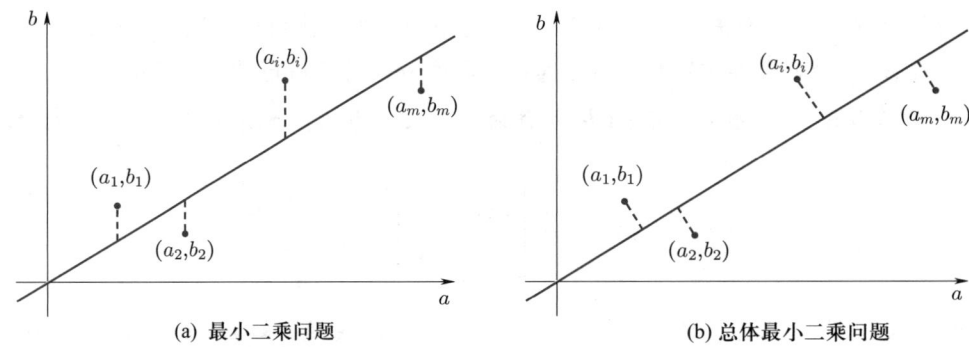

(a) 最小二乘问题   (b) 总体最小二乘问题

图 5.3 $n = 1$ 的情形, 其中最优解 x 为直线斜率, 最优目标函数值为图中所标虚线的
长度的平方和

5.3   案例: 主成分分析

主成分分析 (principle component analysis, PCA) 是典型的非监督学习 (unsupervised learning) 方法, 其目标是学习高维数据的一个低维表示. 学习到的低维表示随后可以被用到压缩、降噪、分类等数据处理任务中. 主成分分析的本质是数据降维, 即将高维数据投影到一个低维空间, 而降维的原理可以从不同角度进行解释. 我们先从最小化降维误差的角度对主成分分析进行介绍.

图 5.4 展示了主成分分析的一个 2 维示例, 即将 2 维数据投影到两个不同的 1 维空间. 不难看出, 相比于 $\diamond$ 所在的 1 维空间, 将原始数据投影到 $*$ 所在的 1 维空间有更小的投影误差. 在一般情况下, 给定 n 维空间中的 m 条数据 $\{x_k, \ k = 1, \cdots, m\}$, 主成分分析的目标是将它们投影到一个在某种度量下最优的 p 维 $(p < n)$ 仿射空间中去. 这里用 $\mathcal{A}_p$ 表示一个 p 维仿射空间

$$\mathcal{A}_p = \big\{ Qz + b \colon z \in \mathbb{R}^p \big\},$$

其中列正交矩阵 $Q \in \mathbb{R}^{n \times p}$ 表示空间的基底, $b \in \mathbb{R}^n$ 代表数据的偏移. 对于任意一条数据 x_k, 通过简单计算可知其在 $\mathcal{A}_p$ 中的投影为

$$QQ^{\mathsf{T}}(x_k - b) + b.$$

由此可知, 在 ℓ_2-范数下, 所有 m 条数据投影前后的总体误差为

$$f(Q, b) = \sum_{k=1}^{m} \| QQ^{\mathsf{T}}(x_k - b) + b - x_k \|_2^2 = \sum_{k=1}^{m} \| (I - QQ^{\mathsf{T}})(x_k - b) \|_2^2.$$

因此, 选择一个仿射空间使得投影误差最小本质就是求解 $f(Q, b)$ 关于 Q 和 b 的最小值.

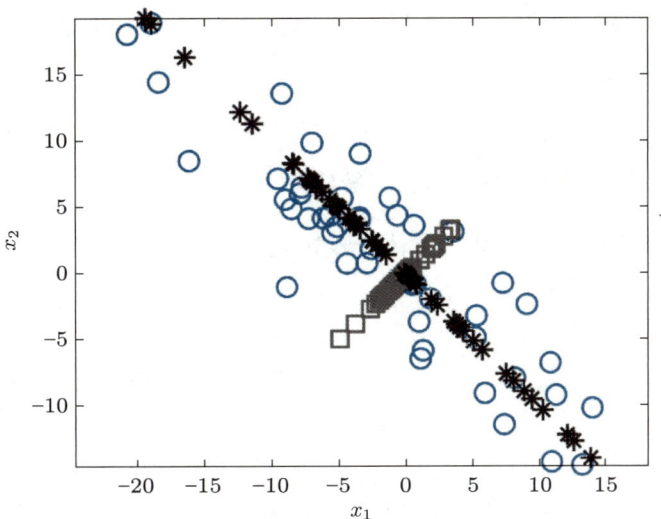

图 5.4 主成分分析 2 维示例, 其中 ◯ 代表原始数据, ▢ 和 ✳ 分别代表两个不同方向的投影数据

由于 Q 与 b 在 $f(Q, b)$ 中是可分离的, 我们可以先求解关于 b 的最小化问题, 然后再把得到的 b 代入 $f(Q, b)$ 以进一步求解关于 Q 的最小化问题.

关于 b 的最小化

固定矩阵 Q, 计算 $f(Q, b)$ 关于 b 的导数并设其为 0 可得

$$\frac{\partial f}{\partial b} = \sum_{k=1}^{m} (I - QQ^\mathsf{T})(x_k - b) = 0.$$

为了使 $\partial f / \partial b = 0$, 可以令

$$b = \frac{1}{m} \sum_{k=1}^{m} x_k \triangleq \bar{x}.$$

也就是说, $f(Q, b)$ 关于变量 b 的最小值可以在原始数据的样本均值 $\bar{x}$ 处取得.

关于 Q 的最小化

令 $\bar{X} = [x_1 - \bar{x}, \cdots, x_m - \bar{x}] \in \mathbb{R}^{n \times m}$. 将 $b = \bar{x}$ 代入 $f(Q, b)$ 后可得到关于 Q 的最小化问题:

$$\min_{Q^\mathsf{T}Q=I} \sum_{k=1}^{m} \|(I - QQ^\mathsf{T})(x_k - \bar{x})\|_2^2 = \min_{Q^\mathsf{T}Q=I} \|(I - QQ^\mathsf{T})\bar{X}\|_F^2. \tag{5.9}$$

不失一般性, 假设 $m \geqslant n$. 令 $\bar{X} = U\Sigma V^\mathsf{T}$ 为矩阵 $\bar{X}$ 的奇异值分解, 其中 $U = [u_1, \cdots, u_n] \in \mathbb{R}^{n \times n}$, $\Sigma = \mathrm{diag}(\sigma_1, \cdots, \sigma_n)$, $V = [v_1, \cdots, v_n] \in \mathbb{R}^{m \times n}$. 定理 5.3 表明 $\bar{X}$ 的最佳秩 p 逼近为

$$X_p = \sum_{i=1}^{p} \sigma_i u_i v_i^\mathsf{T}.$$

注意到 $QQ^\mathsf{T}\bar{X}$ 的秩小于等于 p, 而当 $Q=[u_1,\cdots,u_p]$ 时有 $QQ^\mathsf{T}\bar{X}=X_p$. 因此, 问题 (5.9) 的最小值点为

$$U_p = \begin{bmatrix} u_1, \cdots, u_p \end{bmatrix}.$$

显然, 计算矩阵 $\bar{X}$ 的奇异值分解是求解最佳 Q 的关键一步.

综上所述, 进行主成分分析的具体步骤如下:

(1) 计算 $\bar{x}=\dfrac{1}{m}\displaystyle\sum_{k=1}^{m}x_k$, 并且令 $b=\bar{x}$;

(2) 计算 $\bar{X}=[x_1-\bar{x},\cdots,x_m-\bar{x}]\in\mathbb{R}^{n\times m}$ 的奇异值分解 $\bar{X}=U\Sigma V^\mathsf{T}$, 并且令 $Q=U_p$;

(3) 对每一条数据 x_k, 计算其在 (U_p,b) 决定的低维空间中的投影 $QQ^\mathsf{T}(x_k-b)+b$.

例 5.1   考虑图 5.5 中的四组数据, 其中每组数据包含 25 个数据点 (服从一个长方形区域的均匀分布). 图中 ◇ 代表数据在第一主成分上的投影, 而 ∗ 代表数据在第二主成分上的投影. 显然, 在数据向第一主成分投影之后, 我们更容易用距离来判断数据间的分类情况.

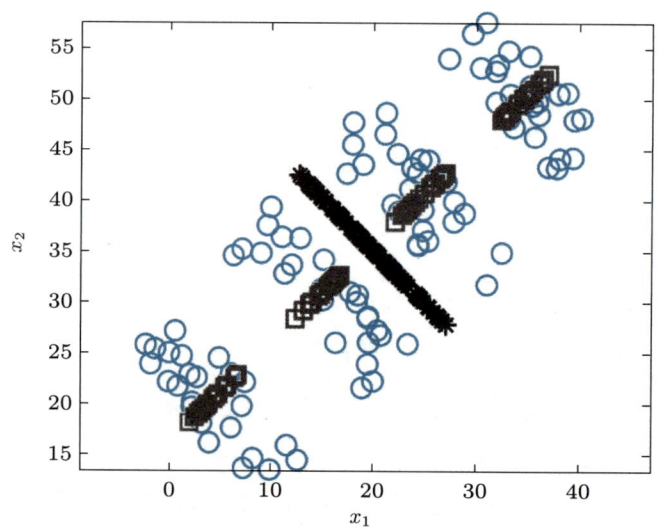

图 5.5   四组数据通过主成分分析进行降维, 其中 ◯ 代表原始数据, ▢ 和 ∗ 代表两个不同方向的投影数据

本节开头已经指出, 除了最小化投影误差, 主成分分析还可以从其他角度进行解释. 这里再提供一个最大化投影数据样本方差的角度. 首先, 由于 $\langle QQ^\mathsf{T}\bar{X},(I-QQ^\mathsf{T})\bar{X}\rangle=0$, 式 (5.9) 中的最小化问题等价于下面的最大化问题:

$$\max_{Q^\mathsf{T}Q=I}\|QQ^\mathsf{T}\bar{X}\|_F^2.$$

在忽略有关常数的情况下不难看出 $\|QQ^\mathsf{T}\bar{X}\|_F^2$ 即为投影数据

$$\{QQ^\mathsf{T}x_k,\ k=1,\cdots,m\}$$

的样本方差. 也就是说, 主成分分析的目的也是寻找一个低维空间使得投影之后的数据样本方差最大.

5.4 非负矩阵分解

给定矩阵 $A\in\mathbb{R}^{m\times n}$, 其秩 k 近似可以用两个因子矩阵的乘积进行表示:

$$A\approx WH, \tag{5.10}$$

其中 W 和 H 分别为 $m\times k$ 以及 $k\times n$ 矩阵. 5.1 节的定理 5.3 表明奇异值分解能够用来计算矩阵的最佳低秩近似. 也就是说, 如果令 $W=U_k$, $H=\Sigma_k V_k^\mathsf{T}$ (U_k, Σ_k, V_k 的定义见式 (5.1)), 则 WH 是 A 在 2-范数以及 Frobenius 范数下的最佳秩 k 近似. 但是在很多实际应用中, 我们希望矩阵 W 和 H 具有某些特有的性质, 而由奇异值分解得到的矩阵往往不具备这些性质. 本节将考虑非负矩阵分解问题 (nonnegative matrix factorization, NMF): 假设 A 为非负矩阵 (即 A 的每一个元素均大于等于 0), 我们希望计算它的一个形如式 (5.10) 的低秩近似, 并且同时要求 W 和 H 也为非负矩阵. 注意从奇异值分解得到的 U_k 和 V_k 是列正交矩阵, 因此一般情况下很难非负.

非负矩阵分解有很多实际应用, 这里列举两个例子:

(1) 在图像处理问题中, A 可以用来表示一组黑白图像拼成的矩阵, 其中矩阵的每一列代表一个向量化的图像 (比如把图像按列拉成一个向量). 由于像素点的值是非负的, 因此 A 是非负矩阵, 而 A 的非负矩阵分解可以用来对所有的图像进行特征提取. 具体地, W 的每列代表所有图像的一个共同特征 (由于图像非负, 图像的特征也应该非负), 而 H 的每列则是一个图像在所有特征下的非负权重.

(2) 在文本分析问题中, A 可以表示一个单词–文本矩阵 (term–document matrix), 其中每列代表一个文本中不同单词出现的频次. 由于词频是非负的, 因此是 A 是非负矩阵. 在 A 的非负矩阵分解中, W 表示单词–主题矩阵 (term–topic matrix), 它的每一列对应着一个主题中不同单词的分布情况, 是非负的; 而 H 表示主题–文本矩阵 (topic–document matrix), 它的每列对应着一个文本在不同主题向量下的非负权重. 总的来说, 我们可以把一个文本表示成不同主题向量的线性组合. 本节最后将考察一个非负矩阵分解在文本分析中的应用案例.

5.4.1   非负矩阵分解算法

我们可以把非负矩阵分解建模成如下优化问题的解:

$$\min_{W,H} L(W,H), \quad \text{s.t.} \quad W \geqslant 0, \ H \geqslant 0, \tag{5.11}$$

其中 L 是损失函数 (loss function), 它的选择方式依赖于具体的应用. 这里考虑 Frobenius 范数度量下的优化问题,

$$\min_{W,H} \frac{1}{2} \|A - WH\|_F^2, \quad \text{s.t.} \quad W \geqslant 0, \ H \geqslant 0. \tag{5.12}$$

不难看出, 如果我们固定 W 和 H 中的一个矩阵, 就会得到关于另一个矩阵的凸优化问题. 但是整体上讲, 问题 (5.12) 不仅是非凸的, 而且是 NP-难的. 不过尽管如此, 现已有不少启发式算法能够近似求解该问题. 这里介绍两个常见的算法: 交替非负最小二乘 (alternating nonnegative least squares) 以及乘性更新 (multiplicative update).

为了符号上的简单, 令 $f(W,H)$ 为 Frobenius 范数度量下的损失函数, 即 $f(W,H) = \frac{1}{2} \|A - WH\|_F^2$. 交替非负最小二乘的基本迭代步骤见算法 5.2. 它的想法比较直接, 就是固定 (5.12) 中的一个矩阵然后求解关于另一个矩阵的非负最小二乘问题, 并进行交替更新. 此外, 该算法的每次迭代都可以对 W 的每一行或者 H 的每一列进行独立求解. 以 H 的更新为例, 设矩阵 A 的每一列为 a_j, 矩阵 H 的每一列为 h_j, 则有

$$\frac{1}{2} \|A - W_{k-1}H\|_F^2 = \frac{1}{2} \sum_{j=1}^{n} \|a_j - W_{k-1}h_j\|_2^2.$$

因此我们可以通过求解 n 个如下形式的子问题来得到 H_k:

$$\min_{h_j} \frac{1}{2} \|a_j - W_{k-1}h_j\|_2^2, \quad \text{s.t.} \quad h_j \geqslant 0. \tag{5.13}$$

算法 5.2 交替非负最小二乘

初始值: $W_0 \geqslant 0$

for $k = 1, 2, \cdots$ **do**

   求解 $H_k = \underset{H \geqslant 0}{\arg\min}\, f(W_{k-1}, H)$

   求解 $W_k = \underset{W \geqslant 0}{\arg\min}\, f(W, H_k)$

end

不过由于非负约束的存在, 该子问题的求解也并不容易. 一个比较直接的近似求解方法为: 首先计算无约束的最小二乘问题的解 (即不考虑 (5.13) 中的非负约束), 然后再把得到的结果投影到非负向量空间.

　　与交替非负最小二乘不同, 乘性更新的每一步迭代都有显式的表达式, 见算法 5.3. 在该算法的描述中, $\odot$ 和 $/$ 分别表示对应的矩阵元素相乘或者相除, 而引入 $\varepsilon > 0$ 则是为了避免出现除数很小的情况. 此外不难看出, 如果 W_0 和 H_0 非负, 之后每步迭代得到的矩阵自然也是非负的. 乘性更新的本质是根据损失函数的梯度信息适当增大或缩小因子矩阵的元素. 同样以 H 的更新为例, 我们有

$$\frac{\partial f}{\partial H}(W_{k-1}, H_{k-1}) = W_{k-1}^{\mathsf{T}} W_{k-1} H_{k-1} - W_{k-1}^{\mathsf{T}} A.$$

由此可知

$$\frac{\partial f}{\partial h_{ij}}(W_{k-1}, H_{k-1}) = \left(W_{k-1}^{\mathsf{T}} W_{k-1} H_{k-1} - W_{k-1}^{\mathsf{T}} A \right)_{ij}.$$

算法 5.3 乘性更新

初始值: $W_0 \geqslant 0,\ H_0 \geqslant 0$

for $k = 1, 2, \cdots$ **do**

　　更新 $H_k = H_{k-1} \odot [(W_{k-1}^{\mathsf{T}} A)/(W_{k-1}^{\mathsf{T}} W_{k-1} H_{k-1} + \varepsilon)]$

　　更新 $W_k = W_{k-1} \odot [(A H_{k-1}^{\mathsf{T}})/(W_{k-1} H_{k-1} H_{k-1}^{\mathsf{T}} + \varepsilon)]$

end

我们知道如果一个函数在某点的导数不为 0, 那么从该点沿着负梯度的方向做一定的移动能够降低函数值. 当 $\dfrac{\partial f}{\partial h_{ij}}(W_{k-1}, H_{k-1}) > 0$ 时有

$$\frac{\left(W_{k-1}^{\mathsf{T}} A \right)_{ij}}{\left(W_{k-1}^{\mathsf{T}} W_{k-1} H_{k-1} \right)_{ij}} < 1.$$

此时由于 $-\dfrac{\partial f}{\partial h_{ij}}(W_{k-1}, H_{k-1}) < 0$, 沿着负梯度方向移动意味着我们还可以适当地缩小 $(H_{k-1})_{ij}$ 来降低目标函数值. 乘性更新缩小 $(H_{k-1})_{ij}$ 的方式是在它的前面乘上 $\left(W_{k-1}^{\mathsf{T}} A \right)_{ij} / \left(W_{k-1}^{\mathsf{T}} W_{k-1} H_{k-1} \right)_{ij}$. 相反地, 当 $\dfrac{\partial f}{\partial h_{ij}}(W_{k-1}, H_{k-1}) < 0$ 时, 我们有

$$\frac{\left(W_{k-1}^{\mathsf{T}} A \right)_{ij}}{\left(W_{k-1}^{\mathsf{T}} W_{k-1} H_{k-1} \right)_{ij}} > 1.$$

此时由于 $-\dfrac{\partial f}{\partial h_{ij}}(W_{k-1}, H_{k-1}) > 0$, 沿着负梯度方向移动意味着我们还可以适当地增大 $(H_{k-1})_{ij}$ 来降低目标函数值. 此时乘性更新增大 $(H_{k-1})_{ij}$ 的方式同样是在它的前面乘上 $\left(W_{k-1}^{\mathsf{T}} A \right)_{ij} / \left(W_{k-1}^{\mathsf{T}} W_{k-1} H_{k-1} \right)_{ij}$.

　　值得注意的是, 非负矩阵分解问题的解并不唯一. 令 D 为一个对角元均为正数的对角矩阵, 当 W 和 H 为问题 (5.12) 的解时, 易知 $(WD)(D^{-1}H)$ 也是它的一个解. 由于这个原因, 在实际应用中可能需要进一步对 W 和 H 进行适当的正则化. 对于算法

的初始值, 可以随机生成, 也可以通过矩阵的奇异值分解进行构造. 如前所述, 我们可以根据具体的应用背景选择合适的损失函数. 除了 Frobenius 范数, 另一个常用的度量是 KL 散度 (Kullback–Leibler divergence), 又称相对熵 (relative entropy), 习题 5.16 将对此进行简单的讨论.

5.4.2   应用举例

非负矩阵分解可以用来从大量的文本数据中发现潜在的主题并进行主题分析. 给定一个含有 n 个文本的集合 $D = \{d_1, \cdots, d_n\}$, 记 $W = \{w_1, \cdots, w_m\}$ 为所有文本中出现的 m 个单词 (或关键词) 组成的集合. 由此, 我们可以构造一个单词–文本矩阵

$$A = \begin{bmatrix} a_1, a_2, \cdots, a_n \end{bmatrix} = \begin{bmatrix} a_{11} & a_{12} & \cdots & a_{1n} \\ a_{21} & a_{22} & \cdots & a_{2n} \\ \vdots & \vdots & & \vdots \\ a_{m1} & a_{m2} & \cdots & a_{mn} \end{bmatrix}.$$

这里, 矩阵的每行对应着一个单词, 而每列对应着一个文本. 具体地, A 的第 j 列 a_j 对应着第 j 个文本 d_j 的信息, 其中 a_{ij} 表示单词 w_i 在文本 d_j 中所占的权重. 根据不同的问题背景, 计算权重方式也有所不同, 对此我们不做详细的讨论. 假设文本集合 D 中一共包含 k 个主题, 我们还可以定义一个单词–主题矩阵

$$T = \begin{bmatrix} t_1, t_2, \cdots, t_k \end{bmatrix} = \begin{bmatrix} t_{11} & t_{12} & \cdots & t_{1k} \\ t_{21} & t_{22} & \cdots & t_{2k} \\ \vdots & \vdots & & \vdots \\ t_{m1} & t_{m2} & \cdots & t_{mk} \end{bmatrix}.$$

矩阵 T 的每行同样对应着一个单词, 而每列则对应着一个主题. 也就是说, T 的第 j 列 t_j 对应着第 j 个主题的单词分布情况.

在有了单词–主题矩阵 T 之后, 我们可以计算单词–文本矩阵 A 在 T 下的近似表示, 即计算主题–文本矩阵

$$C = \begin{bmatrix} c_1, c_2, \cdots, c_n \end{bmatrix} = \begin{bmatrix} c_{11} & c_{12} & \cdots & c_{1n} \\ c_{21} & c_{22} & \cdots & c_{2n} \\ \vdots & \vdots & & \vdots \\ c_{k1} & c_{k2} & \cdots & c_{kn} \end{bmatrix}$$

使得

$$A \approx TC. \tag{5.14}$$

这里, 矩阵 C 的第 j 列 c_j 表示文本 d_j 在不同主题 $\{t_1, t_2, \cdots, t_k\}$ 下的权重.

在文本信息处理任务中, 主题分析或挖掘是指在给定的单词–文本矩阵的情况下同时求解出单词–主题矩阵 T 以及系数矩阵 C 使得式 (5.14) 成立. 通常情况下, 主题数要远小于单词数或者文本数 (即 $k \ll \min\{m, n\}$), 并且由于问题的实际意义, 我们希望单词–主题矩阵以及系数矩阵都是非负的. 因此主题分析可以建模为非负矩阵分解问题.

例 5.2 假设我们有如下 6 个中文短文本:

D1: 猫喜欢待在家里;

D2: 狗喜欢和猫一起玩;

D3: 狗坐在汽车里;

D4: 我开汽车带猫和狗去宠物店;

D5: 狗经常在车库里玩;

D6: 车库里停满了汽车.

如果使用词汇表: [猫, 狗, 汽车, 车库, 宠物店], 则单词–文本矩阵为 (这里 a_{ij} 为第 j 个文本中第 i 个单词出现的次数)

$$A = \begin{bmatrix} 1 & 1 & 0 & 1 & 0 & 0 \\ 0 & 1 & 1 & 1 & 1 & 0 \\ 0 & 0 & 1 & 1 & 0 & 1 \\ 0 & 0 & 0 & 0 & 1 & 1 \\ 0 & 0 & 0 & 1 & 0 & 0 \end{bmatrix}.$$

假设我们希望找出 2 个主题, 乘性更新 (采用 $[0,1]$ 上的均匀分布进行初始化) 的输出结果如下:

$$T = \begin{bmatrix} 0.494 & 0.0 \\ 0.337 & 0.254 \\ 0.001 & 0.426 \\ 0.0 & 0.267 \\ 0.168 & 0.053 \end{bmatrix}, \quad C = \begin{bmatrix} 1.281 & 2.112 & 0.381 & 2.189 & 0.510 & 0.0 \\ 0.0 & 0.168 & 2.011 & 1.642 & 1.475 & 2.165 \end{bmatrix}.$$

经过简单计算可知

$$\frac{\|A - TC\|_F}{\|A\|_F} \approx 0.499,$$

而 A 的最佳秩 2 逼近的相对误差约为 0.467.

不难看出, 矩阵 T 的第一列主要和 "猫""狗""宠物" 相关, 而第二列主要和 "汽车""车库" 相关, 但是和 "狗" 也有一定的相关性. 根据矩阵 C 每列的值可以看出不同文本在这两个主题下的权重, 大致符合预期.

内容注释及参考文献

奇异值和奇异向量的数学背景、扰动理论以及具体的计算方法可以参看标准教材, 如文献 [2,3] 等. 奇异值分解与对称矩阵的谱分解密切相关, 更多细节见文献 [7] 的第 3 章.

第三章已经指出, 参考文献 [1] 是全面介绍最小二乘问题的经典之作. 此外, 读者也可以参考文献 [6] 的第 4 章和文献 [4] 的第 20 章.

总体最小二乘可以用于建模带有噪声和不确定性的线性回归和数据拟合问题, 在信号处理、数据拟合、系统辨识等领域有广泛的应用. 专著 [5] 专门讨论了总体最小二乘问题及其应用.

Jacobi 算法是典型的不依赖于双对角化的奇异值分解算法, 分双边 Jacobi 和单边 Jacobi 两种, 可以达到非常高的精度. 在追求效率和高精度平衡的情况下, 单边 Jacobi 算法更具优势, 关于单边 Jacobi 算法的介绍可以参看文献 [2] 的第 5 章.

[1] ÅKE BJÖRCK. Numerical Methods for Least Squares Problems. SIAM, 1996.

[2] JAMES W DEMMEL. Applied Numerical Linear Algebra. 2nd ed. SIAM, 1997.

[3] GENE H GOLUB, CHARLES F VAN LOAN. Matrix Computations. 4th ed. JHU Press, 2013.

[4] NICHOLAS J HIGHAM. Accuracy and Stability of Numerical Algorithms. 2nd ed. SIAM, 2002.

[5] SABINE V HUFFEL, PHILIPPE LEMMERLING. Total Least Squares and Errors-in-Variables Modeling: Analysis, Algorithms and Applications. Springer, 2002.

[6] GILBERT W STEWART. Matrix Algorithms, Volume I: Basic Decomposition. SIAM, 1998.

[7] GILBERT W STEWART. Matrix Algorithms, Volume II: Eigensystems. SIAM, 2001.

习题

5.1 设 $A = xy^{\mathsf{T}}$, 其中 $x \in \mathbb{R}^m$, $y \in \mathbb{R}^n$. 给出 A 的奇异值分解并计算 $\|A\|_2$ 以及 $\|A\|_F$.

5.2 对称矩阵的特征值和奇异值之间有什么关系?

5.3 证明定理 5.4 及 5.5.

5.4 设 $A \in \mathbb{R}^{m \times n}$, 其中 $m \geqslant n$. 由定理 5.5 可知矩阵最大的奇异值满足

$$\sigma_1(A) = \max_{\|x\|_2 = \|y\|_2 = 1} |x^{\mathsf{T}} A y|.$$

问矩阵的最小奇异值是否满足

$$\sigma_n(A) = \min_{\|x\|_2 = \|y\|_2 = 1} |x^{\mathsf{T}} A y|?$$

5.5 设 $A \in \mathbb{R}^{n \times n}$, 令 $B = \begin{bmatrix} A \\ b^{\mathsf{T}} \end{bmatrix} \in \mathbb{R}^{(n+1) \times n}$. 证明

$$\sigma_1(A) \leqslant \sigma_1(B).$$

5.6 设

$$A = \begin{bmatrix} a_1 & b_1 & & & \\ & a_2 & b_2 & & \\ & & \ddots & \ddots & \\ & & & a_{n-1} & b_{n-1} \\ & & & & a_n \end{bmatrix} \in \mathbb{R}^{n \times n}.$$

若 a_i, b_i 均不为 0, 证明 A 的奇异值互不相同.

5.7 矩阵的最佳低秩逼近是否唯一?

5.8 设 $A \in \mathbb{R}^{m \times n}$ 为非负矩阵. 证明矩阵 A 最大的奇异值对应的左右奇异向量也是非负的.

5.9 已知矩阵 $B \in \mathbb{R}^{n \times n}$ 满足 $\|B\|_2 < 1$, 证明矩阵

$$A = \begin{bmatrix} I & B \\ B^{\mathsf{T}} & I \end{bmatrix}$$

在 2-范数下的条件数 $\kappa_2(A)$ 有如下表达式:

$$\kappa_2(A) = \frac{1 + \|B\|_2}{1 - \|B\|_2}.$$

5.10 证明 Hölder 不等式对 Schatten p-范数成立:

$$\|XY\|_1 \leqslant \|X\|_p \|Y\|_q, \quad \text{对 } 1 \leqslant p, q \leqslant \infty \text{ 且 } \frac{1}{p} + \frac{1}{q} = 1.$$

5.11 对于任意矩阵 $A \in \mathbb{R}^{n \times n}$, 它的核范数为

$$\|A\|_* = \sum_{i=1}^{n} \sigma_i,$$

其中 σ_i 表示 A 的第 i 个奇异值.

a) 证明

$$\|A\|_* = \max_{Q \in \mathbb{R}^{n \times n}, Q^{\mathsf{T}} Q = I} \text{trace}(AQ).$$

b) 证明

$$\|A + B\|_* \leqslant \|A\|_* + \|B\|_*.$$

c) 证明矩阵核范数和 2-范数之间的对偶关系:

$$\|A\|_* = \max_{\|Z\|_2 \leqslant 1} \langle A, Z \rangle, \quad \|A\|_2 = \max_{\|Z\|_* \leqslant 1} \langle A, Z \rangle.$$

5.12 给定 $A \in \mathbb{R}^{n \times n}$, 证明它有如下形式的分解:

$$A = QP,$$

其中 $Q \in \mathbb{R}^{n \times n}$ 为正交矩阵, $P \in \mathbb{R}^{n \times n}$ 为对称半正定矩阵. 该分解通常称为矩阵的极分解 (polar decomposition).

5.13 给定 $A, B \in \mathbb{R}^{n \times n}$, 求解如下最小化问题:

$$\min_{Q \in \mathbb{R}^{n \times n}, Q^\mathsf{T} Q = I} \|AQ - B\|_F^2.$$

5.14 给定 $A \in \mathbb{R}^{n \times n}$, 其稳定秩 (stable rank) 定义为

$$\text{stable-rank}(A) = \frac{\|A\|_F^2}{\|A\|_2^2}.$$

a) 证明 $1 \leqslant \text{stable-rank}(A) \leqslant n$, 并给出等号成立的例子.

b) 证明 $\text{stable-rank}(A) \leqslant \text{rank}(A)$.

5.15 证明当 $n = 1$ 时, 最小二乘问题和总体最小二乘问题的最优目标函数值就是图 5.3 中所标虚线长度的平方和.

5.16 令 $\phi(t) = t \log t$. 对任意 $x, y \in \mathbb{R}^n$ 且 $x, y \geqslant 0$ (即所有元素都非负), 定义

$$D_{\text{KL}}(y\|x) = \sum_{i=1}^n \big(\phi(y_i) - \phi(x_i) - \phi'(x_i)(y_i - x_i)\big)$$
$$= \sum_{i=1}^n \Big(y_i \log \frac{y_i}{x_i} + x_i - y_i\Big).$$

当 $x, y \geqslant 0$ 为概率向量时, $D_{\text{KL}}(y\|x)$ 即为两个离散概率分布之间的 KL 散度,

$$D_{\text{KL}}(y\|x) = \sum_{i=1}^n y_i \log \frac{y_i}{x_i}.$$

对于一般的非负向量, 通常称 $D_{\text{KL}}(y\|x)$ 为广义 KL 散度.

a) 证明 $D_{\text{KL}}(y\|x) \geqslant 0$.

b) 是否有 $D_{\text{KL}}(y\|x) = D_{\text{KL}}(x\|y)$?

c) 借鉴乘性迭代 (算法 5.3) 的推导思路设计一个广义 KL 散度误差度量下求解非负矩阵分解的算法, 即式 (5.11) 中的 L 取

$$D_{\mathrm{KL}}(A\|WH) = \sum_{ij}\left(a_{ij}\log\frac{a_{ij}}{(WH)_{ij}} - a_{ij} + (WH)_{ij}\right)$$

时 W 和 H 的更新方法.

第六章

迭代法

本章继续考察求解线性方程组和特征值问题的数值算法. 第二章介绍的 Gauss 消去法和第四章介绍的 QR 算法通常需要 $O(n^3)$ 的运算量, 因此随着矩阵 A 阶数的增大, 计算时间增长非常快. 另外, 在很多实际应用中, A 通常是个大型稀疏矩阵, 即有大量零元素, 而 Gauss 消去法得到的 L 和 U 相比于 A 往往有更多的非零元素. 极端情形下, L 的下三角部分和 U 的上三角部分全都非零, 因此计算过程中无法充分利用 A 的稀疏结构. 同样地, 求解一般矩阵特征值的 QR 算法中的上 Hessenberg 化过程也会破坏矩阵的稀疏结构. 本章将介绍求解线性方程组和特征值问题的迭代法: 算法从某个初值开始不断迭代更新以获得 "更好" 的解, 直至近似解足够好. 迭代法每次更新所涉及的运算主要是矩阵–向量乘积, 因此能够充分利用矩阵的结构[①]. 本章将在 6.1 节介绍求解线性方程组的古典迭代法, 在 6.2 节介绍求解线性方程组的梯度下降法和共轭梯度法. 求解特征值问题的非线性梯度下降法和共轭梯度法将在 6.3 节介绍. 本章最后两节将介绍两个典型案例: 求解 2 维 Poisson 方程和谱聚类.

6.1　线性方程组: 古典迭代法

线性方程组的古典迭代法是一类算子分裂方法, 其基本想法为: 首先通过对系数矩阵进行分裂将线性方程组 $Ax = b$ 等价地改写为**不动点** (fixed point) 问题

$$x = Bx + f, \tag{6.1}$$

然后再用**不动点迭代** (fixed point iteration)

$$x_{k+1} = Bx_k + f, \quad k = 0, 1, \cdots. \tag{6.2}$$

构造一个向量序列 $\{x_k\}$ 不断地去逼近线性方程组的解. 通常称线性方程组 (6.1) 的解 x_* 为函数 $Bx + f$ 的不动点. 顾名思义, 不动点是指函数 $Bx + f$ 在 x_* 点的值等于 x_* 自身, 这也是称 (6.1) 为不动点问题的原因. 进一步地, 假设不动点迭代产生的序列 $\{x_k\}$ 收敛, 通过对等式两边同时取极限可知 x_k 必然收敛到一个不动点.

算子分裂 (operator splitting) 是适用范围非常广的一类迭代方法, 不仅可以用来求解线性方程组, 还有许多其他应用, 如函数求根以及一般优化问题的求解等. 当用迭代格式 (6.2) 求解线性方程组时, 由于 B 和 f 不依赖于迭代步数 k, 通常称其为**定常迭代法** (stationary iterative method). 本节将首先讨论定常迭代法的一般性收敛理论, 然后再介绍将 $Ax = b$ 改写为不动点问题的具体方式以及相应的算法.

---

① 另一个常见情形是, 有些应用比如第一性原理计算中的矩阵形式特别复杂, 显式生成的代价极大, 这时候迭代法往往比直接法更适用.

6.1.1　定常迭代法的收敛性

定常迭代法的收敛性依赖矩阵 B 的谱半径, 其定义已在第一章 1.1.2 小节给出. 具体地, 矩阵 B 的谱半径, 记为 $\rho(B)$, 是指 B 的所有特征值的模的上界, 即

$$\rho(B) = \max\{|\lambda|, \lambda \text{ 是 } B \text{ 的特征值}\}.$$

基于矩阵的谱半径, 我们可以给出定常迭代法收敛的充分必要条件.

定理 6.1　定常迭代法 (6.2) 对任意初始值收敛的充分必要条件是 $\rho(B) < 1$.

证明　由定常迭代法的迭代格式易知从初值 x_0 的迭代满足

$$
\begin{aligned}
x_k &= Bx_{k-1} + f \\
&= B^2 x_{k-2} + (I + B)f \\
&= \cdots \\
&= B^k x_0 + (I + B + \cdots + B^{k-1})f.
\end{aligned}
$$

分别以 y 和 $x_0 + y$ 为初始值代入有

$$B^k x_0 = \left(B^k(x_0 + y) + (I + B + \cdots + B^{k-1})f\right) - \left(B^k y + (I + B + \cdots + B^{k-1})f\right).$$

因此迭代格式 (6.2) 对任意初始值收敛的充分必要条件是: (1) 对任意初始值 x_0, $B^k x_0$ 收敛, 这等价于 $B^k \to 0$, 并且 (2) $(I + B + \cdots + B^{k-1})f$ 收敛.

由引理 1.4, $B^k \to 0$ 当且仅当 $\rho(B) < 1$, 此时由引理 1.5 知 $(I + B + \cdots + B^{k-1})f$ 也收敛, 定理得证. 此外还有 $x_k \to x_* = (I - B)^{-1}f$, 即不同初值收敛到同一个点. □

此外, 我们还可以基于矩阵的算子范数给出定常迭代法收敛的充分条件.

定理 6.2　若 $\|B\| < 1$, 不动点问题 (6.1) 存在唯一解. 记该解为 x_*, 对任意初始值 x_0, 定常迭代法产生的序列 $\{x_k\}$ 满足

$$\|x_k - x_*\| \leqslant \|B\|^k \|x_0 - x_*\|.$$

证明　首先当 $\|B\| < 1$ 时易知 $\rho(B) < 1$. 因此由引理 1.5 可知不动点问题 (6.1) 存在唯一解 x_*. 结合迭代公式 (6.2) 可得

$$x_k - x_* = B(x_{k-1} - x_*) = \cdots = B^k(x_0 - x_*).$$

因此

$$\|x_k - x_*\| \leqslant \|B^k\| \|x_0 - x_*\| \leqslant \|B\|^k \|x_0 - x_*\|.$$

定理得证.

□

下述定理表明, 当定常迭代序列中相邻的两个点距离较近时, 迭代序列离极限点的距离也较近. 因此, 在算法实现的过程中, 可以用相邻迭代点之间的距离是否足够小作为停机准则.

定理 6.3　若 $\|B\| < 1$, 则定常迭代序列 $\{x_k\}$ 与真解 x_* 之间的距离满足

$$\|x_k - x_*\| \leqslant \frac{\|B\|}{1 - \|B\|} \|x_{k-1} - x_k\|.$$

证明　注意到

$$x_k - x_* = B(x_{k-1} - x_*) = B(x_{k-1} - x_k + x_k - x_*).$$

两边同时取范数可得

$$\|x_k - x_*\| \leqslant \|B\| \|x_{k-1} - x_k\| + \|B\| \|x_k - x_*\|.$$

合并含有 $\|x_k - x_*\|$ 的项即可完成定理的证明.　　　　　　　　　　　□

作为推论, 容易验证

$$\|x_k - x_*\| \leqslant \frac{\|B\|^k}{1 - \|B\|} \|x_1 - x_0\|.$$

6.1.2　古典迭代法

如前所述, 要用定常迭代法求解线性方程组 $Ax = b$ (其中 $A \in \mathbb{R}^{n \times n}$), 首先需要把它等价改写为式 (6.1) 中的不动点形式. 一个构造的思路就是通过**分裂**把矩阵 A 改写为

$$A = M - N.$$

从而线性方程组 $Ax = b$ 等价于

$$Mx = Nx + b.$$

若 M 非奇异, 则 $Ax = b$ 进一步等价于如下不动点形式:

$$x = \underbrace{M^{-1}N}_{B} x + \underbrace{M^{-1}b}_{f}.$$

这样就能得到求解 $Ax = b$ 的定常迭代格式

$$x_{k+1} = M^{-1}Nx_k + M^{-1}b. \tag{6.3}$$

注意到 $M^{-1}N = I - M^{-1}A$, 我们还可以将该迭代改写为如下形式:

$$x_{k+1} = x_k + M^{-1}(b - Ax_k). \tag{6.4}$$

因此, 在定常迭代法中, M^{-1} 可以看作是 A^{-1} 的一个近似.

由于式 (6.3) 中涉及矩阵 M 求逆, 因此在对 A 进行分裂时需要兼顾以下两个方面: (1) $M^{-1}N$ 的谱半径是否足够小; (2) 以 M 为系数矩阵的线性方程是否容易求解. 接下来我们将介绍三种基于不同分裂方式的古典迭代法: Jacobi 迭代、Gauss-Seidel 迭代以及超松弛迭代 (successive over-relaxation, SOR).

1. Jacobi 迭代

假设 $a_{ii} \neq 0$, $i = 1, \cdots, n$, 可以把 A 拆分成如下形式:

$$A = D - L - U, \tag{6.5}$$

其中 D 是对角矩阵, L 和 U 分别是严格下三角矩阵和严格上三角矩阵, 即

$$d_{ii} = a_{ii}, \quad i = 1, \cdots, n,$$

$$l_{ij} = -a_{ij}, \quad j = 2, \cdots, n,\ i > j,$$

$$u_{ij} = -a_{ij}, \quad j = 1, \cdots, n-1,\ i < j,$$

而其他元素均为零.

取 $M = D$, $N = L + U$, 就得到了 Jacobi 迭代:

$$x_{k+1} = D^{-1}(L+U)x_k + D^{-1}b, \quad k = 0, 1, 2, \cdots. \tag{6.6}$$

如果把 Jacobi 迭代用分量形式表示, 有

$$x_{k+1,j} = \frac{1}{a_{jj}}\Big(b_j - \sum_{\ell \neq j} a_{j\ell}\, x_{k,\ell}\Big), \quad j = 1, \cdots, n, \tag{6.7}$$

其中 $x_{k+1,j}$ 表示向量 x_{k+1} 的第 j 个分量 ($x_{k,\ell}$ 有类似解释). 也就是说, $x_{k+1,j}$ 是通过将 $x_{k,\ell}$ ($\ell \neq j$) 作为近似解代入第 j 个方程求解得到的.

2. Gauss-Seidel 迭代

Jacobi 迭代中的 M 为对角矩阵, 求逆十分简单. 另外, 三角方程组也容易通过前代法或者回代法求解 (见第二章 2.2.1 小节), 计算复杂度仅相当于做了一次矩阵-向量乘积. 因此, 在对 A 进行分裂时可以取

$$M = D - L, \quad N = U.$$

相应的定常迭代格式称为 Gauss-Seidel 迭代:

$$x_{k+1} = (D-L)^{-1}Ux_k + (D-L)^{-1}b, \quad k = 0, 1, 2, \cdots. \tag{6.8}$$

如果把 Gauss-Seidel 迭代用分量形式表示, 有

$$x_{k+1,j} = \frac{1}{a_{jj}}\Big(b_j - \sum_{\ell=1}^{j-1} a_{j\ell}\, x_{k+1,\ell} - \sum_{\ell=j+1}^{n} a_{j\ell}\, x_{k,\ell}\Big), \quad j = 1, \cdots, n. \tag{6.9}$$

对比式 (6.7) 和 (6.9) 不难看出, 与 Jacobi 迭代不同, Gauss–Seidel 迭代在更新第 j 个分量时会用到前面已经更新过的第 1 到 $j-1$ 个分量. 此外, 如果 A 对称正定, Gauss–Seidel 迭代还可以看作是通过坐标交替极小化方法求解线性方程组所对应的优化问题, 见习题 6.3. 正是由于这个联系, 求解一般优化问题的坐标交替极小化方法通常也称为 Gauss–Seidel 迭代.

3. 超松弛迭代 SOR(ω)

引入参数 $\omega \neq 0$, 则线性方程组 $Ax = b$ 等价于

$$\omega Ax = \omega b.$$

类似地, ωA 可以拆分为

$$\omega A = \omega D - \omega L - \omega U$$

$$= (D - \omega L) - ((1 - \omega)D + \omega U).$$

取 $M = D - \omega L, N = (1 - \omega)D + \omega U$, 就得到了超松弛迭代 SOR (ω):

$$x_{k+1} = (D - \omega L)^{-1}((1 - \omega)D + \omega U)x_k + \omega(D - \omega L)^{-1}b, \quad k = 0, 1, 2, \cdots. \quad (6.10)$$

对 ωA 的分裂也可以等价地看作是对原系数矩阵做如下形式的分裂:

$$A = \left(\frac{1}{\omega}D - L\right) - \left(\left(\frac{1}{\omega} - 1\right)D + U\right).$$

这里的参数 ω 称为松弛因子 (relaxation parameter). 显然, 当 $\omega = 1$ 时, SOR(ω) 就是 Gauss–Seidel 迭代.

如果把 SOR(ω) 用分量的形式表示, 有

$$x_{k+1,j} = (1 - \omega)x_{k,j} + \frac{\omega}{a_{jj}}\left(b_j - \sum_{\ell=1}^{j-1} a_{j\ell}x_{k+1,\ell} - \sum_{\ell=j+1}^{n} a_{j\ell}x_{k,\ell}\right)$$

$$= x_{k,j} + \omega\left[\frac{1}{a_{jj}}\left(b_j - \sum_{\ell=1}^{j-1} a_{j\ell}x_{k+1,\ell} - \sum_{\ell=j+1}^{n} a_{j\ell}x_{k,\ell}\right) - x_{k,j}\right], \quad j = 1, \cdots, n.$$

$$(6.11)$$

对比式 (6.9) 和 (6.11) 不难看出, SOR(ω) 可以看作是在 Gauss–Seidel 迭代中引入了步长 ω, 这样就可以通过对其进行调节得到收敛速度更快的算法.

6.1.3 古典迭代法的收敛性

下面我们讨论当 A 为具有代表性的特殊类型矩阵时古典迭代法的收敛性.

1. 特殊类型矩阵

定义 6.4　给定矩阵 $A = (a_{ij}) \in \mathbb{R}^{n \times n}$. 如果对所有的 $1 \leqslant i \leqslant n$,

$$\sum_{\substack{j=1 \\ j \neq i}}^{n} |a_{ij}| \leqslant |a_{ii}|,$$

并且至少对某个 i 不等号严格成立, 我们称 A 为**对角占优矩阵** (diagonally dominant matrix). 如果对所有 i 不等号都严格成立, 则称 A 为**严格对角占优矩阵** (strictly diagonally dominant matrix).

定义 4.16 给出了非负矩阵不可约的概念, 它可以看作是下面更一般定义的一个特例.

定义 6.5　给定矩阵 $A = (a_{ij}) \in \mathbb{R}^{n \times n}$. 如果存在排列矩阵 P, 使得 $P^{\mathsf{T}} A P$ 具有如下块三角结构:

$$P^{\mathsf{T}} A P = \begin{bmatrix} A_{11} & A_{12} \\ & A_{22} \end{bmatrix},$$

其中 A_{11} 和 A_{22} 分别为 r 阶和 $n-r$ 阶方阵 $(1 \leqslant r < n)$, 我们称 A 为**可约矩阵**. 反之, 则称 A 为**不可约矩阵**.

由于线性方程组 $Ax = b$ 等价于

$$P^{\mathsf{T}} A P P^{\mathsf{T}} x = P^{\mathsf{T}} b,$$

当 A 为可约矩阵时有

$$\begin{bmatrix} A_{11} & A_{12} \\ & A_{22} \end{bmatrix} \begin{bmatrix} z_1 \\ z_2 \end{bmatrix} = \begin{bmatrix} y_1 \\ y_2 \end{bmatrix},$$

其中

$$P^{\mathsf{T}} x = \begin{bmatrix} z_1 \\ z_2 \end{bmatrix}, \quad P^{\mathsf{T}} b = \begin{bmatrix} y_1 \\ y_2 \end{bmatrix}.$$

也就是说, 此时我们可以通过求解两个低阶线性方程组来计算原线性方程组的解. 这也是可约这一说法的由来.

定理 6.6　严格对角占优或对角占优不可约矩阵非奇异.

证明　设 A 为严格对角占优矩阵. 若 A 奇异, 则存在向量 $x \neq 0$, 使得 $Ax = 0$. 不妨设 $\|x\|_\infty = 1$, 则存在 x 的某个分量, 记为 x_r, 满足 $|x_r| = 1$. 此时有

$$|a_{rr}| = |a_{rr} x_r| = \left| -\sum_{\substack{j=1 \\ j \neq r}}^{n} a_{rj} x_j \right| \leqslant \sum_{\substack{j=1 \\ j \neq r}}^{n} |a_{rj}| |x_j| \leqslant \sum_{\substack{j=1 \\ j \neq r}}^{n} |a_{rj}|,$$

这与 A 严格对角占优矛盾.

类似地, 设 A 为对角占优不可约矩阵. 若 A 奇异, 存在向量 $x \neq 0$, $\|x\|_\infty = 1$ 使得 $Ax = 0$. 如果 x 的所有分量模长为 1, 则对于不等号严格成立的行矛盾. 因此存在非空指标集 $\mathcal{R}$, $\mathcal{S}$, $\mathcal{R} \cup \mathcal{S} = \{1, 2, \cdots, n\}$, 当 $r \in \mathcal{R}$ 时 $|x_r| = 1$, 当 $s \in \mathcal{S}$ 时 $|x_s| < 1$. 将 A 的行列重排后有

$$\begin{bmatrix} A_{\mathcal{S}\mathcal{S}} & A_{\mathcal{S}\mathcal{R}} \\ A_{\mathcal{R}\mathcal{S}} & A_{\mathcal{R}\mathcal{R}} \end{bmatrix} \begin{bmatrix} x_{\mathcal{S}} \\ x_{\mathcal{R}} \end{bmatrix} = 0.$$

由于 A 不可约, 因此 $A_{\mathcal{R}\mathcal{S}}$ 不是零矩阵. 不妨设第 r 行 $(r \in \mathcal{R})$ 有非零元, 则

$$|a_{rr}| = |a_{rr} x_r| = \left| -\sum_{\substack{j=1 \\ j \neq r}}^{n} a_{rj} x_j \right| \leqslant \sum_{\substack{j=1 \\ j \neq r}}^{n} |a_{rj}||x_j| < \sum_{\substack{j=1 \\ j \neq r}}^{n} |a_{rj}|,$$

与 A 对角占优矛盾. □

2. 收敛性结果

记 $\widehat{L} = D^{-1}L$, $\widehat{U} = D^{-1}U$, 则 Jacobi 迭代、Gauss–Seidel 迭代和 SOR(ω) 的迭代矩阵分别为

$$\begin{aligned} B^{\mathrm{J}} &= D^{-1}(L + U) = \widehat{L} + \widehat{U}, \\ B^{\mathrm{GS}} &= (D - L)^{-1}U = (I - \widehat{L})^{-1}\widehat{U}, \\ B_\omega^{\mathrm{SOR}} &= (D - \omega L)^{-1}((1 - \omega)D + \omega U) = (I - \omega \widehat{L})^{-1}((1 - \omega)I + \omega \widehat{U}). \end{aligned} \tag{6.12}$$

引理 6.7   SOR(ω) 迭代收敛的必要条件是 $0 < \omega < 2$.

证明   由矩阵行列式为特征值乘积且 $\rho(B_\omega^{\mathrm{SOR}}) < 1$ 可得

$$\left| \det(B_\omega^{\mathrm{SOR}}) \right| = \left| \det(I - \omega\widehat{L})^{-1} \det((1-\omega)I + \omega\widehat{U}) \right| = |1 - \omega|^n < 1,$$

从而 $0 < \omega < 2$. □

定理 6.8   若 A 是严格对角占优或对角占优不可约矩阵, 则

(1) Jacobi 迭代收敛;

(2) Gauss–Seidel 迭代收敛;

(3) 当 $0 < \omega \leqslant 1$ 时, SOR(ω) 迭代收敛.

证明   (1) 对任何 $|\lambda| \geqslant 1$,

$$\lambda I - B^{\mathrm{J}} = \lambda I - \widehat{L} - \widehat{U} = D^{-1}(\lambda D - L - U).$$

由于 $\lambda D - L - U$ 严格对角占优或对角占优不可约, 因此非奇异, 即 λ 不可能是 B^{J} 的特征值. 由此可知 $\rho(B^{\mathrm{J}}) < 1$, 从而 Jacobi 迭代收敛.

(2) 是 (3) 的特例.

(3) 类似地,

$$\lambda I - B_\omega^{\mathrm{SOR}} = \lambda I - (I - \omega \widehat{L})^{-1}((1-\omega)I + \omega \widehat{U})$$

$$= (I - \omega \widehat{L})^{-1}((\lambda + \omega - 1)I - \lambda \omega \widehat{L} - \omega \widehat{U})$$

$$= (D - \omega L)^{-1}((\lambda + \omega - 1)D - \lambda \omega L - \omega U).$$

容易验证当 $|\lambda| \geqslant 1$, $0 < \omega \leqslant 1$ 时, $|\lambda + \omega - 1| \geqslant |\lambda|\omega \geqslant \omega$. 由此可知 $(\lambda + \omega - 1)D - \lambda \omega L - \omega U$ 严格对角占优或对角占优不可约, 从而非奇异. 因此有 $\rho(B_\omega^{\mathrm{SOR}}) < 1$, $\mathrm{SOR}(\omega)$ 迭代收敛. $\qquad\square$

定理 6.9 若 A 对称正定, 则

(1) Jacobi 迭代收敛的充分必要条件是 $2D - A$ 正定;

(2) Gauss–Seidel 迭代收敛;

(3) 当 $0 < \omega < 2$ 时, $\mathrm{SOR}(\omega)$ 迭代收敛.

证明 (1) 由于 A 对称,

$$B^{\mathrm{J}} = D^{-1}(L + L^{\mathsf{T}}) = D^{-1}(D - A) = D^{-1/2}(I - D^{-1/2}AD^{-1/2})D^{1/2}$$

相似于对称矩阵 $I - D^{-1/2}AD^{-1/2}$, 其中 $D^{1/2}$ 是 D 的对角元素取平方根得到的对角矩阵. 从而有

$$\rho(B^{\mathrm{J}}) < 1 \Leftrightarrow -1 < \lambda(B^{\mathrm{J}}) < 1 \Leftrightarrow 0 < \lambda(D^{-1/2}AD^{-1/2}) < 2,$$

其中 $\lambda(B)$ 表示矩阵 B 的任意特征值. 此外, 还有

$$2D - A = D^{1/2}(2I - D^{-1/2}AD^{-1/2})D^{1/2}.$$

由于合同变换 (congruent transformation) 不改变矩阵的正定性[1], 因此有

$$0 < \lambda(D^{-1/2}AD^{-1/2}) \Leftrightarrow A \text{ 正定}, \qquad \lambda(D^{-1/2}AD^{-1/2}) < 2 \Leftrightarrow 2D - A \text{ 正定}.$$

(2) 是 (3) 的特例.

(3) 设 (λ, v) 是 B_ω^{SOR} 的特征对, 则

$$(D - \omega L)^{-1}((1-\omega)D + \omega L^{\mathsf{T}})v = \lambda v,$$

即

$$\lambda(D - \omega L)v = ((1-\omega)D + \omega L^{\mathsf{T}})v.$$

---

[1] 设 P 非奇异, 对任意 $x \neq 0$, $x^{\mathsf{T}}P^{\mathsf{T}}APx > 0 \Longleftrightarrow$ 对任意 $y \neq 0$, $y^{\mathsf{T}}Ay > 0$. 事实上, 合同变换不改变对称矩阵的惯性指数 (index of inertia).

从而有

$$\lambda(v^*Dv - \omega v^*Lv) = (1-\omega)v^*Dv + \omega v^*L^{\mathsf{T}}v.$$

记 $v^*Dv = \sigma > 0$, $v^*L^{\mathsf{T}}v = \alpha + \mathrm{i}\beta$, 其中 i 为虚数单位, 则 $v^*Lv = \alpha - \mathrm{i}\beta$. 将其代入上式有

$$\lambda = \frac{(1-\omega)\sigma + \omega\alpha + \mathrm{i}\omega\beta}{\sigma - \omega\alpha + \mathrm{i}\omega\beta}.$$

因此, 对于 $\sigma > 0, 0 < \omega < 2$,

$$\rho(B_\omega^{\mathrm{SOR}}) < 1 \Leftrightarrow |(1-\omega)\sigma + \omega\alpha| < |\sigma - \omega\alpha| \Leftrightarrow 2\alpha < \sigma.$$

由 A 对称正定得 $v^*Av = \sigma - 2\alpha > 0$. □

事实上, 我们有如下更一般的结论, 证明留作习题 6.6.

定理 6.10 若 A 是对称矩阵且对角元为正, 则

(1) Jacobi 迭代收敛的充分必要条件是 A 正定且 $2D - A$ 正定;

(2) Gauss–Seidel 迭代收敛的充分必要条件是 A 正定;

(3) SOR(ω) 迭代收敛的充分必要条件是 A 正定且 $0 < \omega < 2$.

★6.1.4 收敛速度比较

对于一般的线性方程组, 通常很难比较前面所介绍的三种古典迭代法的收敛速度. 例如, 考察矩阵

$$A_1 = \begin{bmatrix} 2 & -1 & 1 \\ -1 & 2 & -1 \\ -4 & -1 & 2 \end{bmatrix}, \quad A_2 = \begin{bmatrix} 2 & -1 & 1 \\ -1 & 2 & -1 \\ 4 & -1 & 2 \end{bmatrix},$$

$$A_3 = \begin{bmatrix} 2 & -1 & 1 \\ -1 & 2 & -1 \\ -8 & -1 & 2 \end{bmatrix}, \quad A_4 = \begin{bmatrix} 2 & -1 & 1 \\ -1 & 2 & -1 \\ 0 & -1 & 2 \end{bmatrix},$$

读者可以自行验证, 对于以 A_1 为系数的线性方程组, Jacobi 迭代收敛, 而 Gauss–Seidel 迭代不收敛; 对于以 A_2 为系数的线性方程组, Gauss–Seidel 迭代收敛, 而 Jacobi 迭代不收敛; 对于以 A_3 为系数的线性方程组, 两个方法都不收敛; 对于以 A_4 为系数的线性方程组, 两个方法都收敛.

这里考虑一类具有特定性质的系数矩阵所构成的线性方程组, 该类矩阵被称作相容次序矩阵 (consistently ordered matrix). 相容次序矩阵可以从矩阵的结构上进行定义, 但是为了叙述简便, 我们采用如下代数形式的定义.

定义 6.11 (相容次序矩阵)　令 $A = D - L - U \in \mathbb{R}^{n \times n}$, 其中 D, L, U 的定义同式 (6.5), 并假设 D 非奇异 (即 A 的对角元全不为 0). 如果矩阵 $B(\alpha) = \alpha D^{-1} L + \frac{1}{\alpha} D^{-1} U$ 的特征值不依赖于参数 $\alpha \in \mathbb{C} \backslash \{0\}$, 就称 A 为相容次序矩阵.

例 6.1　考虑如下块三对角矩阵:

$$A = \begin{bmatrix} D_1 & F_1 & & & \\ E_2 & D_2 & F_2 & & \\ & \ddots & \ddots & \ddots & \\ & & E_{k-1} & D_{k-1} & F_{k-1} \\ & & & E_k & D_k \end{bmatrix},$$

其中 D_i 为对角矩阵, 对角元非零. 令 $A = D - L - U$, 不难验证有

$$\alpha D^{-1} L + \frac{1}{\alpha} D^{-1} U = X(D^{-1}L + D^{-1}U)X^{-1},$$

其中 $X = \operatorname{diag}(I, \alpha I, \cdots, \alpha^{k-1} I)$. 因此 A 是相容次序矩阵. 特别地, 如果 $k = 2$, 矩阵

$$A = \begin{bmatrix} D_1 & F \\ E & D_2 \end{bmatrix}$$

称为具有性质 A (Property A).

对于相容次序矩阵, 我们能够建立 Jacobi 迭代、Gauss–Seidel 迭代和超松弛迭代所对应的迭代矩阵谱半径之间的联系.

定理 6.12　设 $A \in \mathbb{R}^{n \times n}$ 为对角线元全不为 0 的相容次序矩阵, 并且设 $\omega \neq 0$. 我们有如下结论:

(1) 迭代矩阵 B^{J} 的特征值正负成对出现 (即如果 μ 是 B^{J} 的特征值, 则 $-\mu$ 也是 B^{J} 的特征值);

(2) 如果 $\lambda \neq 0$ 是迭代矩阵 B_ω^{SOR} 的特征值, 则方程

$$(\lambda + \omega - 1)^2 = \lambda \omega^2 \mu^2 \tag{6.13}$$

关于 μ 的解是迭代矩阵 B^{J} 的特征值;

(3) 如果 μ 是 B^{J} 的特征值, 则方程 (6.13) 关于 λ 的解是 B_ω^{SOR} 的特征值.

证明　(1) 由于 A 是相容次序矩阵, $B^{\mathrm{J}} = B(1) = D^{-1}L + D^{-1}U$ 和 $-B^{\mathrm{J}} = B(-1) = -D^{-1}L - D^{-1}U$ 具有相同的特征值. 因此, B^{J} 的特征值会正负成对出现.

(2) 设 $\lambda \neq 0$ 是迭代矩阵 B_ω^{SOR} 的特征值, 由式 (6.12) 中 B_ω^{SOR} 的表达式可知

$$0 = \det(\lambda I - B_\omega^{\mathrm{SOR}})$$

$$= \det(\lambda I - (I - \omega \widehat{L})^{-1}((1 - \omega)I + \omega \widehat{U}))$$

$$\begin{aligned}
&= \det((I - \omega\widehat{L})(\lambda I - (I - \omega\widehat{L})^{-1}((1-\omega)I + \omega\widehat{U}))) \\
&= \det((\lambda + \omega - 1)I - \lambda\omega\widehat{L} - \omega\widehat{U}) \\
&= (\sqrt{\lambda}\omega)^n \det\left(\frac{\lambda + \omega - 1}{\sqrt{\lambda}\omega}I - \sqrt{\lambda}\widehat{L} - \frac{1}{\sqrt{\lambda}}\widehat{U}\right) \\
&= (\sqrt{\lambda}\omega)^n \det\left(\frac{\lambda + \omega - 1}{\sqrt{\lambda}\omega}I - \widehat{L} - \widehat{U}\right),
\end{aligned} \tag{6.14}$$

其中最后一个等式用到了矩阵 A 是相容次序矩阵这一假设, 从而对于不同参数具有相同的行列式. 另外, 用 $-\sqrt{\lambda}$ 替代最后两个等式中的 $\sqrt{\lambda}$, 结论也成立. 因此, $\mu = \pm\dfrac{\lambda + \omega - 1}{\sqrt{\lambda}\omega}$ 都是 B^{J} 的特征值.

(3) 设 μ 是 B^{J} 的特征值. 首先, 如果 $\lambda = 0$ 是式 (6.13) 的解, 一定有 $\omega = 1$, $B^{\mathrm{SOR}}_\omega = B^{\mathrm{GS}}$. 由于 U 是严格上三角矩阵, $B^{\mathrm{GS}} = (D - L)^{-1}U$ 奇异, 因此 $\lambda = 0$ 是其特征值. 其次, 如果 $\lambda \neq 0$ 是式 (6.13) 的解, 则 λ 和 μ 满足 $\mu = \dfrac{\lambda + \omega - 1}{\sqrt{\lambda}\omega}$ 或 $\mu = \dfrac{\lambda + \omega - 1}{(-\sqrt{\lambda})\omega}$, 通过对式 (6.14) 进行反向推导可知 λ 是 B^{SOR}_ω 的特征值. □

事实上, 对于具有性质 A 的矩阵, B^{J} 具有形式 $\begin{bmatrix} & \widehat{F} \\ \widehat{E} & \end{bmatrix}$, 并且

$$\begin{bmatrix} & \widehat{F} \\ \widehat{E} & \end{bmatrix}\begin{bmatrix} u \\ v \end{bmatrix} = \mu\begin{bmatrix} u \\ v \end{bmatrix} \iff \begin{bmatrix} & \widehat{F} \\ \widehat{E} & \end{bmatrix}\begin{bmatrix} u \\ -v \end{bmatrix} = -\mu\begin{bmatrix} u \\ -v \end{bmatrix}.$$

因此, B^{J} 正负成对的特征值对应的特征向量有特殊结构. 对于例 6.1 中的矩阵, 成对出现特征值对应的特征向量之间也有类似的结构, 讨论留作习题 6.12.

定理 6.12 表明如果遍历 B^{J} 所有的特征值, 通过求解 (6.13) 便可得到 B^{SOR}_ω 的所有特征值. 下述命题是该定理的一个直接推论, 它表明对于由相容次序矩阵构成的线性方程组, Gauss–Seidel 迭代的收敛速度要比 Jacobi 迭代快.

命题 6.13　设 $A \in \mathbb{R}^{n\times n}$ 为相容次序矩阵, 则 $\rho(B^{\mathrm{GS}}) = (\rho(B^{\mathrm{J}}))^2$.

当 $\rho(B^{\mathrm{J}})$ 已知时, 我们还可以通过定理 6.12 计算最佳松弛因子 ω_{opt}.

命题 6.14　设 $A \in \mathbb{R}^{n\times n}$ 为相容次序矩阵, $\omega \in (0, 2)$, B^{J} 的特征值全为实数, 且 $\rho = \rho(B^{\mathrm{J}}) < 1$. 则

$$\rho(B^{\mathrm{SOR}}_\omega) = \begin{cases} 1 - \omega + \dfrac{1}{2}\rho^2\omega^2 + \rho\omega\sqrt{1 - \omega + \dfrac{1}{4}\rho^2\omega^2}, & 0 < \omega \leqslant \omega_{\mathrm{opt}}, \\ \omega - 1, & \omega_{\mathrm{opt}} \leqslant \omega < 2, \end{cases}$$

其中

$$\omega_{\mathrm{opt}} = \frac{2}{1 + \sqrt{1 - \rho^2}}.$$

此外可以验证, $\rho(B_\omega^{\mathrm{SOR}})$ 在 ω_{opt} 处达到最小值.

该命题的证明留作习题 6.7. 图 6.1 (a) 展示了 $\rho = 0.7$ 时函数 $\rho(B_\omega^{\mathrm{SOR}})$ 所对应的曲线.

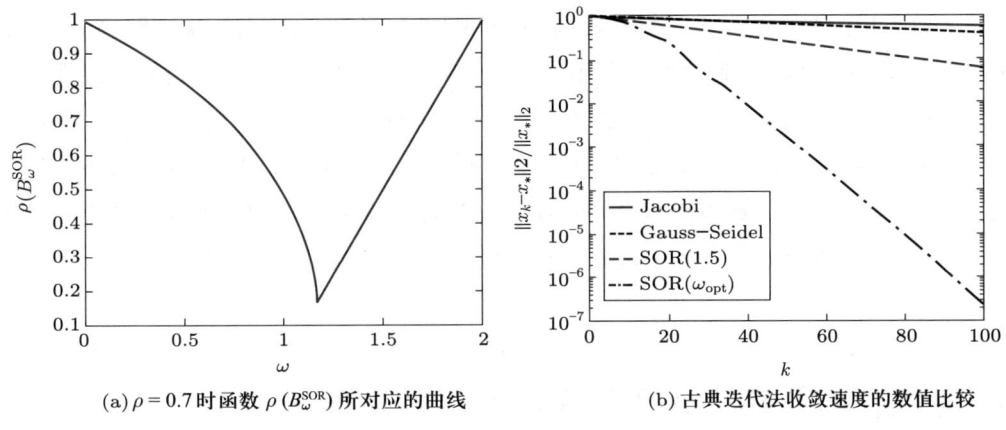

(a) $\rho = 0.7$ 时函数 $\rho\left(B_\omega^{\mathrm{SOR}}\right)$ 所对应的曲线   (b) 古典迭代法收敛速度的数值比较

图 **6.1**

例 6.2   考虑线性方程组 $Ax = b$, 其中

$$A = \begin{bmatrix} 2 & -1 & & & \\ -1 & 2 & -1 & & \\ & \ddots & \ddots & \ddots & \\ & & -1 & 2 & -1 \\ & & & -1 & 2 \end{bmatrix} \in \mathbb{R}^{n \times n}.$$

由例 6.1 可知 A 为相容次序矩阵. 此外, 前面已经提到 A 的特征值为

$$\lambda_j = 2\left(1 - \cos\frac{\pi j}{n+1}\right), \quad j = 1, \cdots, n.$$

由 $B^{\mathrm{J}} = D^{-1}(L + L^{\mathrm{T}}) = I - D^{-1}A$ 可知

$$\rho(B^{\mathrm{J}}) = \cos\frac{\pi}{n+1} \approx 1 - \frac{\pi^2}{2(n+1)^2}.$$

因此有

$$\omega_{\mathrm{opt}} = \frac{2}{1 + \sqrt{1 - \left(\cos\frac{\pi}{n+1}\right)^2}} = \frac{2}{1 + \sin\frac{\pi}{n+1}},$$

并且

$$\rho\big(B_{\omega_{\mathrm{opt}}}^{\mathrm{SOR}}\big) = \frac{1 - \sin\dfrac{\pi}{n+1}}{1 + \sin\dfrac{\pi}{n+1}} \approx 1 - \frac{2\pi}{n+1}.$$

图 6.1 (b) 展示了 $n = 32$, b 为随机 Gauss 向量, 初始值 $x_0 = 0$ 时, Jacobi 迭代、Gauss–Seidel 迭代、SOR(1.5) 以及 SOR(ω_{opt}) 的收敛曲线. 从中不难看出, 最佳松弛因子能够大大提高算法的收敛速度.

需要指出的是, 由于 A 的特殊结构, 其 Cholesky 分解、前代法和后代法的计算复杂度均为 $O(n)$. 因此, 通常我们并不会用迭代法去求解以 A 为系数矩阵的线性方程组, 这里仅仅以此为例从概念上讨论不同古典迭代法的收敛速度. 此外, 本例中所考虑的线性方程组对应着 1 维 Poisson 边值问题的离散 (见第一章例 1.4). 本章 6.4 节将讨论 2 维 Poisson 边值问题离散所得到的线性方程组, 我们同样可以证明其系数矩阵是相容次序矩阵, 并且能够显式地计算超松弛迭代的最佳松弛因子, 见习题 6.11.

6.2　线性方程组: 梯度下降法和共轭梯度法

上一节介绍了求解线性方程组的古典迭代法, 它们是通过对系数矩阵进行适当分裂后得到的一类不动点迭代. 对于系数矩阵对称正定的情形, 本节再介绍两类迭代法: 梯度下降法 (gradient descent method, GD) 和共轭梯度法 (conjugate gradient method, CG). 它们可以看作是求解无约束凸二次规划问题的线搜索方法.

已知对称正定矩阵 $A \in \mathbb{R}^{n \times n}$ 以及向量 $b \in \mathbb{R}^n$, 考虑优化问题

$$\min_{x \in \mathbb{R}^n} f(x) = \frac{1}{2}x^{\mathsf{T}}Ax - b^{\mathsf{T}}x. \tag{6.15}$$

由习题 3.22 可知, $f(x)$ 为强凸函数, 并且问题 (6.15) 的解满足

$$\nabla f(x) = Ax - b = 0.$$

也就是说, 当 A 对称正定时, 线性方程组 $Ax = b$ 和优化问题 (6.15) 有相同的解. 因此, 我们可以通过对该优化问题设计迭代算法来求解 $Ax = b$.

线搜索是一类常用的优化方法, 具有如下迭代格式:

$$x_{k+1} = x_k + \alpha_k p_k, \quad k = 0, 1, \cdots, \tag{6.16}$$

其中 p_k 为第 k 次迭代的搜索方向, α_k 为搜索步长. 线搜索的基本想法是把当前估计值 x_k 沿着方向 p_k 做一定的移动以便目标函数值能够进一步下降. 假设 $\nabla f(x_k) \neq 0$ (否则 x_k 就是极小值点), 如果 p_k 满足

$$p_k^{\mathsf{T}} \nabla f(x_k) < 0,$$

则它在 x_k 处就是一个下降方向 (即当 α_k 足够小时有 $f(x_{k+1}) < f(x_k)$, 证明留作读者思考). 梯度下降法和共轭梯度法都可以看作是求解 (6.15) 的线搜索方法, 只不过二者在迭代更新时采用了不同的下降方向:

(1) 梯度下降法采用的是负梯度方向 (也是最速下降方向):

$$p_k = -\nabla f(x_k) = b - Ax_k.$$

由于 $b - Ax_k$ 又是线性方程组在 x_k 处的残差, 接下来 $-\nabla f(x_k)$ 也记为 r_k.

(2) 共轭梯度法采用的是负梯度方向和上一步搜索方向的线性组合:

$$p_k = r_k + \beta_{k-1}p_{k-1},$$

其中 β_{k-1} 为组合系数. 我们将会看到, 当 β_{k-1} 选取适当时, 共轭梯度法尽管形式上是线搜索方法, 实际上却能够实现一个子空间上的搜索.

6.2.1 梯度下降法

如前所述, 求解线性方程组的梯度下降法的基本迭代格式为

$$x_{k+1} = x_k + \alpha_k r_k,$$

其中搜索方向 $r_k = b - Ax_k$ 为函数 $f(x) = \frac{1}{2}x^\mathsf{T}Ax - b^\mathsf{T}x$ 在 x_k 处的负梯度方向, 同时也是线性方程组在 x_k 处的残差. 在确定了搜索方向之后, 接下来就是如何选择步长的问题. 一个自然的想法是选取 α_k 使得目标函数在 $x + \alpha r_k$ 这条直线上达到最小值. 令

$$h(\alpha) = f(x_k + \alpha r_k).$$

由于 $h(\alpha)$ 是凸函数, 为了使其在 α_k 处达到最小, 只需满足

$$h'(\alpha_k) = 0. \tag{6.17}$$

进而有

$$\alpha_k = \frac{r_k^\mathsf{T}r_k}{r_k^\mathsf{T}Ar_k}. \tag{6.18}$$

梯度下降法的完整迭代过程见算法 6.1. 注意单步使用最优搜索步长 (6.18) 的梯度下降法又称最速下降法 (steepest descent method, SD). 经过简单计算易知

$$f(x_{k+1}) = f(x_k) - \frac{1}{2}\frac{(r_k^\mathsf{T}r_k)^2}{r_k^\mathsf{T}Ar_k}. \tag{6.19}$$

因此, 只要 $r_k \neq 0$, 梯度下降法就能保证函数值严格下降.

算法 6.1 线性方程组梯度下降法

选取初始值 x_0

$r_0 = b - Ax_0$

for $k = 0, 1, 2, \cdots$ **do**

$\qquad \alpha_k = \dfrac{r_k^{\mathsf{T}} r_k}{r_k^{\mathsf{T}} A r_k}$

$\qquad x_{k+1} = x_k + \alpha_k r_k$

$\qquad r_{k+1} = r_k - \alpha_k A r_k$

end

上述梯度下降法的推导过程是从线搜索角度出发, 然后通过求解一元优化问题得到搜索步长. 事实上, 有了搜索方向, 也就是有了投影空间, 从投影角度推导迭代格式更为直观.

令 x_* 为线性方程组 $Ax = b$ 的解, 我们可以将式 (6.15) 中的目标函数改写为

$$
\begin{aligned}
f(x) &= \frac{1}{2}\|x - x_*\|_A^2 - \frac{1}{2} x_*^{\mathsf{T}} A x_* \\
&= \frac{1}{2}\|x - x_*\|_A^2 + f(x_*),
\end{aligned}
\tag{6.20}
$$

其中 $\|\cdot\|_A$ 为向量的 A-范数 (见第三章 3.1.1 小节). 通过最小化 $f(x_k + \alpha r_k)$ 选择 α_k 等价于求解

$$
\alpha_k = \arg\min_\alpha \|x_k + \alpha r_k - x_*\|_A.
\tag{6.21}
$$

从几何直观上看, 这相当于 $x_k - x_*$ 往 $\{r_k\}$ 空间关于 A-内积做投影, 而 $x_{k+1} - x_* = x_k + \alpha_k r_k - x_*$ 则是投影后的余向量, 见图 6.2. 因此根据第三章投影公式 (3.6) 有

$$
\begin{aligned}
x_{k+1} - x_* &= x_k - x_* - \underbrace{r_k (r_k^{\mathsf{T}} A r_k)^{-1} r_k^{\mathsf{T}} A}_{P} (x_k - x_*) \\
&= x_k - x_* + \frac{r_k^{\mathsf{T}} r_k}{r_k^{\mathsf{T}} A r_k} r_k.
\end{aligned}
$$

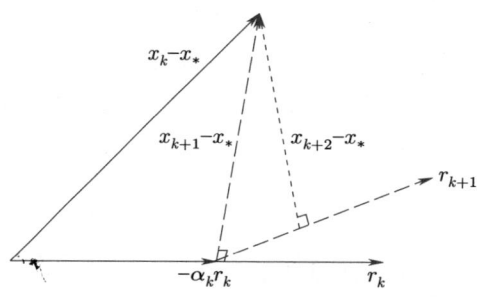

图 6.2 $x_k - x_*$ 往 $\{r_k\}$ 投影得到 $x_{k+1} - x_*$, 再往 $\{r_{k+1}\}$ 投影得到 $x_{k+2} - x_*$

两边消去 x_* 后同样可以得到梯度下降法的迭代格式, 系数计算也更直接. 基于关于 A-内积投影的几何性质, 由勾股定理可知

$$\|x_k - x_*\|_A^2 - \|x_{k+1} - x_*\|_A^2 = \|\alpha_k r_k\|_A^2 = \frac{(r_k^{\mathsf{T}} r_k)^2}{r_k^{\mathsf{T}} A r_k},$$

这和式 (6.19) 是一致的. 此外, 易知, $x_{k+1} - x_*$ 和 r_k 关于 A-内积垂直, 即 $r_{k+1}^{\mathsf{T}} r_k = 0$.

另一方面, 如果将式 (6.20) 改写为

$$f(x) = \frac{1}{2} \left\| A^{1/2} x - A^{-1/2} b \right\|_2^2 + f(x_*),$$

目标函数并没有改变[①]. 通过正交投影求解

$$\min_{\alpha} \left\| A^{1/2} x_k + \alpha A^{1/2} r_k - A^{-1/2} b \right\|_2^2,$$

同样可以得到梯度下降法的迭代公式, 证明留作习题 6.16.

值得注意的是, 如果将式 (6.20) 中的 A-范数直接替换成 ℓ_2-范数, 按照投影思路构造的迭代格式将无法消去 x_*, 具体细节留给读者思考.

例 6.3 考察 2 阶对称正定线性方程组

$$\begin{bmatrix} 2 & -1 \\ -1 & 2 \end{bmatrix} x = \begin{bmatrix} 1 \\ 1 \end{bmatrix}.$$

选取初始值 $x_0 = [-0.5, 0]^{\mathsf{T}}$, 2 步梯度下降法迭代结果如图 6.3 所示.

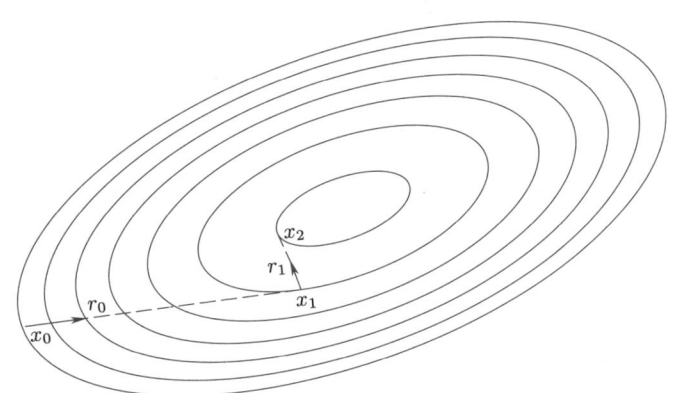

图 6.3 2 阶线性方程组 2 步梯度下降法的等势面示意图

6.2.2 共轭梯度法

本节将用更多篇幅介绍共轭梯度法及其相关性质. 共轭梯度法有不同的引入方式, 其中一个角度是通过子空间搜索来加速梯度下降法的收敛.

---

① 这里的 $A^{1/2}$ 是对称正定矩阵 A 的平方根, 即 $A^{1/2}$ 对称正定, 且 $(A^{1/2})^2 = A$.

令 x_k 是当前的迭代点, 假设它是从前一个迭代点 x_{k-1} 出发沿着某个下降方向 p_{k-1} 进行线搜索得到的, 即

$$x_k = x_{k-1} + \alpha_{k-1} p_{k-1}. \tag{6.22}$$

类似于梯度下降法的步长选取方式, 式 (6.22) 中的 α_{k-1} 是使式 (6.15) 中的二次函数 $f(x)$ 在直线 $\{x_{k-1} + \alpha p_{k-1} : \alpha \in \mathbb{R}\}$ 上达到最小值的步长. 也就是说, 如果令 $h(\alpha) = f(x_{k-1} + \alpha p_{k-1})$, 有 $h'(\alpha_{k-1}) = 0$. 由此可得

$$\alpha_{k-1} = \frac{r_{k-1}^\mathsf{T} p_{k-1}}{p_{k-1}^\mathsf{T} A p_{k-1}}, \quad \text{并且有 } r_k^\mathsf{T} p_{k-1} = 0. \tag{6.23}$$

为了继续更新 x_k, 梯度下降法是在由负梯度方向决定的直线 $x_k + \alpha r_k$ 上搜索函数的最小值点. 一个自然的改进想法是在过点 x_k 由 r_k 和 p_{k-1} 张成的 2 维平面

$$\{x_k + \alpha(r_k + \beta p_{k-1}), \ \alpha, \beta \in \mathbb{R}\} \tag{6.24}$$

上搜索 $f(x)$ 最小的点. 由 $f(x)$ 的等价表达式 (6.20) 可知该最小值点是下面问题的解:

$$\min_{\alpha, \beta} \ \|x_k + \alpha(r_k + \beta p_{k-1}) - x_*\|_A, \tag{6.25}$$

而求解该问题的本质上就是 $x_k - x_*$ 往平面 $\{r_k, p_{k-1}\}$ 上关于 A-范数做投影, 见图 6.4.

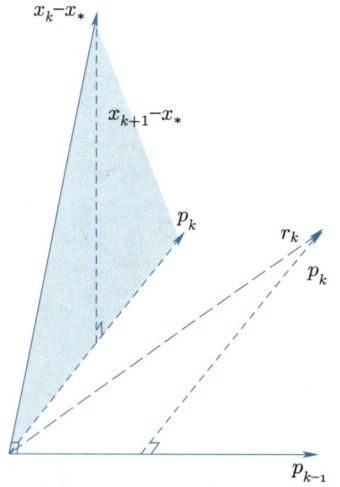

图 6.4　单步共轭梯度迭代: r_k 往 $\{p_{k-1}\}$ 投影得到 p_k, $x_k - x_*$
往 $\{p_k\}$ 投影得到 $x_{k+1} - x_*$

令 α_k, β_{k-1} 为 (6.25) 的解, 并且记 $x_{k+1} = x_k + \alpha_k(r_k + \beta_{k-1} p_{k-1})$. 由关于 A-内积垂直投影的性质可得

$$\langle x_{k+1} - x_*, p_{k-1} \rangle_A = \langle x_k + \alpha_k(r_k + \beta_{k-1} p_{k-1}) - x_*, p_{k-1} \rangle_A = 0.$$

不失一般性, 设 $\alpha_k \neq 0$. 由于 $r_k^{\mathsf{T}} p_{k-1} = 0$ (见式 (6.23)) 意味着 $\langle x_k - x_*, p_{k-1} \rangle_A = 0$, 必然有

$$\langle r_k + \beta_{k-1} p_{k-1}, p_{k-1} \rangle_A = 0.$$

也就是说, 如果令 $p_k = r_k + \beta_{k-1} p_{k-1}$ 为 x_{k+1} 相对 x_k 所在的方向, p_k 需满足

$$\langle p_k, p_{k-1} \rangle_A = 0.$$

因此有

$$\beta_{k-1} = -\frac{r_k^{\mathsf{T}} A p_{k-1}}{p_{k-1}^{\mathsf{T}} A p_{k-1}}. \tag{6.26}$$

在得到 p_k 之后, 我们只需确定在该方向的最优搜索步长就能找到 $f(x)$ 在 2 维平面 (6.24) 上的最小值点. 显然最优步长 α_k 是使 $f(x_k + \alpha p_k)$ 到达最小值的步长, 形式和式 (6.23) 一样, 有

$$\alpha_k = \frac{r_k^{\mathsf{T}} p_k}{p_k^{\mathsf{T}} A p_k}. \tag{6.27}$$

综上所述, $f(x)$ 在 2 维平面 (6.24) 上的最小值点 x_{k+1} 由如下公式给出:

$$p_k = r_k + \beta_{k-1} p_{k-1},$$

$$x_{k+1} = x_k + \alpha_k p_k,$$

其中 β_{k-1} 和 α_k 分别由式 (6.26) 和 (6.27) 给出. 这就完成了共轭梯度法单步迭代的推导. 从形式上讲, 共轭梯度法也是线搜索方法, 其搜索方向是负梯度方向和前一步历史搜索方向的线性组合.

————

我们再给一个投影角度的解释. 首先注意到式 (6.23) 可以由 $x_{k-1} - x_*$ 往 $\{p_{k-1}\}$ 空间关于 A-内积做投影得到

$$x_k - x_* = x_{k-1} - x_* - \underbrace{p_{k-1} \big(p_{k-1}^{\mathsf{T}} A p_{k-1}\big)^{-1} p_{k-1}^{\mathsf{T}} A}_{P} (x_{k-1} - x_*)$$

$$= x_{k-1} - x_* + \frac{r_{k-1}^{\mathsf{T}} p_{k-1}}{p_{k-1}^{\mathsf{T}} A p_{k-1}} p_{k-1}.$$

在做 $x_k - x_*$ 往平面 $\{r_k, p_{k-1}\}$ 关于 A-内积的投影时, 我们只需要找到它的射影向量 p_k, 有了 p_k 我们就可以和上面一样由 $x_k - x_*$ 和 $\{p_k\}$ 得到 $x_{k+1} - x_*$, 参看图 6.4. 由于 $x_{k+1} - x_*$ 和平面 $\{r_k, p_{k-1}\}$ 关于 A-内积垂直, 并且 $x_k - x_*$ 和 p_{k-1} 关于 A-内积垂直, 因此由立体几何中的三垂线定理可知 p_{k-1} 和斜线 $x_k - x_*$ 的射影 p_k 关于 A-内积垂直. 也就是说, p_k 可以由 r_k 往 $\{p_{k-1}\}$ 投影后的余向量得到, 即

$$p_k = r_k - \underbrace{p_{k-1} \big(p_{k-1}^{\mathsf{T}} A p_{k-1}\big)^{-1} p_{k-1}^{\mathsf{T}} A}_{P} r_k$$

$$= r_k - \frac{r_k^\mathsf{T} A p_{k-1}}{p_{k-1}^\mathsf{T} A p_{k-1}} p_{k-1}.$$

简单来说, 单步共轭梯度迭代本质上就是做了两次 1 维空间投影.

共轭梯度法的完整迭代步骤见算法 6.2. 由于 $k=0$ 时不存在前一步搜索方向, 因此搜索方向即为负梯度方向. 和梯度下降法一样, 共轭梯度法每次迭代的主要运算量是用系数矩阵做一次矩阵–向量乘积, 因此能够利用矩阵的稀疏结构. 需要指出的是, 算法 6.2 中 α_k 和 β_k 的表达式和 (6.26)、(6.27) 是等价的, 但形式上更加简单. 该等价性可以通过接下来即将介绍的共轭梯度法的基本性质进行证明.

算法 6.2 线性方程组共轭梯度法

选取初始值 x_0

$r_0 = b - A x_0$

$p_0 = r_0$

for $k = 0, 1, 2, \cdots$ **do**

$\qquad \alpha_k = \dfrac{r_k^\mathsf{T} r_k}{p_k^\mathsf{T} A p_k}$

$\qquad x_{k+1} = x_k + \alpha_k p_k$

$\qquad r_{k+1} = r_k - \alpha_k A p_k$

$\qquad \beta_k = \dfrac{r_{k+1}^\mathsf{T} r_{k+1}}{r_k^\mathsf{T} r_k}$

$\qquad p_{k+1} = r_{k+1} + \beta_k p_k$

end

定理 6.15　若 $r_k \neq 0$, 共轭梯度法产生的迭代序列 $\{r_j\}_{j=1}^k$ 和 $\{p_j\}_{j=1}^k$ 满足

(1) 正交性质:

- $r_k^\mathsf{T} r_j = 0, \ j < k,$
- $r_k^\mathsf{T} p_j = 0, \ j < k;$

(2) A-内积正交性质:

- $p_k^\mathsf{T} A r_j = 0, \ j < k,$
- $p_k^\mathsf{T} A p_j = 0, \ j < k.$

证明　用数学归纳法. 由于 $p_0 = r_0$, 易证正交性质和 A-内积正交性质在 $k = 1$ 时成立. 假设它们对 k 成立, 接下来证明它们对 $k+1$ 也成立.

对于正交性质, 由归纳假设 $r_k^\mathsf{T} p_{k-1} = 0$ 以及 $p_{k-1}^\mathsf{T} A p_k = 0$ 可得

$$r_k^\mathsf{T} p_k = r_k^\mathsf{T}(r_k + \beta_{k-1} p_{k-1}) = r_k^\mathsf{T} r_k + \beta_{k-1} r_k^\mathsf{T} p_{k-1} = r_k^\mathsf{T} r_k, \tag{6.28}$$

$$r_k^\mathsf{T} A p_k = (p_k - \beta_{k-1} p_{k-1})^\mathsf{T} A p_k = p_k^\mathsf{T} A p_k. \tag{6.29}$$

因此, 当 $j = k$ 时,

$$r_{k+1}^\mathsf{T} r_k = (r_k - \alpha_k A p_k)^\mathsf{T} r_k = r_k^\mathsf{T} r_k - \alpha_k p_k^\mathsf{T} A r_k = 0,$$

其中最后一个等号用到了式 (6.28) 和 (6.29) 以及 α_k 的表达式. 当 $j < k$ 时, 由归纳假设易知

$$r_{k+1}^\mathsf{T} r_j = r_k^\mathsf{T} r_j - \alpha_k p_k^\mathsf{T} A r_j = 0.$$

此外, 容易证明对任意 $j \leqslant k$ 有

$$r_{k+1}^\mathsf{T} p_j = (r_k - \alpha_k A p_k)^\mathsf{T} p_j = r_k^\mathsf{T} p_j - \alpha_k p_k^\mathsf{T} A p_j = 0.$$

对于 A-内积正交性质, 首先 $p_{k+1}^\mathsf{T} A p_k = 0$ 可以直接由 β_k 的定义得到. 当 $j < k$ 时, 基于归纳假设以及已经证明的结论 $r_{k+1}^\mathsf{T} r_j = 0$, 有

$$p_{k+1}^\mathsf{T} A p_j = (r_{k+1} + \beta_k p_k)^\mathsf{T} A p_j = r_{k+1}^\mathsf{T} A p_j = r_{k+1}^\mathsf{T} (r_j - r_{j+1})/\alpha_j = 0.$$

此外, 容易证明对任意 $j \leqslant k$ 有

$$p_{k+1}^\mathsf{T} A r_j = p_{k+1}^\mathsf{T} A(p_j - \beta_{j-1} p_{j-1}) = 0.$$

定理得证. $\square$

同样用归纳法可以得到如下定理, 证明留作习题 6.19.

定理 6.16   若 $r_k \neq 0$, 共轭梯度法产生的迭代序列 $\{r_j\}_{j=1}^k$ 和 $\{p_j\}_{j=1}^k$ 满足

$$\mathrm{span}\{r_0, \cdots, r_k\} = \mathrm{span}\{p_0, \cdots, p_k\} = \mathcal{K}_{k+1}(A, r_0), \tag{6.30}$$

其中 $\mathcal{K}_{k+1}(A, v) = \mathrm{span}\{v, Av, \cdots, A^k v\}$ 称为 **Krylov 子空间**.

进一步地, 我们有如下命题.

命题 6.17   若 $r_k \neq 0$, 则 x_{k+1} 是 $f(x) = \dfrac{1}{2} x^\mathsf{T} A x - b^\mathsf{T} x$ 在空间 $x_0 + \mathcal{K}_{k+1}(A, r_0)$ 中的唯一最小值点.

证明   首先, 共轭梯度法得到的 x_{k+1} 满足

$$x_{k+1} - x_0 = \alpha_0 p_0 + \cdots + \alpha_k p_k,$$

由定理 6.16 知 $x_{k+1} \in x_0 + \mathcal{K}_{k+1}(A, r_0)$. 基于 $f(x)$ 的等价表达形式 (6.20), 我们只需证明 x_{k+1} 是 $\|x - x_*\|_A^2$ 在 $x_0 + \mathcal{K}_{k+1}(A, r_0)$ 中的唯一最小值点. 对任意的 $x \in x_0 + \mathcal{K}_{k+1}(A, r_0)$, 令 $\Delta x = x_{k+1} - x \in \mathcal{K}_{k+1}(A, r_0)$, 有

$$\|x - x_*\|_A^2 = \|x_{k+1} - \Delta x - x_*\|_A^2$$

$$= \|x_{k+1} - x_*\|_A^2 - 2(x_{k+1} - x_*)^\mathsf{T} A\Delta x + (\Delta x)^\mathsf{T} A\Delta x$$

$$= \|x_{k+1} - x_*\|_A^2 - 2r_{k+1}^\mathsf{T} \Delta x + (\Delta x)^\mathsf{T} A\Delta x$$

$$= \|x_{k+1} - x_*\|_A^2 + (\Delta x)^\mathsf{T} A\Delta x,$$

其中第四个等式用到了 r_{k+1} 正交于 $\mathcal{K}_{k+1}(A, r_0)$ 中的任意向量 (联合以上两个定理易知). 因此, 除非 $\Delta x = 0$, 否则对任意的 $x \in x_0 + \mathcal{K}_{k+1}(A, r_0)$ 有 $\|x - x_*\|_A^2 > \|x_{k+1} - x_*\|_A^2$. □

该命题有一个投影角度的解释: 由定理 6.15 和定理 6.16 可知 r_{k+1} 和 $\mathcal{K}_{k+1}(A, r_0)$ 垂直, 因此 $x_{k+1} - x_*$ 和 $\mathcal{K}_{k+1}(A, r_0)$ 关于 A-内积垂直. 尽管共轭梯度法是通过在 2 维平面上寻找最小值点推导得到的, 并且形式上是线搜索方法, 命题 6.17 表明它实际上是在整个 Krylov 子空间中搜索函数的最小值点. 因此, 共轭梯度法是一个 Krylov 子空间方法. 这意味着如果不考虑舍入误差, 共轭梯度法最多 n 步就能得到线性方程组的精确解, 因此在这个意义下可以看作是直接法. 此外, 共轭梯度法的思想也能用来加速一般优化问题的求解, 我们将在下一节简要介绍这方面的内容.

例 6.4 考察例 6.3 中的线性方程组, 选取相同初值, 如图 6.5 所示, 共轭梯度法 2 步就能得到线性方程组的解.

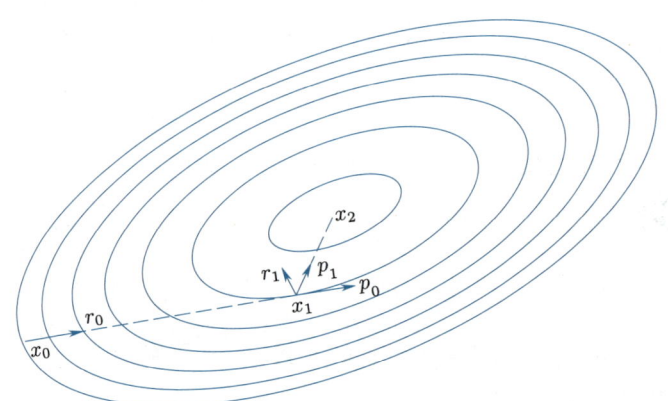

图 6.5　2 阶线性方程组 2 步共轭梯度法的等势面示意图

6.2.3　收敛性估计

前面的讨论保证了梯度下降法和共轭梯度法的收敛性, 下面我们讨论这两种方法的具体收敛速率估计. 这里假设 A 的特征值为 $\lambda_1 \geqslant \lambda_2 \geqslant \cdots \geqslant \lambda_n > 0$, 并且用 κ 表示 A 在 2-范数下的条件数, 即 $\kappa = \lambda_1/\lambda_n$.

定理 6.18 以 x_0 为初始值, k 步梯度下降法得到的解 x_k 满足

$$\|x_k - x_*\|_A \leqslant \left(\frac{\kappa - 1}{\kappa + 1}\right)^k \|x_0 - x_*\|_A.$$

证明   由式 (6.21) 可知, 对任意 $\alpha \in \mathbb{R}$ 有

$$\|x_{k+1} - x_*\|_A \leqslant \|x_k + \alpha r_k - x_*\|_A$$

$$= \|(I - \alpha A)(x_k - x_*)\|_A$$

$$\leqslant \|(I - \alpha A)\|_2 \|x_k - x_*\|_A, \tag{6.31}$$

其中第二个不等式用到了习题 6.20 中的结果. 进一步可知,

$$\|(I - \alpha A)\|_2 = \max_{\lambda_i} |1 - \alpha \lambda_i| \leqslant \max_{\lambda \in [\lambda_n, \lambda_1]} |1 - \alpha \lambda|.$$

将其代入式 (6.31) 并对 $\alpha \in \mathbb{R}$ 取最小即可完成定理的证明.   □

定理 6.19   以 x_0 为初始值, k 步共轭梯度法得到的解 x_k 满足

$$\|x_k - x_*\|_A \leqslant 2 \left(\frac{\sqrt{\kappa} - 1}{\sqrt{\kappa} + 1} \right)^k \|x_0 - x_*\|_A.$$

证明   首先由于 $x_k - x_0 \in \mathcal{K}_k(A, r_0)$, 从而有

$$r_k - r_0 \in A\mathcal{K}_k(A, r_0).$$

记 $\mathbb{P}_k$ 为所有阶数不超过 k 次的多项式集合, 则存在多项式 $\pi_k(x) \in \mathbb{P}_k$, $\pi_k(0) = 1$ 使得

$$r_k = \pi_k(A) r_0.$$

从而有

$$x_k - x_* = \pi_k(A)(x_0 - x_*).$$

由目标函数的极小性, 对任意 $\pi(x) \in \mathbb{P}_k$, $\pi(0) = 1$,

$$\|x_k - x_*\|_A = \|\pi_k(A)(x_0 - x_*)\|_A$$

$$\leqslant \|\pi(A)(x_0 - x_*)\|_A$$

$$\leqslant \|\pi(A)\|_2 \|x_0 - x_*\|_A,$$

其中第二个不等号同样用到了习题 6.20 中的结果. 由于

$$\|\pi(A)\|_2 = \max_{i=1,\cdots,n} |\pi(\lambda_i)| \leqslant \max_{\lambda_n \leqslant \lambda \leqslant \lambda_1} |\pi(\lambda)|, \tag{6.32}$$

因此这里的目标就是构造一个多项式 $\pi(x) \in \mathbb{P}_k$, $\pi(0) = 1$ 使得 $\max\limits_{\lambda_n \leqslant \lambda \leqslant \lambda_1} |\pi(\lambda)|$ 尽可能地小. 经典的逼近论告诉我们这可以由第一类 Chebyshev 多项式 $T_k(x)$ 实现. 具体地, $T_k(x)$ 满足如下的三项递推式:

$$T_0(x) = 1, \quad T_1(x) = x, \quad T_k(x) = 2x \cdot T_{k-1}(x) - T_{k-2}(x), \; k = 2, 3, \cdots.$$

定义

$$\pi(x) = \frac{T_k\left(\dfrac{\lambda_n + \lambda_1 - 2x}{\lambda_n - \lambda_1}\right)}{T_k\left(\dfrac{\lambda_n + \lambda_1}{\lambda_n - \lambda_1}\right)}.$$

容易验证 $\pi(x) \in \mathbb{P}_k$ 且 $\pi(0) = 1$, 并且有

$$\max_{\lambda_n \leqslant \lambda \leqslant \lambda_1} |\pi(\lambda)| \leqslant \frac{1}{T_k\left(\dfrac{\lambda_n + \lambda_1}{\lambda_n - \lambda_1}\right)} \leqslant 2\left(\frac{\sqrt{\kappa} - 1}{\sqrt{\kappa} + 1}\right)^k.$$

这里的两个不等式会用到第一类 Chebyshev 多项式的显式表达式, 见习题 6.26.   □

从对共轭梯度法收敛率的证明过程 (特别是式 (6.32)) 不难发现, 算法的收敛速度更依赖于系数矩阵的特征值分布.

以上两个定理意味着梯度下降法和共轭梯度法分别在 $\dfrac{\kappa}{2} \log \dfrac{1}{\varepsilon}$ 和 $\dfrac{\sqrt{\kappa}}{2} \log \dfrac{2}{\varepsilon}$ 步迭代后有

$$\|x_k - x_*\|_A \leqslant \varepsilon \|x_0 - x_*\|_A, \quad 0 < \varepsilon \ll 1.$$

此外, 基于式 (6.20) 不难得到梯度下降法和共轭梯度法在函数值域的收敛速度:

(1) 对梯度下降法有 $f(x_k) - f(x_*) \leqslant \left(\dfrac{\kappa - 1}{\kappa + 1}\right)^{2k} (f(x_0) - f(x_*))$;

(2) 对共轭梯度法有 $f(x_k) - f(x_*) \leqslant 4\left(\dfrac{\sqrt{\kappa} - 1}{\sqrt{\kappa} + 1}\right)^{2k} (f(x_0) - f(x_*))$.

例 6.5   设 $n = 400$, 令 $C \in \mathbb{R}^{n \times (n/2)}$ 为随机 Gauss 矩阵. 考察 $A = C^{\mathsf{T}}C$ 且 b 为随机 Gauss 向量时线性方程组 $Ax = b$ 的求解问题. 选取初始值 $x_0 = 0$, 梯度下降法 (GD) 和共轭梯度法 (CG) 的迭代结果见图 6.6. 从中可以看出, 共轭梯度法的收敛显著更快.

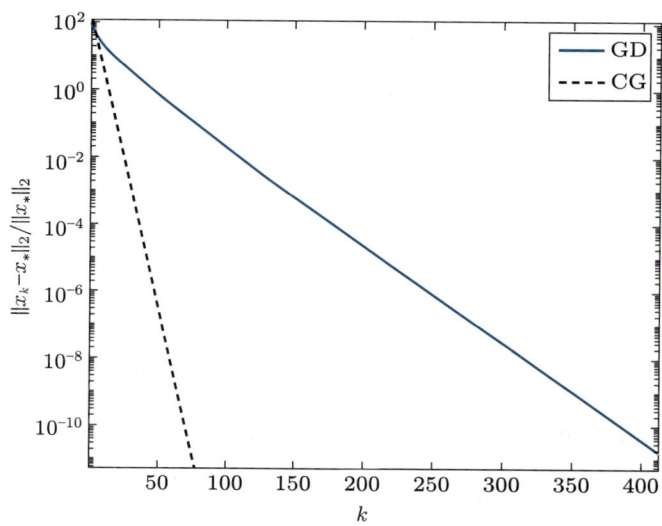

图 6.6   梯度下降法和共轭梯度法收敛速度比较

例 6.6 考察例 6.2 中的线性方程组. 图 6.7 展示了 Gauss–Seidel 迭代、$\mathrm{SOR}(\omega_{\mathrm{opt}})$ 迭代、梯度下降法 (GD) 以及共轭梯度法 (CG) 的迭代结果. 对于该问题, Gauss–Seidel 迭代和梯度下降法收敛都比较慢; 而相比于 $\mathrm{SOR}(\omega_{\mathrm{opt}})$ 迭代, 共轭梯度法能够更快收敛. 由于这里 $n = 32$, 因此共轭梯度法仅需 32 步就会收敛到线性方程组的真解.

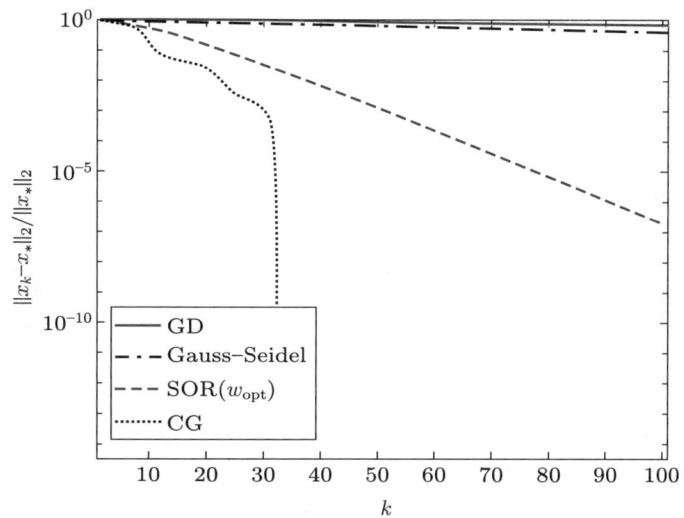

图 6.7 Gauss–Seidel 迭代、$\mathrm{SOR}(\omega_{\mathrm{opt}})$ 迭代、梯度下降法以及共轭梯度法的收敛速度比较

☆6.2.4 预条件共轭梯度法

由上述收敛性分析可知, 梯度下降法和共轭梯度法的迭代步数依赖于系数矩阵的条件数. 当系数矩阵的条件数较大时, 算法的收敛会变慢. 预条件的基本想法为: 将线性方程组等价改写为系数矩阵条件数更好的线性方程组, 然后求解等价的线性方程组. 由于共轭梯度法比梯度下降法更加高效, 本节仅讨论预条件共轭梯度法 (preconditioned conjugate gradient, PCG).

假设 M 是一个满足 $M \approx A$ 且 M^{-1} 相对容易计算的对称正定矩阵, 我们自然可以考虑求解如下条件数更好的线性方程组:

$$M^{-1}Ax = M^{-1}b.$$

但是由于 $M^{-1}A$ 不一定对称正定, 因此无法直接运用共轭梯度法求解该线性方程组. 不过, 如果令 $M^{-1/2}$ 为 M^{-1} 的平方根矩阵, 则有

$$M^{-1/2}AM^{-1/2} \approx M^{-1/2}MM^{-1/2} = I.$$

因此我们可以转而求解如下关于 $\tilde{x} = M^{1/2}x$ 的线性方程组:

$$M^{-1/2}AM^{-1/2} \underbrace{M^{1/2}x}_{\tilde{x}} = M^{-1/2}b, \tag{6.33}$$

相应的残差关系为 $\tilde{r} = M^{-1/2}r$. 注意到式 (6.33) 中的系数矩阵依然是对称正定矩阵, 因此可以应用算法 6.2, 进而有如下迭代格式:

$$\alpha_k = \frac{\tilde{r}_k^{\mathsf{T}}\tilde{r}_k}{\tilde{p}_k^{\mathsf{T}}M^{-1/2}AM^{-1/2}\tilde{p}_k}, \qquad\qquad \alpha_k = \frac{r_k^{\mathsf{T}}M^{-1}r_k}{p_k^{\mathsf{T}}Ap_k},$$

$$\tilde{x}_{k+1} = \tilde{x}_k + \alpha_k\tilde{p}_k, \qquad\qquad x_{k+1} = x_k + \alpha_k p_k,$$

$$\tilde{r}_{k+1} = \tilde{r}_k - \alpha_k M^{-1/2}AM^{-1/2}\tilde{p}_k, \quad\Longrightarrow\quad r_{k+1} = r_k - \alpha_k Ap_k,$$

$$\beta_k = \frac{\tilde{r}_{k+1}^{\mathsf{T}}\tilde{r}_{k+1}}{\tilde{r}_k^{\mathsf{T}}\tilde{r}_k}, \qquad\qquad \beta_k = \frac{r_{k+1}^{\mathsf{T}}M^{-1}r_{k+1}}{r_k^{\mathsf{T}}M^{-1}r_k},$$

$$\tilde{p}_{k+1} = \tilde{r}_{k+1} + \beta_k\tilde{p}_k. \qquad\qquad p_{k+1} = M^{-1}r_{k+1} + \beta_k p_k.$$

上式右侧是将关系式 $\tilde{x} = M^{1/2}x$, $\tilde{r} = M^{-1/2}r$, $\tilde{p} = M^{1/2}p$ 代入左侧得到的. 整个迭代过程更加完善的描述见算法 6.3, 其中每个迭代步中 $M^{-1}r_k$ 和 Ap_k 都只需要调用一次. 由于预条件子 (preconditioner) 的引入, 通常称算法 6.3 为预条件共轭梯度法.

算法 6.3 线性方程组预条件共轭梯度法
___

选取初始值 x_0

$r_0 = b - Ax_0$

$z_0 = M^{-1}r_0$

$p_0 = z_0$

for $k = 0, 1, 2, \cdots$ **do**

 $\alpha_k = \dfrac{r_k^{\mathsf{T}}z_k}{p_k^{\mathsf{T}}Ap_k}$

 $x_{k+1} = x_k + \alpha_k p_k$

 $r_{k+1} = r_k - \alpha_k Ap_k$

 $z_{k+1} = M^{-1}r_{k+1}$

 $\beta_k = \dfrac{r_{k+1}^{\mathsf{T}}z_{k+1}}{r_k^{\mathsf{T}}z_k}$

 $p_{k+1} = z_{k+1} + \beta_k p_k$

end

此外, 对称性本质上是由内积定义的, 尽管 $M^{-1}A$ 在欧氏内积下未必对称, 但它关于 M-内积是对称的, 用 M-内积替代欧氏内积所得到的共轭梯度法和算法 6.3 是一致的, 两者殊途同归, 证明留作习题 6.28.

显然, 好的预条件子需要满足以下两个性质: (1) $M^{-1}A$ 的条件数比较小, 或者更准确地说 $M^{-1}A$ 有良好的特征值分布; (2) M^{-1} 易计算. 预条件子的构造方法依赖于具体的问题, 有关这方面的详细讨论超出了本书的范围, 读者可以参考本章文献. 最后, 我们考察一个数值例子.

例 6.7　令 $n = 100$. 设 $A = (a_{ij}) \in \mathbb{R}^{n\times n}$ 具有如下形式:

$$a_{ij} = \begin{cases} 1+i, & i=j, \\ 1, & |i-j|=1 \text{ 或者 } |i-j|=50, \\ 0, & \text{其他}, \end{cases}$$

并且 $b \in \mathbb{R}^n$ 为随机 Gauss 向量. 选取 $x_0 = 0$, 共轭梯度法 (CG) 和使用 $M = \text{diag}(A)$ 的预条件共轭梯度法 (PCG) 的迭代结果见图 6.8. 从中可以看出预条件子有显著的加速作用.

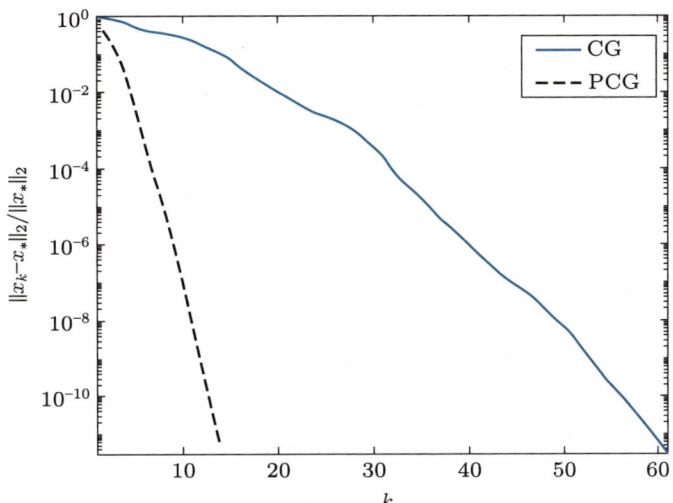

图 6.8 共轭梯度法和预条件共轭梯度法的收敛速度比较

6.3 特征值计算: 非线性梯度下降法和共轭梯度法

上一节介绍了求解线性方程组的梯度下降法和共轭梯度法, 它们可以看作是求解一个二次函数最小值点的线搜索方法. 很显然, 梯度下降法和共轭梯度法还可以用来求解更一般的优化问题. 本节将首先对此进行简要介绍, 然后在此基础上讨论求解矩阵 (广义) 特征值和特征向量的梯度下降法和共轭梯度法.

6.3.1 一般优化框架

考虑如下最优化问题:

$$\min_{x \in \mathbb{R}^n} f(x), \tag{6.34}$$

其中 $f(x)$ 是一个光滑函数 (具体要求依赖于问题的上下文, 这里不作严格讨论). 设 x_k 为式 (6.34) 的一个近似解. 基于负梯度方向 $-\nabla f(x_k)$ 是一个下降方向这一事实, 我们可

以将 x_k 沿 $-\nabla f(x_k)$ 方向进行适当的移动以得到一个更好的近似解. 这就是梯度下降法的基本思想, 具体步骤见算法 6.4.

算法 6.4 一般优化问题的梯度下降法

选取初始值 x_0

for $k = 0, 1, 2, \cdots$ **do**

　　计算梯度 $\nabla f(x_k)$ 和步长 α_k

　　更新 $x_{k+1} = x_k - \alpha_k \nabla f(x_k)$

end

在算法 6.4 中, 步长 α_k 可以是精确搜索步长, 即

$$\alpha_k = \arg\min_{\alpha} f(x_k - \alpha \nabla f(x_k)).$$

在求解对称正定线性方程组的问题中, 由于 $f(x)$ 是二次函数, 精确步长比较容易计算. 但是对于一般的目标函数, 这并不容易. 此时, 可以通过近似求解 (比如通过插值的方法) 或者利用回溯法 (backtracking line search) 得到一个足够好的步长, 具体细节可以查阅优化方面的文献.

值得指出的是, 梯度下降法的更新方式可以等价地改写为

$$x_{k+1} = \arg\min_{x} f(x_k) + \langle \nabla f(x_k), x - x_k \rangle + \frac{1}{2\alpha_k} \|x - x_k\|_2^2. \tag{6.35}$$

由此可以看出, 它每步求解的是原函数在当前迭代点处一个带有近端项 (proximal term) 的一阶 Taylor 展开. 式 (6.35) 中近端二阶项的引入有利于把该近似函数的最小值点控制在 x_k 附近, 因为只有在 x_k 附近 $f(x)$ 的一阶 Taylor 展开才是它的一个良好近似. 梯度下降法的这一理解方式为算法的拓展提供了另一条途径.

毫无疑问, 共轭梯度法也可以用来求解问题 (6.34), 其基本框架见算法 6.5. 与线性

算法 6.5 一般优化问题的共轭梯度法

选取初始值 x_0

计算 $-\nabla f(x_0)$ 并且令 $p_0 = -\nabla f(x_0)$

for $k = 0, 1, 2, \cdots$ **do**

　　计算 α_k

　　更新 $x_{k+1} = x_k + \alpha_k p_k$

　　计算 $-\nabla f(x_{k+1})$

　　计算 β_k

　　更新 $p_{k+1} = -\nabla f(x_{k+1}) + \beta_k p_k$

end

方程组的情形类似, 共轭梯度法采用的是负梯度方向与前一步搜索方向的线性组合作为新的搜索方向. 两个方向的组合系数 β_k 有不同的选择方式, 常用的有

$$\beta_k = \frac{(\nabla f(x_{k+1}))^{\mathsf{T}} \nabla f(x_{k+1})}{(\nabla f(x_k))^{\mathsf{T}} \nabla f(x_k)} \quad \text{或者} \quad \beta_k = \frac{(\nabla f(x_{k+1}))^{\mathsf{T}} (\nabla f(x_{k+1}) - \nabla f(x_k))}{(\nabla f(x_k))^{\mathsf{T}} \nabla f(x_k)}.$$

对于求解线性方程组的问题, 以上两种方式是等价的. 但是对于一般的优化问题, 这一结论不再成立. 当搜索方向 p_k 确定之后, 步长 α_k 的计算方式和梯度下降法类似. 此外, 我们还可以把线性方程组共轭梯度法中子空间搜索的思想应用到一般优化问题的求解过程中, 得到的算法可能会和算法 6.5 不同, 而且子空间搜索的难度一般会随着维度的增加而增加, 并不会像求解线性方程组一样能够简单通过线搜索来实现.

有关梯度下降法和共轭梯度法在求解一般优化问题时的收敛性分析我们不作详细的讨论, 感兴趣的读者可以参考相关文献.

6.3.2 广义特征值

本节将讨论广义特征值和特征向量的计算问题. 给定矩阵束 (matrix pencil) $A - \lambda B$, 广义特征值问题 (generalized eigenvalue problem) 是指寻找特征值 λ 和特征向量 $x \neq 0$ 使其满足

$$Ax = \lambda Bx. \tag{6.36}$$

显然, 当 B 为单位矩阵时, 广义特征值问题就会退化为 (标准) 特征值问题. 本节将考虑 $A \in \mathbb{R}^{n \times n}$ 为对称矩阵, $B \in \mathbb{R}^{n \times n}$ 为对称正定矩阵时的广义特征值问题.

令 $y = B^{1/2} x$, 其中 $B^{1/2}$ 表示 B 的平方根, 则式 (6.36) 等价于如下特征值问题:

$$B^{-1/2} A B^{-1/2} y = \lambda y.$$

设 (λ_i, q_i), $i = 1, \cdots, n$ 为矩阵 $B^{-1/2} A B^{-1/2}$ 的特征值和特征向量对. 令 $u_i = B^{-1/2} q_i$, 易知 (λ_i, u_i), $i = 1, \cdots, n$ 为广义特征值问题 (6.36) 的特征值和特征向量对. 进一步地, 如果令

$$\Lambda = \mathrm{diag}(\lambda_1, \cdots, \lambda_n), \quad U = [u_1, \cdots, u_n] \in \mathbb{R}^{n \times n},$$

由矩阵 $B^{-1/2} A B^{-1/2}$ 特征值分解的性质可知

$$U^{\mathsf{T}} A U = \Lambda, \quad U^{\mathsf{T}} B U = I.$$

此外, 基于对称矩阵特征值的变分表达形式 (定理 4.3), 我们可以得到广义特征值问题的变分表达形式, 见如下定理, 证明留作习题.

定理 6.20　假设矩阵束 $A - \lambda B$ 的特征值满足 $\lambda_1 \geqslant \lambda_2 \geqslant \cdots \geqslant \lambda_n$, 则

$$\lambda_k = \max_{\substack{x \neq 0 \\ \langle x, q_i \rangle_B = 0, i < k}} \frac{x^\mathsf{T} A x}{x^\mathsf{T} B x} = \min_{\substack{x \neq 0 \\ \langle x, q_i \rangle_B = 0, i > k}} \frac{x^\mathsf{T} A x}{x^\mathsf{T} B x}.$$

特别地,

$$\lambda_1 = \max_{x \neq 0} \frac{x^\mathsf{T} A x}{x^\mathsf{T} B x}, \quad \lambda_n = \min_{x \neq 0} \frac{x^\mathsf{T} A x}{x^\mathsf{T} B x}.$$

6.3.3　迭代法求解广义特征值

给定矩阵束 $A - \lambda B$, 称

$$\rho(x) = \frac{x^\mathsf{T} A x}{x^\mathsf{T} B x}$$

为广义特征值问题的 Rayleigh 商. 基于广义特征值问题的变分表达形式, 我们可以通过求解优化问题

$$\min_{x \neq 0} \rho(x) \tag{6.37}$$

来计算矩阵束的最小特征值[①], 并且可以进一步通过梯度下降法或者共轭梯度法来求解该优化问题. 首先经过简单计算可知

$$\nabla \rho(x) = \frac{2}{x^\mathsf{T} B x}(Ax - \rho(x)Bx).$$

因此, 同标准特征值问题一样, 当 $\nabla \rho(x) = 0$ 时, $\rho(x)$ 是矩阵束 $A - \lambda B$ 的特征值, x 是对应的特征向量.

1. 梯度下降法

设 x_k 为当前的迭代点, 我们知道梯度下降法沿着负梯度方向的最优搜索步长可以通过如下方式确定:

$$\alpha_k = \arg\min_{\alpha} \rho(x_k - \alpha \nabla \rho(x_k)).$$

在有了 α_k 之后, 新的迭代点 x_{k+1} 由下面更新方式得到:

$$\widehat{x}_{k+1} = x_k - \alpha_k \nabla \rho(x_k), \quad x_{k+1} = \widehat{x}_{k+1} / \|\widehat{x}_{k+1}\|_B.$$

注意, 由于我们只关心特征向量的方向, 所以在梯度下降之后进行了 B-范数归一化.

---

① 最小和最大特征值统称为端部特征值 (extreme eigenvalues), 这里仅考虑最小特征值的计算, 而最大特征值可通过最大化 $\rho(x)$ 或等价地最小化 $-\rho(x)$ 计算. 如果要计算多个端部特征值, 可以采用紧缩 (deflation) 策略逐个计算或者采用块迭代的方法同时计算多个特征对.

事实上, 梯度下降法的更新并不需要按照上述过程先把步长 α_k 显式地算出来. 注意到 $\rho(x)$ 与非零向量 x 的长度无关 (即 $\rho(cx) = \rho(x)$), x_{k+1} 实际上是线性空间

$$\mathrm{span}\{x_k, -\nabla\rho(x_k)\}$$

中使 $\rho(x)$ 取最小值的一个向量. 因此, 如果设 $Z_k = [x_k, -\nabla\rho(x_k)] \in \mathbb{R}^{n\times 2}$, 我们可以首先求解

$$w_k = \arg\min_{w\neq 0} \rho(Z_k w) = \frac{w^\mathsf{T}(Z_k^\mathsf{T} A Z_k)w}{w^\mathsf{T}(Z_k^\mathsf{T} B Z_k)w}, \tag{6.38}$$

然后令 $x_{k+1} = Z_k w_k$. 显然 w_k 是 2×2 矩阵束 $Z_k^\mathsf{T} A Z_k - \lambda(Z_k^\mathsf{T} B Z_k)$ 的两个特征值中小的那个对应的特征向量, 而一个 2×2 矩阵束的广义特征值问题有闭式解. 不仅如此, 如果 $w^\mathsf{T}(Z_k^\mathsf{T} B Z_k)w = 1$, 即 w 关于 $Z_k^\mathsf{T} B Z_k$ 是归一化的, 自然有 $x_{k+1}^\mathsf{T} B x_{k+1} = 1$. 另外, Rayleigh 商 $\rho_{k+1} = \rho(x_{k+1})$ 作为特征值的近似, 其实就是矩阵束 $Z_k^\mathsf{T} A Z_k - \lambda(Z_k^\mathsf{T} B Z_k)$ 的小特征值.

用梯度下降法计算最小特征值的具体过程见算法 6.6. 注意, 由于残差 $r_k = Ax_k - \rho(x_k)Bx_k$ 和负梯度方向 $-\nabla\rho(x_k)$ 之间只差了一个倍数, 我们有

$$\mathrm{span}\{x_k, -\nabla\rho(x_k)\} = \mathrm{span}\{x_k, r_k\}.$$

算法 6.6 广义特征值问题梯度下降法

选取初始值 $x_0 = x_0/\|x_0\|_B$, $\rho_0 = \rho(x_0)$

for $k = 0, 1, 2, \cdots$ **do**

    计算 $r_k = Ax_k - \rho_k Bx_k$

    计算 $H_k = Z_k^\mathsf{T} A Z_k$, $S_k = Z_k^\mathsf{T} B Z_k$, 其中 $Z_k = [x_k, r_k]$

    计算 $H_k - \lambda S_k$ 的最小特征值和特征向量对, 记为 (γ_1, v_1)

    更新 $\rho_{k+1} = \gamma_1$, $x_{k+1} = Z_k v_1$

end

值得指出的是, 上述计算 (ρ_{k+1}, x_{k+1}) 的方式称为子空间 Z_k 上的 Rayleigh–Ritz 近似 (Rayleigh–Ritz approximation), 其基本想法是在特定子空间里寻找 "最像" 特征值和特征向量的一个 Ritz 对 (Ritz pair). Rayleigh–Ritz 近似在子空间投影意义下是最优的, 见习题 6.31.

2. 共轭梯度法

对于求解广义特征值问题的共轭梯度法, 我们可以直接采用算法 6.5 来最小化 $\rho(x)$. 注意在经过一定的线性组合确定了搜索方向 p_k 之后, 由于 $\rho(x)$ 不依赖于 x 的长度, 在 p_k 方向选取最优步长意味着 x_{k+1} 是线性空间

$$\mathrm{span}\{x_k, p_k\}$$

中 $\rho(x)$ 的最小值点. 类似梯度下降法, 我们可以通过 Rayleigh–Ritz 近似更新得到 x_{k+1}.

如前所述, 我们还可以基于线性方程组共轭梯度法中子空间搜索的思想设计来求解算法, 即每次迭代在过 x_k 并由负梯度方向和上一步搜索方向所张成的 2 维平面上计算函数的最小值, 这样就会得到局部最优共轭梯度法 (locally optimal CG). 对于问题 (6.37), 设前一步的搜索方向为 p_{k-1}, x_{k+1} 就是 2 维平面

$$\{x_k + \alpha(-\nabla\rho(x_k)) + \beta p_{k-1}, \ \alpha, \beta \in \mathbb{R}\}$$

中 $\rho(x)$ 的最小值点. 同样利用 $\rho(x)$ 与 x 长度的无关性, 不难看出 x_{k+1} 实际上是 3 维空间

$$\mathrm{span}\{x_k, -\nabla\rho(x_k), p_{k-1}\}$$

中 $\rho(x)$ 的最小值点, 因此同样可以通过 Rayleigh–Ritz 近似更新得到 x_{k+1}. 在有了 x_{k+1} 之后, 我们自然可以得到从 x_k 到 x_{k+1} 的更新方向 p_k. 完整的局部最优共轭梯度法见算法 6.7. 对于算法中 Z_k 的具体形式, 读者可以自行验证以下等价关系成立:

$$\mathrm{span}\{x_k, -\nabla\rho(x_k), p_{k-1}\} = \mathrm{span}\{x_k, r_k, p_{k-1}\} = \mathrm{span}\{x_k, r_k, x_{k-1}\}.$$

此外, 算法中 v_1 的第一个元素固定为 1 是为了 ρ_k 的表达式更为简洁.

算法 6.7 广义特征值问题局部最优共轭梯度法

选取初始值 $x_0 = x_0/\|x_0\|_B$, $\rho_0 = \rho(x_0)$, $p_{-1} = 0$
for $k = 0, 1, 2, \cdots$ **do**
    计算 $r_k = Ax_k - \rho_k Bx_k$
    计算 $H_k = Z_k^\mathsf{T} AZ_k$, $S_k = Z_k^\mathsf{T} BZ_k$, 其中 $Z_k = [x_k, r_k, p_{k-1}]$
    计算 $H_k - \lambda S_k$ 的最小特征对, 记为 (γ_1, v_1), 其中 $v_1 = [1, \alpha_k, \beta_k]^\mathsf{T}$
    更新 $\rho_{k+1} = \gamma_1$, $x_{k+1} = Z_k v_1$
    计算 $p_k = \alpha_k r_k + \beta_k p_{k-1}$
end

例 6.8 考察例 6.2 中矩阵 A 的最大特征值和对应的特征向量 (梯度下降法和共轭梯度法实际上求解的是 $-A$ 的最小特征值). 图 6.9 展示了幂法 (Power)、梯度下降法 (GD) 与共轭梯度法 (CG) 的迭代结果 (θ_k 为迭代得到的近似特征向量和真实特征向量之间的夹角). 从图中可以看出, 共轭梯度法要比梯度下降法收敛更快. 此外, 梯度下降法要比幂法收敛更快. 对此, 我们有如下直观解释. 考虑单步迭代, 幂法采用的是 Ax_k 作为特征向量的近似, 而梯度下降法是在 2 维子空间 $\{x_k, r_k\}$ 中搜索一个特征向量的最好近似. 根据表达式 $r_k = Ax_k - \rho(x_k)x_k$ 可知, 该 2 维空间包含向量 Ax_k. 通常来说, 空间越大, Ritz 对近似效果越好.

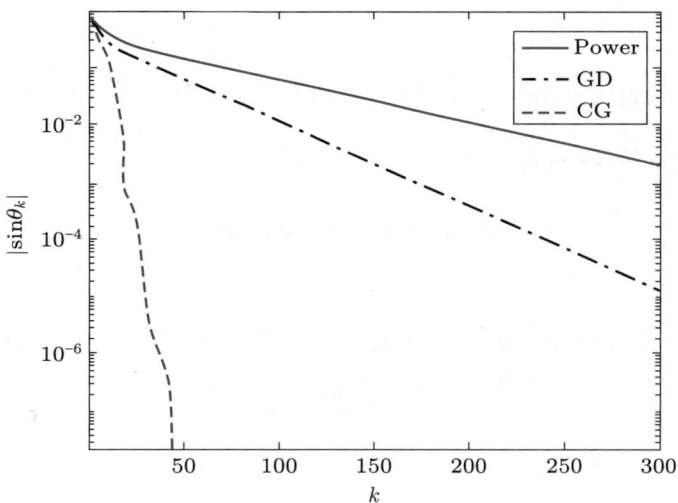

图 6.9　幂法、梯度下降法与共轭梯度法的收敛速度比较

6.4　案例: 2 维 Poisson 方程

6.4.1　2 维 Poisson 方程及其离散

第一章例 1.4 中介绍了 1 维 Poisson 方程的差分离散形式, 这里我们再考察 2 维 Poisson 方程

$$-\Delta v(x,y) = f(x,y), \quad (x,y) \in \Omega,$$

$$v(x,y) = \phi(x,y), \quad (x,y) \in \partial\Omega,$$

其中 Δ 是 Laplace 算子 (有时候表示为 ∇^2): $\Delta = \dfrac{\partial^2}{\partial x^2} + \dfrac{\partial^2}{\partial y^2}$, Ω 是区域, $\partial\Omega$ 是 Ω 的边界, f 和 ϕ 是给定函数. 本节将假设 Ω 是规则的单位正方形区域, 即 $\Omega = [0,1] \times [0,1]$.

　　例 6.9　考察 Poisson 方程

$$-\Delta v(x,y) = f(x,y), \quad (x,y) \in [0,1] \times [0,1].$$

给定边界条件

$$v(x,y) = \begin{cases} 0, & x = 0, \\ 0, & x = 1, \\ \sin(2\pi x), & y = 0, \\ \sin(2\pi x), & y = 1, \end{cases}$$

以及右端函数

$$f(x, y) = 4\pi \sin(2\pi x)(\pi \cos(2\pi y^2)(1 + 4y^2) + \sin(2\pi y^2)),$$

不难验证方程的解析解 $v(x, y)$ 为

$$v(x, y) = \sin(2\pi x) \cos(2\pi y^2).$$

为了离散 2 维 Poisson 方程, 我们将区域 Ω 划分成单位尺寸为 $h = 1/(N + 1)$ 的网格 (mesh grid), 如图 6.10 所示. 网格点 (x_i, y_j) 的坐标为

$$x_i = ih, \ y_j = jh, \quad i, j = 0, 1, \cdots, N + 1,$$

其中 i 或 j 中有一个为 0 或 $N + 1$ 的是**边界点** (boundary grid point), 其他点都是**内部格点** (interior grid point). 这里的目标是寻找所有内部格点函数值 $v(x_i, y_j)$ 的近似值.

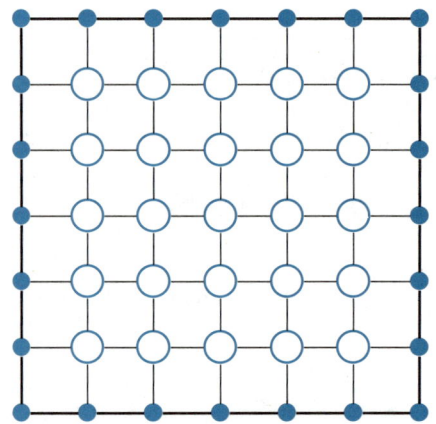

图 6.10 5×5 网格例子, $v(x, y)$ 在边界点 ● 的值由 $\phi(x, y)$ 给出, $v(x, y)$ 在内部格点 ○ 的值待求解

记

$$v_{ij} = v(x_i, y_j), \ f_{ij} = f(x_i, y_j) \ 以及 \ \phi_{ij} = \phi(x_i, y_j).$$

我们在每个内部格点作如下近似:

$$-\frac{\partial^2 v}{\partial x^2}\bigg|_{(x_i, y_j)} \approx \frac{-v_{i-1,j} + 2v_{ij} - v_{i+1,j}}{h^2},$$

$$-\frac{\partial^2 v}{\partial y^2}\bigg|_{(x_i, y_j)} \approx \frac{-v_{i,j-1} + 2v_{ij} - v_{i,j+1}}{h^2}.$$

累计这些近似有

$$-\frac{\partial^2 v}{\partial x^2} - \frac{\partial^2 v}{\partial y^2}\bigg|_{(x_i, y_j)} = \frac{-v_{i-1,j} - v_{i,j-1} + 4v_{ij} - v_{i+1,j} - v_{i,j+1}}{h^2} + \tau_{ij},$$

其中 τ_{ij} 是截断误差, 由 Taylor 展式容易验证它的阶为 $O(h^2)$. 忽略截断误差, 我们可以得到关于未知元 v_{ij} 的线性方程组:

$$-v_{i-1,j} - v_{i,j-1} + 4v_{ij} - v_{i+1,j} - v_{i,j+1} = h^2 f_{ij}, \quad 1 \leqslant i, j \leqslant N. \tag{6.39}$$

式 (6.39) 左边是 4 倍函数值减去上下左右四个相邻点的函数值, 称为**五点中心差分格式** (5-point centered difference 或 5-point stencil).

注意到边界点

$$v_{0j} = \phi_{0j}, \ v_{0,N+1} = \phi_{0,N+1}, \ v_{i0} = \phi_{i0}, \ v_{i,N+1} = \phi_{i,N+1}$$

已知, 对应下标 $0 < i, j < N + 1$ 的未知元共有 N^2 个. 令 $V = (v_{ij}) \in \mathbb{R}^{N \times N}$, 即 V 的 (i, j) 元素是 v_{ij}.

同时定义 $N \times N$ 矩阵 $\widetilde{F} = (\widetilde{f}_{ij})$ 使得

$$h^2 \widetilde{f}_{ij} = \begin{cases} h^2 f_{ij}, & 2 \leqslant i, j \leqslant N-1, \\ h^2 f_{ij} + \phi_{i,j-1}, & 2 \leqslant i \leqslant N-1, j = 1, \\ h^2 f_{ij} + \phi_{i,j+1}, & 2 \leqslant i \leqslant N-1, j = N, \\ h^2 f_{ij} + \phi_{i-1,j}, & i = 1, 2 \leqslant j \leqslant N-1, \\ h^2 f_{ij} + \phi_{i+1,j}, & i = N, 2 \leqslant j \leqslant N-1, \\ h^2 f_{ij} + \phi_{i,j-1} + \phi_{i-1,j}, & (i,j) = (1,1), \\ h^2 f_{ij} + \phi_{i,j-1} + \phi_{i+1,j}, & (i,j) = (N,1), \\ h^2 f_{ij} + \phi_{i-1,j} + \phi_{i,j+1}, & (i,j) = (1,N), \\ h^2 f_{ij} + \phi_{i,j+1} + \phi_{i+1,j}, & (i,j) = (N,N). \end{cases}$$

不难验证方程组 (6.39) 可以重写为

$$T_N \cdot V + V \cdot T_N = h^2 \widetilde{F}, \tag{6.40}$$

其中 $T_N = \text{tridiag}(-1, 2, -1)$. 这里要注意的是与边界网格点相邻的网格点需要小心处理.

式 (6.40) 不再是我们熟悉的 $Ax = b$ 形式的线性方程组, 因为所有未知元被紧凑地存为了一个矩阵. 为了把方程组 (6.39) 重新组织为 $Ax = b$ 的形式, 我们需要把 $V = (v_{ij})$ 排成一个列向量. 字典序 (lexicographic ordering), 也称自然序 (natural ordering), 是指以自然的方式把 V 按列从左到右堆叠起来, 从而形成一个 N 维向量

$$v = [V(:,1); V(:,2); \cdots ; V(:,N)]^{\mathrm{T}} \triangleq \text{vec}(V).$$

上述表示中的 $\text{vec}(\cdot)$ 用了数值计算软件中的常用记号.

$N = 5$ 时的字典序如图 6.11 所示.

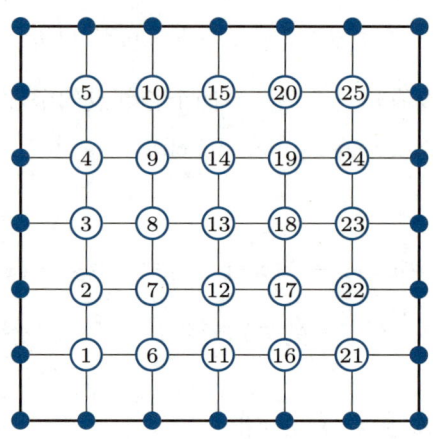

图 6.11 5×5 网格下的字典序

从矩阵 $\widetilde{F}$ 可以类似得到 N^2 维向量 $\tilde{f}$. 这样方程组 (6.40) 就可以等价地改写为

$$Av = h^2 \tilde{f}, \tag{6.41}$$

其中

$$A = \begin{bmatrix} T_N + 2I_N & -I_N & & & \\ -I_N & T_N + 2I_N & -I_N & & \\ & \ddots & \ddots & \ddots & \\ & & -I_N & T_N + 2I_N & -I_N \\ & & & -I_N & T_N + 2I_N \end{bmatrix}. \tag{6.42}$$

6.4.2　Kronecker 乘积

为了更清晰地表述式 (6.42) 中 A 的结构, 这里我们引入 Kronecker 乘积 (Kronecker product).

定义 6.21　设 $A = (a_{ij})$ 是 $m \times n$ 矩阵, $B = (b_{ij})$ 是 $p \times q$ 矩阵, 则 A 和 B 的 Kronecker 乘积定义为

$$A \otimes B = (a_{ij}B) = \begin{bmatrix} a_{11}B & a_{12}B & \cdots & a_{1n}B \\ a_{21}B & a_{22}B & \cdots & a_{2n}B \\ \vdots & \vdots & & \vdots \\ a_{m1}B & a_{m2}B & \cdots & a_{mn}B \end{bmatrix}.$$

注意 $A \otimes B$ 是 $(mp) \times (nq)$ 矩阵.

不难证明, Kronecker 乘积有如下性质:

(1) $(A \otimes B)^{\mathsf{T}} = A^{\mathsf{T}} \otimes B^{\mathsf{T}}$;

(2) 假设 AC 和 BD 良定义, 则 $(A \otimes B) \cdot (C \otimes D) = (AC) \otimes (BD)$;

(3) 如果 A 和 B 是可逆矩阵, 则 $(A \otimes B)^{-1} = A^{-1} \otimes B^{-1}$;

(4) $\mathrm{vec}(AX) = (I_p \otimes A) \cdot \mathrm{vec}(X)$, 其中 X 是 $n \times p$ 矩阵;

(5) $\mathrm{vec}(XB) = (B^{\mathsf{T}} \otimes I_n) \cdot \mathrm{vec}(X)$, 其中 X 是 $n \times p$ 矩阵.

我们可以用 Kronecker 乘积将式 (6.42) 中的矩阵 A 写为

$$A = I_N \otimes T_N + T_N \otimes I_N \triangleq T_{N \times N}.$$

令 $T_N = Z_N \Lambda_N Z_N^{\mathsf{T}}$ 是三对角矩阵 T_N 的特征值分解, 由此可以立即得到矩阵 $T_{N \times N}$ 的特征值分解:

$$T_{N \times N} = I_N \otimes T_N + T_N \otimes I_N$$

$$= (Z_N \otimes Z_N)(I_N \otimes \Lambda_N + \Lambda_N \otimes I_N)(Z_N \otimes Z_N)^{\mathsf{T}}.$$

因此矩阵 $T_{N \times N}$ 的特征值 λ_{ij} 为

$$\lambda_{ij} \triangleq \lambda_i + \lambda_j = 2(2 - \cos i\pi h - \cos j\pi h), \quad i, j = 1, 2, \cdots, N, \tag{6.43}$$

其中 $h = 1/(N+1)$, λ_i 和 λ_j 是 T_N 的特征值 (见第四章例 4.3).

6.4.3　共轭梯度法求解 Poisson 方程

设 x_k 是 k 步共轭梯度法得到的线性方程组 $Ax = b$ 的近似解. 由于 $\|x_k - x_*\|_A = \|r_k\|_{A^{-1}}$, 并且

$$\frac{\lambda_{\max} + \lambda_{\min}}{\lambda_{\max} - \lambda_{\min}} = \frac{\kappa + 1}{\kappa - 1} = 1 + \frac{2}{\kappa - 1},$$

其中 $\kappa = \lambda_{\max}(A)/\lambda_{\min}(A)$ 是 A 的条件数, 从定理 6.19 的证明可以得到关于残差 $r_k = b - Ax_k$ 的上界

$$\frac{\|r_k\|_{A^{-1}}}{\|r_0\|_{A^{-1}}} \leqslant \frac{1}{T_k\left(1 + \dfrac{2}{\kappa - 1}\right)}, \tag{6.44}$$

其中 $T_k(\cdot)$ 是第一类 Chebyshev 多项式.

如果条件数 κ 接近 1, $1 + 2/(\kappa - 1)$ 很大, 式 (6.44) 的右端很小, 共轭梯度法收敛非常快. 如果条件数 κ 很大, 收敛速度会变慢, 但残差 r_k 的 A^{-1}-范数依然趋于零, 这是因为

$$\frac{1}{T_k\left(1 + \dfrac{2}{\kappa - 1}\right)} \leqslant \frac{2}{1 + \dfrac{2k}{\sqrt{\kappa - 1}}}.$$

对于 2 维 Poisson 方程, 条件数 $\kappa = O(N^2)$, 因此 k 步共轭梯度法之后, 残差大概乘了 $(1 - O(N^{-1}))^k$. 所以, 共轭梯度法需要 $O(N) = O(n^{1/2})$ 步收敛. 由于每一步迭代开销为 $O(n)$, 总体运算量为 $O(n^{3/2})$, 其中 $n = N^2$.

为了直观体会共轭梯度法的收敛行为, 令 $N = 100$, 并假设线性方程组的右端和算法初值均为随机 Gauss 向量. 图 6.12 描述了共轭梯度法前 300 步的相对残差范数 $\dfrac{\|r_k\|_2}{\|r_0\|_2}$ 曲线, 以及式 (6.44) 右端的上界 $1 / T_k\left(1 + \dfrac{2}{\kappa - 1}\right)$ 的曲线. 实验结果显示 $\dfrac{\|r_k\|_{A^{-1}}}{\|r_0\|_{A^{-1}}}$ 的曲线和 $\dfrac{\|r_k\|_2}{\|r_0\|_2}$ 的曲线几乎一样, 方便解释起见, 图中展示了 $\dfrac{\|r_k\|_2}{\|r_0\|_2}$ 这条曲线.

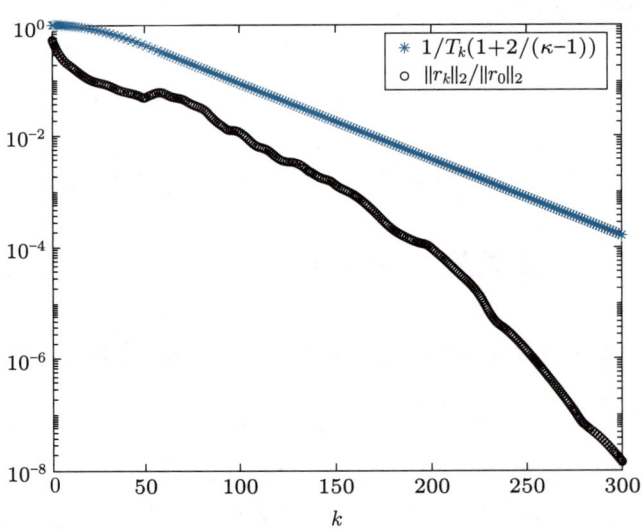

图 6.12 共轭梯度法相对残差范数下降曲线和 Chebyshev 多项式上界估计曲线比较

值得再次指出的是, 条件数并不能解释共轭梯度法所有重要的收敛行为. 事实上, 矩阵 A 的特征值的整体分布非常重要, 而不仅仅是最大和最小的比率. 此外, 算法在有限精度和 "精确" 计算下的表现可能有较大差异. 关于共轭梯度法收敛行为的细致分析可以参看本章文献.

6.5 案例: 谱聚类

聚类 (clustering) 也是一种常见的无监督学习问题, 其目标是根据相似性将给定数据聚为不同的几类. 本节将首先介绍一种基于距离的经典聚类方法: k 均值聚类 (k-means clustering), 其想法简单且易于实现, 但是对具有一定几何结构的聚类问题并不适用. 为此, 本节会着重介绍一种基于图模型的谱聚类 (spectral clustering) 方法. 我们将看到其中核心的计算问题就是求解矩阵的某个特征向量, 这也是名字 "谱聚类" 的由来.

6.5.1 k 均值聚类

给定 n 条数据 $X = \{x_1, \cdots, x_n\} \subset \mathbb{R}^d$, 假设我们想要把它们聚成 k 类. 直观上讲, 在一个比较好的聚类结果中, 每条数据到它所属类的中心的距离要尽可能地小. 在欧氏距离下, 这一想法可以通过如下优化问题来实现:

$$\min_{\{c_1, \cdots, c_k\}} \sum_{\ell=1}^{n} \|x_\ell - c_{j_\ell}\|_2^2, \tag{6.45}$$

其中 $c_j, j = 1, \cdots, k$ 表示每个类的中心点, c_{j_ℓ} 表示第 ℓ 条数据所属类的中心点. 通常情况下, 我们会把 x_ℓ 归类到与其最近的中心点所代表的类里, 即

$$j_\ell = \arg\min_j \|x_\ell - c_j\|_2^2.$$

由于 (6.45) 是一个 NP-难问题, 为了提高求解效率, k 均值聚类采用了交替迭代的更新方式. 它的每次迭代由两部分组成:

(1) 给定 k 个中心点, 将每条数据归类到与其最近的中心点所属的类中;

(2) 在完成一次聚类之后, 根据聚类结果重新计算每个类的中心点.

k 均值聚类的完整过程见算法 6.8.

例 6.10 考察两组均值分别在 $(2,0)$ 和 $(-2,0)$ 的 Gauss 分布数据的 k 均值聚类问题, 见图 6.13. 尽管存在少数几个归类错误的数据, 但是整体上能够达到很好的聚类效果.

例 6.11 考察两组 $[10, 15] \times [0, 30]$ 以及 $[20, 25] \times [0, 30]$ 区域内均匀分布数据的 k 均值聚类, 见图 6.14. 由于 k 均值聚类是基于距离的, 对于这两组数据的聚类结果无法反映数据的几何结构.

算法 6.8 k 均值聚类
___

初始化 $\{c_1, \cdots, c_k\}$, 定义向量 $J \in \mathbb{R}^n$

for $\ell = 0, 1, 2, \cdots$ **do**

    (1) 根据当前中心点对数据进行聚类: 对 $1 \leqslant \ell \leqslant n$,

$$J(\ell) = \arg\min_j \|x_\ell - c_j\|_2^2.$$

    (2) 重新计算中心点: 对 $1 \leqslant j \leqslant k$, 令 $\Lambda_j = \{\ell : J(\ell) = j\}$, 计算

$$c_j = \frac{1}{|\Lambda_j|} \sum_{\ell \in \Lambda_j} x_\ell.$$

end
___

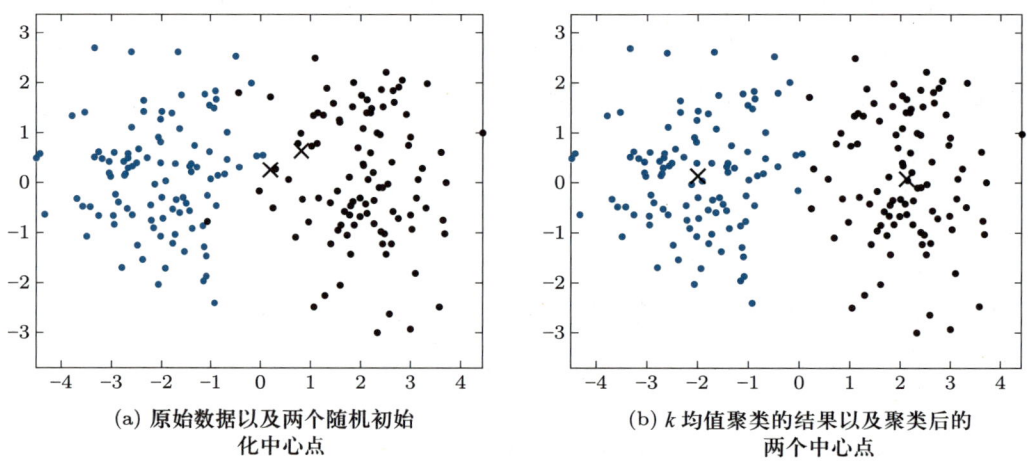

(a) 原始数据以及两个随机初始
化中心点

(b) k 均值聚类的结果以及聚类后的
两个中心点

图 **6.13**　两组均值分别在 **(2,0)** 和 **(−2,0)** 的 **Gauss** 分布数据的 k 均值聚类

6.5.2　谱聚类

    为了更有效地处理带有几何结构的数据, 我们需要更好地建模数据间的相似性以进行数据特征的提取, 而不是直接基于数据在欧氏空间的距离. 这里考虑已经在第四章 4.6 节中出现的加权图模型 $G = (V, W)$, 其中节点集合 $V = \{v_1, \cdots, v_n\}$ 表示所有的数据, $W = (w_{ij})$ 为所有边上的权重所组成的矩阵. 权重反映了不同节点 (或者数据) 间的相似性; 权重越大, 相似性越高. 如果两个节点之间不存在连边, 则 $w_{ij} = 0$.

    第四章 4.6 节还定义了与加权图相关的度数矩阵和 Laplace 矩阵, 这里回顾如下:

    (1) 图中第 i 个节点的度数为与该节点相连的所有边上的权重和, 即

$$d_i = \sum_{j=1}^n w_{ij}.$$

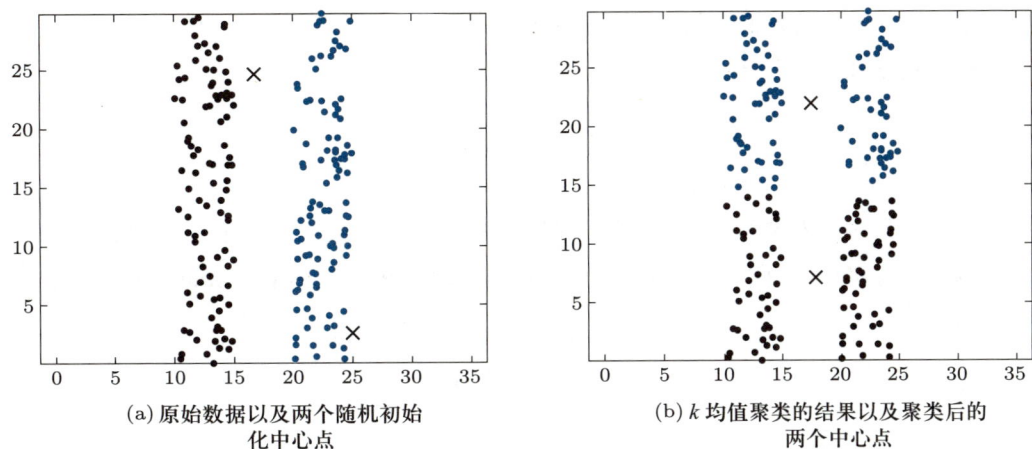

(a) 原始数据以及两个随机初始
化中心点

(b) k 均值聚类的结果以及聚类后的
两个中心点

图 6.14 两组 $[10,15] \times [0,30]$ 以及 $[20,25] \times [0,30]$ 区域内均匀分布数据的 k 均值聚类

度数矩阵是指所有节点的度数所构成的对角矩阵, 即

$$D = \mathrm{diag}(d_1, \cdots, d_n).$$

(2) 图 Laplace 矩阵的定义为

$$L = D - W.$$

从 L 的定义易知 $(0, e)$ 是 L 的一对特征值和特征向量, 这里 e 是一个全 1 向量. Laplace 矩阵具有如下重要性质:

$$z^{\mathsf{T}} L z = \frac{1}{2} \sum_{i=1}^{n} \sum_{j=1}^{n} w_{ij} (z_i - z_j)^2. \tag{6.46}$$

由此可知 L 是半正定矩阵, 并且特征值 0 的重数等于图中连通子图的个数.

在将数据及其相似性用加权图表示之后, 数据的聚类问题就变成了图割 (graph cut) 问题. 顾名思义, 图割是指将图中的某些边断开, 从而将其分成几个互不连接的子图. 为了方便讨论, 我们仅考虑数据的二聚类问题, 即将图分割为两个子图. 例如, 图 6.15 中的虚线通过切割两条边将 6 个节点分成了 A 和 $\bar{A}$ 两部分.

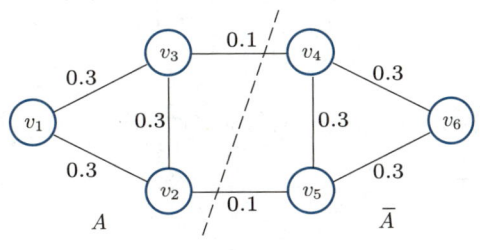

图 6.15 图割的示例

给定一个图割结果 $\{A, \bar{A}\}$ $(A \cup \bar{A} = V, A \cap \bar{A} = \varnothing)$, 定义 $\mathrm{cut}(A, \bar{A})$ 为连接 A 和 $\bar{A}$ 的所有边的权重和, 即

$$\mathrm{cut}(A, \bar{A}) = \sum_{v_i \in A, v_j \in \bar{A}} w_{ij}.$$

由于图割结果对应着聚类, 而聚类的目标是把相似性高的数据归到同一类, 因此一个好的图割方法应该让 $\mathrm{cut}(A, \bar{A})$ 尽可能地小. 这可以通过求解最小化割 (minimum cut) 问题来实现:

$$\min_{\{A, \bar{A}\}} \mathrm{cut}(A, \bar{A}).$$

最小化割存在多项式时间的算法, 但是它倾向将少数比较疏远的节点归为一类, 从而造成聚类的不平衡. 为了克服这一问题, 我们将考虑归一化割 (normalized cut) 的方法.

粗略地说, 在归一化割中, 不仅要求 $\mathrm{cut}(A, \bar{A})$ 尽可能地小, 还要求 A 和 $\bar{A}$ 两部分的体积尽可能地大. 考虑如下体积的定义方式:

$$\mathrm{vol}(A) = \sum_{v_i \in A} d_i,$$

即 $\mathrm{vol}(A)$ 表示 A 中所有节点的度数和. 归一化割可以建模成如下优化问题:

$$\min_{\{A, \bar{A}\}} \frac{\mathrm{cut}(A, \bar{A})}{\mathrm{vol}(A)} + \frac{\mathrm{cut}(A, \bar{A})}{\mathrm{vol}(\bar{A})}. \tag{6.47}$$

与最小化割问题不同, 归一化割问题是 NP-难的. 接下来, 我们将对其进行适当的松弛以方便求解.

———

首先对于任意一个分割 $\{A, \bar{A}\}$, 都可以定义一个向量 $x = (x_i) \in \mathbb{R}^n$ 与之对应,

$$x_i = \begin{cases} \dfrac{1}{\mathrm{vol}(A)}, & v_i \in A, \\[2mm] -\dfrac{1}{\mathrm{vol}(\bar{A})}, & v_i \in \bar{A}. \end{cases} \tag{6.48}$$

不难证明有

$$\frac{1}{2} x^{\mathsf{T}} L x = \mathrm{cut}(A, \bar{A}) \left(\mathrm{vol}(A)^{-1} + \mathrm{vol}(\bar{A})^{-1} \right)^2, \tag{6.49}$$

$$x^{\mathsf{T}} D x = \mathrm{vol}(A)^{-1} + \mathrm{vol}(\bar{A})^{-1}. \tag{6.50}$$

从而我们可以将问题 (6.47) 中的目标函数用矩阵和向量进行改写, 即

$$\frac{\mathrm{cut}(A,\bar{A})}{\mathrm{vol}(A)} + \frac{\mathrm{cut}(A,\bar{A})}{\mathrm{vol}(\bar{A})} = \frac{1}{2}\frac{x^\mathsf{T}Lx}{x^\mathsf{T}Dx}.$$

因此, 归一化割问题等价于

$$\min_{x} \frac{x^\mathsf{T}Lx}{x^\mathsf{T}Dx}, \quad \text{s.t.} \quad x \text{ 具有 (6.48) 中的形式}. \tag{6.51}$$

假如我们已经得到了该问题的解 x, 自然可以用 x 每个元素前面的符号进行图割或者数据聚类 (正的元素对应的节点归为一类, 而负的元素对应的节点归为另一类). 但是, 由于这里只是对问题 (6.47) 进行了等价改写, 求解的难度并不会发生改变.

────────

松弛 (relaxation) 是求解 NP-难组合优化问题的常用思路. 简单地讲, 松弛是指把原问题中具有组合性质的目标函数或者约束用连续的目标函数或者约束替代, 并希望替代之后问题的解能够接近原问题的解. 注意到问题 (6.51) 中的约束具有组合的性质, 不容易处理, 因此可以把它替换成某个相对更加容易处理的约束. 通过简单的计算可知式 (6.48) 中定义的 x 满足

$$x^\mathsf{T}De = 0.$$

如果用该等式替换式 (6.51) 中的约束, 就得到了对归一化割进行松弛之后的优化问题:

$$\min_{x} \frac{x^\mathsf{T}Lx}{x^\mathsf{T}Dx}, \quad \text{s.t.} \quad x^\mathsf{T}De = 0. \tag{6.52}$$

注意到该问题的解与向量的长度无关, 而且在图割或者聚类时只有 x 每个元素的符号会被用到, 因此我们可以进一步固定 x 的模长并求解

$$\min_{x} x^\mathsf{T}Lx, \quad \text{s.t.} \quad x^\mathsf{T}Dx = 1 \text{ 以及 } x^\mathsf{T}De = 0. \tag{6.53}$$

令 $y = D^{1/2}x$, 问题 (6.53) 可以被等价改写为

$$\min_{y} y^\mathsf{T}(D^{-1/2}LD^{-1/2})y, \quad \text{s.t.} \quad \|y\|_2^2 = 1, y^\mathsf{T}(D^{1/2}e) = 0. \tag{6.54}$$

假设 G 是连通图, 由于 $(0,e)$ 是矩阵 L 的特征值和特征向量, 易知 $(0, D^{1/2}e)$ 为矩阵 $D^{-1/2}LD^{-1/2}$ 的特征值和特征向量, 并且特征值 0 的重数为 1. 因此, 由对称矩阵特征值的变分表达形式 (定理 4.3) 可知问题 (6.54) 的解为矩阵 $D^{-1/2}LD^{-1/2}$ 第二小的特征值所对应的特征向量, 记为 q_2. 然后通过变量替换可知 $x = D^{-1/2}q_2$ 就是问题 (6.53) 的解. 此外不难看出, x 还是广义特征值问题 $Lx = \lambda Dx$ 第二小的特征值所对应的特征向量. 在得到 x 之后, 我们就可以根据每个元素的正负号对相应的节点进行聚类.

谱聚类的完整过程总结如下:

(1) 将目标数据以及数据间的相似性建模成加权图 (G, W);

(2) 根据加权图计算 D 和 L;

(3) 计算矩阵 $D^{-1/2}LD^{-1/2}$ 第二小的特征值所对应的特征向量 q_2;

(4) 令 $x = D^{-1/2}q_2$, 并利用 $\mathrm{sign}(x)$ 对所有数据进行聚类.

例 6.12 再次考察例 6.11 中的聚类问题, 谱聚类的结果见图 6.16. 从图中可以看出, 谱聚类能够根据两组数据的几何特征将它们分开. 注意这里权重矩阵 $W = (w_{ij})$ 采用如下方式构建:

$$w_{ij} = \exp\left(-\frac{\|x_i - x_j\|_2^2}{2\sigma^2}\right), \quad \text{其中 } \sigma = 1.$$

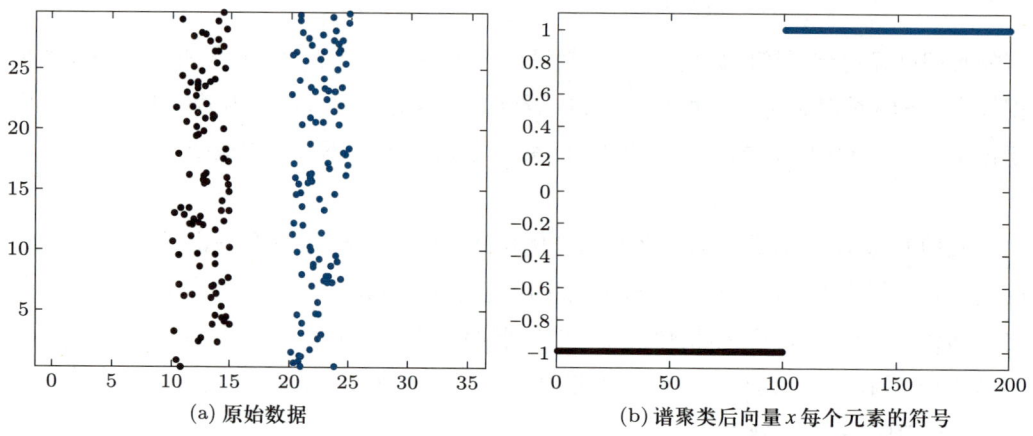

(a) 原始数据   (b) 谱聚类后向量 x 每个元素的符号

图 6.16 两组 $[10, 15] \times [0, 30]$ 以及 $[20, 25] \times [0, 30]$ 区域内均匀分布数据的谱聚类

内容注释及参考文献

自 20 世纪 50 年代起, 线性方程组的算法研究得到蓬勃发展, 直接法与迭代法相互促进, 交替前行, 为该领域的进步奠定了坚实的基础. 迭代法经历了从古典迭代法的相容次序, 到矩阵正则分裂, 再到 Krylov 子空间投影的几轮发展, 投影算法逐渐占据了主导地位, 单步古典迭代法甚至 Gauss 消去过程都可以看作投影算法. 尽管迭代法的研究已经趋于成熟, 但仍有许多问题有待解决 [8].

关于古典迭代方法的全面论述, 可参考文献 [1], 以及文献 [8] 的第 4 章、文献 [6] 的第 11 章和文献 [5] 的第 6 章. 各种预处理技术的相关内容见文献 [8] 的第 10 章.

共轭梯度法无疑是求解对称 (正定) 线性方程组最为重要的一类迭代法, 其数值表现 (包括超线性收敛和有限精度下的收敛性分析) 可以参看文献 [7, 10]. 常用的预条件子构造方法有不完全 Cholesky (incomplete Cholesky, IC) 分解和稀疏近似逆 (approximate inverse, AINV) 等 [8].

线性方程组往往来源于实际应用, 如果能够利用问题本身的物理信息, 就可以针对性地设计更有效且更稳健的方法, 多重网格 (multigrid) 法 [4] 和区域分解 (domain decomposition) 法 [9] 就是两类这样的方法. 它们还可以作为预条件子对于某些特定类型问题能够实现最优的渐近收敛.

大型稀疏特征值问题的研究远没有线性方程组迭代法的研究成熟, 数值方法中最有代表性的特征值算法包括重启动 Arnoldi 方法、Jacobi–Davidson 方法、共轭梯度法、滤波法 (filtering method) 和围道积分法 (contour integral methods) 等 [3,9]. 多数方法适用于计算端部特征值. 内部特征值 (interior eigenvalue) 的计算可以通过非线性变换如 Cayley 变化 (Cayley transform) 转换为端部特征值计算, 或者对于对称特征值问题采用谱切片 (spectrum slicing) 的技巧进行求解.

基于梯度的特征值算法也可以通过预条件子改善其迭代, 被称为预条件特征值求解器, 适用于求解大规模特征值问题, 详见文献 [3] 中 A. Knyazev 撰写的第 11 章. 本章中求解特征值问题梯度法的内容主要基于 R.-C. Li 在文献 [2] 中的撰写的 "Rayleigh quotient based optimization methods for eigenvalue problems" 章节.

[1] OWE AXELSSON. Iterative Solution Methods. Cambridge: Cambridge University Press, 1994.

[2] ZHAOJUN BAI, WEIGUO GAO, YANGFENG SU. Matrix Functions and Matrix Equations. 北京: 高等教育出版社, 2014.

[3] ZHAOJUN BAI, JAMES DEMMEL, JACK DONGARRA, et al. Templates for the Solution of Algebraic Eigenvalue Problems. SIAM, 2000.

[4] WILLIAM L BRIGGS, VAN EMDEN HENSON, STEVE F MCCORMICK. A Multigrid Tutorial, 2nd ed. SIAM, 2000.

[5] JAMES W DEMMEL. Applied Numerical Linear Algebra. 2nd ed. SIAM, 1997.

[6] GENE H GOLUB, CHARLES F VAN LOAN. Matrix Computations. 4th ed. JHU Press, 2013.

[7] ANNE GREENBAUM. Iterative Methods for Solving Linear Systems. SIAM, 1997.

[8] YOUSEF SAAD. Iterative Methods for Sparse Linear Systems. 2nd ed. SIAM, 2003.

[9] ANDREA TOSELLI, OLOF B WIDLUND. Domain Decomposition Methods — Algorithms and Theory. Springer, 2005.

[10] HENK A VAN DER VORST. Iterative Krylov Methods for Large Linear Systems. Cambridge: Cambridge University Press, 2003.

习题

6.1 在式 (6.4) 中令 $M = \dfrac{1}{\alpha}I$, 可以得到 Richardson 迭代格式:

$$x_{k+1} = x_k + \alpha r_k,$$

$$r_{k+1} = b - Ax_{k+1}, \quad k = 0, 1, 2, \cdots.$$

当 A 对称正定时, 易知 Richardson 迭代就是使用固定步长的梯度下降法 (这意味着固定步长的梯度下降法也可以看作是不动点迭代). 设 A 的最小和最大特征值分别为 $0 < \lambda_n < \lambda_1$, 计算使 Richardson 迭代收敛最快的 α.

6.2 假设 A 对称正定, 记 $x_* = A^{-1}b$ 为线性方程组 $Ax = b$ 的精确解. 证明 Gauss-Seidel 迭代的误差关于 A-内积严格单调下降, 即当 $x_k \neq x_*$ 时,

$$\|x_{k+1} - x_*\|_A < \|x_k - x_*\|_A.$$

6.3 给定对称正定矩阵 $A \in \mathbb{R}^{n \times n}$ 以及向量 $b \in \mathbb{R}^n$, 令 $f(x) = \frac{1}{2}x^{\mathsf{T}}Ax - b^{\mathsf{T}}x$. 在已知 $x_k = [x_{k1}, \cdots, x_{kn}]^{\mathsf{T}}$ 的情况下, 我们可以通过如下方式更新得到 $x_{k+1} = [x_{k+1,1}, \cdots, x_{k+1,1}]^{\mathsf{T}}$:

$$x_{k+1,1} = \min_z f(z, x_{k2}, x_{k3}, \cdots, x_{k,n-1}, x_{kn}),$$

$$x_{k+1,2} = \min_z f(x_{k+1,1}, z, x_{k3}, \cdots, x_{k,n-1}, x_{kn}),$$

$$x_{k+1,3} = \min_z f(x_{k+1,1}, x_{k+1,2}, z, \cdots, x_{k,n-1}, x_{kn}),$$

$$\cdots,$$

$$x_{k+1,n} = \min_z f(x_{k+1,1}, x_{k+1,2}, x_{k+1,3}, \cdots, x_{k+1,n-1}, z).$$

证明该更新方式等价于单步 Gauss-Seidel 迭代.

6.4 假设系数矩阵 A 满足 $a_{ii} > 0$, $a_{ij} < 0$ $(i \neq j)$. 判断下列结论哪一个成立?

a) $0 < \rho(B^{\mathrm{J}}) < \rho(B^{\mathrm{GS}}) < 1$;

b) $1 < \rho(B^{\mathrm{J}}) < \rho(B^{\mathrm{GS}})$;

c) $\rho(B^{\mathrm{J}}) = \rho(B^{\mathrm{GS}}) = 0$;

d) $\rho(B^{\mathrm{J}}) = \rho(B^{\mathrm{GS}}) = 1$.

6.5 设 B^{J} 为 Jacobi 迭代矩阵, 证明当 $\|B^{\mathrm{J}}\|_1 < 1$ 或者 $\|B^{\mathrm{J}}\|_\infty < 1$ 时, Gauss-Seidel 迭代也收敛.

6.6 证明定理 6.10.

6.7 证明命题 6.14.

6.8 称 $A = M - N$ 为矩阵 A 的一个正则分裂 (regular splitting), 如果 M 非奇异, 并且 M^{-1} 和 N 都是非负矩阵. 假设 A 是可逆 M-阵 (定义见习题 2.13), 证明定常迭代格式 (6.3) 在正则分裂下收敛.

6.9 对于超松弛迭代, 即使线性方程组的系数矩阵对称, 迭代矩阵也可能存在复特征值. 为此, 对称超松弛迭代 (SSOR(ω)) 通过向前、向后分别做一次超松弛迭代能够得到具有实特征值的迭代矩阵. 设 $A = D - L - U$, 对称超松弛迭代有如下格式:

$$x_{k+1/2} = (D - \omega L)^{-1}((1-\omega)D + \omega U)x_k + \omega(D - \omega L)^{-1}b,$$

$$x_{k+1} = (D - \omega U)^{-1}((1 - \omega)D + \omega L)x_{k+1/2} + \omega(D - \omega U)^{-1}b.$$

a) 写出对称超松弛迭代由 x_k 到 x_{k+1} 的迭代格式.

b) 证明当 A 为对称矩阵时相应迭代矩阵的特征值全为实数.

6.10 设 $A \in \mathbb{R}^{m \times n}$, $B \in \mathbb{R}^{p \times q}$, $A \otimes B$ 为 A 和 B 的 Kronecker 积 (见定义 6.4). 证明如下结论:

a) $(A \otimes B)(C \otimes D) = (AC) \otimes (BD)$. 这里假设 AC 和 BD 良定义;

b) $(A \otimes B)^{\mathsf{T}} = A^{\mathsf{T}} \otimes B^{\mathsf{T}}$;

c) 假设 A 和 B 非奇异, 证明 $(A \otimes B)^{-1} = A^{-1} \otimes B^{-1}$.

6.11 设

$$A = \begin{bmatrix} D_1 & B_1 & & & \\ C_2 & D_2 & B_2 & & \\ & \ddots & \ddots & \ddots & \\ & & C_{k-1} & D_{k-1} & B_{k-1} \\ & & & C_k & D_k \end{bmatrix},$$

其中 D_i 为三对角矩阵, B_i 和 C_i 为对角矩阵. 通过构造相似变换证明 A 为相容次序矩阵.

6.12 已知 2 维 Poisson 方程离散后字典序下的系数矩阵 A 具有式 (6.42) 中的块三对角结构.

a) 假设用超松弛迭代 SOR(ω) 求解以 A 为系数矩阵的线性方程组, 计算最佳松弛因子 ω_{opt}.

b) 证明存在排列矩阵 P, 使得

$$T = PAP^{\mathsf{T}} = \begin{bmatrix} D_1 & E^{\mathsf{T}} \\ E & D_2 \end{bmatrix},$$

其中 D_1, D_2 为对角矩阵, 即矩阵 A 具有性质 A.

c) 假设用超松弛迭代 SOR(ω) 求解以 T 为系数矩阵的线性方程组, 计算最佳松弛因子 ω_{opt}.

6.13 例 6.1 中的相容次序矩阵对应的 Jacobi 迭代矩阵 B^{J} 具有如下形式:

$$\begin{bmatrix} 0 & \widehat{F}_1 & & & \\ \widehat{E}_2 & 0 & \widehat{F}_2 & & \\ & \ddots & \ddots & \ddots & \\ & & \widehat{E}_{k-1} & 0 & \widehat{F}_{k-1} \\ & & & \widehat{E}_k & 0 \end{bmatrix}.$$

由定理 6.12, B^{J} 的特征值正负成对出现. 假设正负特征值都是单重的, 说明它们的特征向量之间的关系.

6.14 定理 6.2 中证明了 $\|x_k - x_*\| / \|x_0 - x_*\| \leqslant \|B^k\|$. 定义

$$R_k(B) = \frac{-\ln\|B^k\|}{k}$$

为 k 步迭代的平均收敛率 (average convergence rate), 则

$$\left(\frac{\|x_k - x_*\|}{\|x_0 - x_*\|} \right)^{1/k} \leqslant \mathrm{e}^{-R_k(B)}.$$

证明

$$R_\infty(B) = \lim_{k \to \infty} R_k(B) = -\ln\rho(B),$$

其中 $R_\infty(B)$ 称为**渐近收敛率** (asymptotic convergence rate).

6.15 当分别用 Jacobi 迭代、Gauss–Siedel 迭代和 SOR(ω_{opt}) 求解以式 (6.42) 中的 A 为系数矩阵的线性方程组时, 相应的渐近收敛率是多少?

6.16 记 $x_* = A^{-1}b$ 为线性方程组 $Ax = b$ 的精确解, 令 x_k 为梯度下降法 6.1 产生的迭代. 证明当 $x_k - x_*$ 平行于 A 的某个特征向量时, $x_{k+1} = x_*$ 为精确解.

6.17 通过正交投影求解

$$\alpha_k = \arg\min_\alpha \left\| A^{1/2}x_k + \alpha A^{1/2}r_k - A^{-1/2}b \right\|_2^2,$$

也可以得到线性方程组梯度下降法的迭代格式.

6.18 证明共轭梯度法 (算法 6.2) 中 α_k 和 β_k 计算方式和 (6.26)、(6.27) 等价.

6.19 证明定理 6.16.

6.20 假设矩阵 A 对称正定, 证明对任意多项式 $\pi(x)$, $\|\pi(A)v\|_A \leqslant \|\pi(A)\|_2 \|v\|_A$ 成立.

6.21 证明共轭梯度法的迭代解满足

$$\|x_k - x_*\|_A^2 - \|x_{k+1} - x_*\|_A^2 = \frac{(r_k^{\mathsf{T}} r_k)^2}{p_k^{\mathsf{T}} A p_k}.$$

6.22 证明共轭梯度法的迭代误差严格单调下降, 即当 $x_k \neq x_*$ 时,

$$\|x_{k+1} - x_*\|_2 < \|x_k - x_*\|_2.$$

6.23 如果对称正定矩阵 A 有 m 个互不相同的特征值, 证明共轭梯度法至多 m 步就可以得到线性方程组 $Ax = b$ 的精确解.

6.24 如果对称正定线性方程组 $Ax = b$ 的精确解 $x_* = A^{-1}b$ 是 A 的 m 个特征向量的线性组合, 证明共轭梯度法至多 m 步就可以得到精确解.

6.25 设 $A = I_n + XX^\mathsf{T}$, 其中 I_n 为 $n \times n$ 单位矩阵, X 为 $n \times k$ 矩阵 $(k < n)$. 证明共轭梯度法至多 $k + 1$ 步就可以得到线性方程组 $Ax = b$ 的精确解.

6.26 共轭梯度法的收敛性证明 (即定理 6.19) 用到了第一类 Chebyshev 多项式, 它由以下方式递归定义: $T_0(x) = 1$, $T_1(x) = x$,

$$T_k(x) = 2x \cdot T_{k-1}(x) - T_{k-2}(x), \quad k = 2, 3, \cdots.$$

证明

$$T_k(x) = \begin{cases} \cos(k \arccos x), & |x| \leqslant 1, \\ \dfrac{1}{2}\big[(x + \sqrt{x^2 - 1})^k + (x - \sqrt{x^2 - 1})^k\big], & |x| \geqslant 1. \end{cases}$$

6.27 描述用共轭梯度法求解最小二乘问题法方程 $A^\mathsf{T} A = A^\mathsf{T} b$ 的详细算法, 要求算法中不能显式计算 $A^\mathsf{T} A$, 这里 $A \in \mathbb{R}^{m \times n}$ 为列满秩矩阵.

6.28 考察对称正定线性方程组 $Ax = b$, 设 M 为对称正定预条件子.

a) 证明 $M^{-1}A$ 关于 M-内积对称, AM^{-1} 关于 M^{-1}-内积对称;

b) 分别在 M-内积和 M^{-1}-内积意义下构造求解线性方程组

$$M^{-1}Ax = M^{-1}b \quad \text{和} \quad AM^{-1}\tilde{x} = b, \ \tilde{x} = Mx$$

的共轭梯度法, 和算法 6.3 比较并给出解释.

6.29 考察定常迭代:

$$x_{k+1} = Bx_k + f, \quad k = 0, 1, \cdots.$$

假设迭代收敛到解 x_*. 我们可以通过对前 k 步已经得到的迭代 $x_0, \cdots, x_k$ 做一定的线性组合以达到加速的目的.

a) 令

$$y_k = \sum_{i=0}^{k} \alpha_{ki} x_i, \tag{6.55}$$

其中 $\sum\limits_{i=0}^{k} \alpha_{ki} = 1$ (这样如果 $x_0 = \cdots = x_k = x_*$, 就会有 $y_k = x_*$). 证明存在满足 $p_k(1) = 1$ 的 k 次多项式 $p_k(x)$ 使得

$$y_k - x_* = p_k(B)(x_0 - x_*).$$

相反地, 易知任何一个满足 $p_k(1) = 1$ 的 k 次多项式都对应着一个组合方式.

b) 设矩阵 B 的谱半径为 $\rho > 0$. 通过 a) 可知, 为了加速定常迭代法的收敛, 我们可以选取满足 $p_k(x) = 1$ 并且

$$\max_{-\rho \leqslant x \leqslant \rho} |p_k(x)|$$

尽可能地小的多项式. 基于 Chebyshev 多项式在 ∞-范数下的良好逼近性质, Chebyshev 加速方法使用的是

$$p_k(x) = \frac{T_k(x/\rho)}{T_k(1/\rho)},$$

其中 $T_k(z)$ 为习题 6.26 中定义的第一类 Chebyshev 多项式. 利用 Chebyshev 多项式的递推公式, 设计一个通过 y_{k-1} 和 y_{k-2} 计算 y_k 的方法.

c) 编程测试当定常迭代法分别为 Jacobi 迭代和 Gauss–Seidel 迭代时所对应的 Chebyshev 加速方法的数值效果.

6.30 证明定理 6.20.

6.31 考虑特征值问题的 Rayleigh–Ritz 子空间近似. 设 $A \in \mathbb{R}^{n \times n}$ 为对称矩阵, 令 $X \in \mathbb{R}^{n \times k}$ $(k < n)$ 为列正交矩阵. Rayleigh–Ritz 子空间近似通过求解优化问题

$$\min_{Q \in \mathbb{R}^{n \times k}, \Lambda \in \mathbb{R}^{k \times k}} \|AQ - Q\Lambda\|_F, \quad \text{s.t.} \quad \text{span}(Q) = \text{span}(X) \text{ 且 } Q^\mathsf{T} Q = I_k, \Lambda \text{ 为对角矩阵}$$

来寻找 $\text{span}(X)$ 中最像特征向量的 k 个向量. 假设 $H = X^\mathsf{T} A X$ 有特征值分解 $H = U D U^\mathsf{T}$. 证明以上优化问题的解为

$$Q = XU, \quad \Lambda = D.$$

6.32 用图 6.17 中的数据 (可以自行产生形状类似的数据), 测试 k 均值聚类和谱聚类的效果.

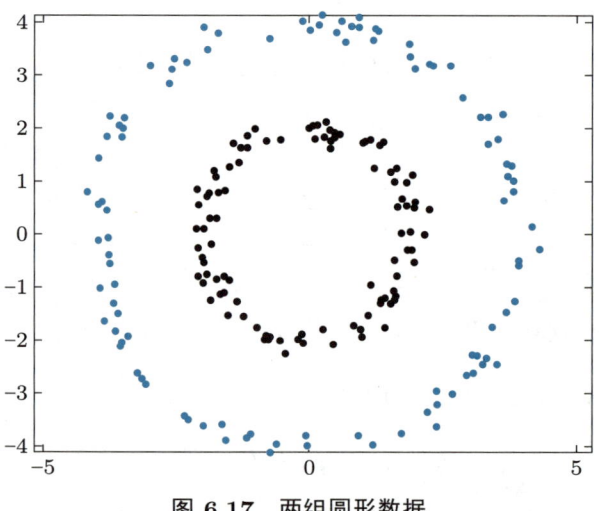

图 6.17 两组圆形数据

6.33 对于多类情形, 归一化割求解如下优化问题:

$$\min_{\{A_1, \cdots, A_k\}} \sum_{i=1}^{k} \frac{\text{cut}(A_i, \bar{A}_i)}{\text{vol}(A_i)}, \tag{6.56}$$

其中 A_i 为互不相交的节点集合, $\bar{A}_i$ 表示 A_i 的补集.

　　a) 定义 $X = [x_1, \cdots, x_k] \in \mathbb{R}^{n \times k}$ 如下:

$$
x_{ij} = \begin{cases} \dfrac{1}{\sqrt{\mathrm{vol}(A_i)}}, & v_j \in A_i, \\ 0, & \text{其他.} \end{cases}
$$

证明问题 (6.56) 等价于

$$
\min_{X \in \mathbb{R}^{n \times k}} \mathrm{trace}(X^\mathsf{T} L X), \quad \text{s.t.} \quad X \text{ 具有 a) 中的形式.} \tag{6.57}
$$

　　b) 由于 X 的特定形式, 问题 (6.57) 难以求解. 试着对该问题进行松弛并近似求解. 在得到近似解之后, 就可以把它的每一行当作相应数据的特征进行聚类.

第七章

进阶主题

本章将介绍几个和数值线性代数紧密相关的进阶主题, 包括: 压缩感知、线性降维、随机数值线性代数和深度神经网络.

7.1 压缩感知

压缩感知 (compressed/compressive sensing) 为信号处理提供了一个新模式, 其基本想法是在信号处理的过程中充分利用信号的稀疏性以减少所需采样的数量. 这本质上对应着欠定线性方程组的求解. 本节将从欠定线性方程组开始介绍, 然后简要介绍压缩感知的信号处理背景, 最后讨论一些基本理论与求解方法.

7.1.1 欠定线性方程组

本书在第二章和第六章介绍了当 A 为方阵时线性方程组 $Ax = b$ 的求解方法, 在第三章和第五章介绍了当 A 的行数多于列数时最小二乘问题 $Ax \approx b$ 的求解方法. 很自然地, 我们还可以考虑当矩阵 A 的列数大于行数的情形, 比如下述形式的线性方程组:

$$
\begin{bmatrix} \times & \times & \times & \times & \times & \times \\ \times & \times & \times & \times & \times & \times \\ \times & \times & \times & \times & \times & \times \end{bmatrix}
\begin{bmatrix} \times \\ \times \\ \times \\ \times \\ \times \\ \times \end{bmatrix}
=
\begin{bmatrix} \times \\ \times \\ \times \end{bmatrix}.
$$

当矩阵 $A \in \mathbb{R}^{m \times n}$ 的列数大于行数 (即 $m < n$) 时, 通常称 $Ax = b$ 为欠定线性方程组. 如无特殊说明, 本节将假设 A 是行满秩矩阵. 此时易知, $Ax = b$ 的解总是存在的, 但是并不唯一. 这也是称方程组欠定的原因. 尽管线性方程组的解不唯一, 我们可以根据实际需要选择一个符合要求的解. 接下来将从最小化向量范数角度考虑三种不同类型的解.

1. 最小化 ℓ_2-范数解

顾名思义, 这里的目标是从线性方程组的所有解中寻找 ℓ_2-范数最小的那个. 数学上, 这可以表达为

$$
\min_{x \in \mathbb{R}^n} \|x\|_2, \quad \text{s.t.} \quad Ax = b. \tag{7.1}
$$

该问题的闭式解可以通过 Lagrange 乘子法得到 (见习题 7.1), 具体由以下公式给出:

$$
x_* = A^{\mathsf{T}} (AA^{\mathsf{T}})^{-1} b. \tag{7.2}
$$

2. 最小化 ℓ_1-范数解

我们可以将式 (7.1) 中的 ℓ_2-范数替换成 ℓ_1-范数, 从而求线性方程组 $Ax = b$ 的 ℓ_1-范数最小解:

$$\min_{x \in \mathbb{R}^n} \|x\|_1, \quad \text{s.t.} \quad Ax = b. \tag{7.3}$$

值得注意的是, 由于 ℓ_1-范数是非光滑函数, 问题 (7.3) 并不存在闭式解. 不过尽管如此, (7.3) 仍然是一个凸优化问题, 因此存在可行的求解算法. 事实上, 为 (7.3) 及其相关变形设计高效的算法是一个广受关注的研究课题.

3. 最小化 ℓ_0-范数解

本书在第一章引入了向量 ℓ_0-范数的定义, 它刻画了向量的稀疏性. 给定 $x \in \mathbb{R}^n$, 其 ℓ_0-范数 $\|x\|_0$ 是指向量中非零元素的个数, 即

$$\|x\|_0 = \#\{1 \leqslant i \leqslant n, \ x_i \neq 0\}.$$

尽管 $\|x\|_0$ 并不是严格意义上的向量范数, 为了方便表述, 我们仍称它为向量 x 的 ℓ_0-范数. 当 $\|x\|_0$ 比较小时, 通常称 x 是稀疏向量. 特别地, 对于一个给定的正整数 $k < n$, 当 $\|x\|_0 \leqslant k$ 时, 称 x 为 k-稀疏向量. 如果我们把问题 (7.1) 或者 (7.3) 中的目标函数替换成向量的 ℓ_0-范数, 就得到了最小化 ℓ_0-范数问题:

$$\min_{x \in \mathbb{R}^n} \|x\|_0, \quad \text{s.t.} \quad Ax = b. \tag{7.4}$$

也就是说, 我们希望从线性方程组 $Ax = b$ 的所有解中寻找最稀疏的那个.

7.1.2 压缩感知信号处理背景

如前所述, 压缩感知为信号处理提供了新模式. 我们知道 Shannon 采样定理在信号处理领域占据着基础地位, 它回答了需要采集多少样本才能够重建一个信号的问题. 粗略地讲, 压缩感知在充分利用信号稀疏结构的情况下能够突破 Shannon 采样定理的限制. 深入讨论这一方面的区别和联系远超本书的范围, 本节仅在离散情形下对压缩感知的信号处理背景进行简要介绍.

首先来看一个稀疏信号的例子. 图 7.1 (a) 展示了一段对应着电话按键 A 的离散信号 $f \in \mathbb{R}^{256}$, 它是通过对连续信号

$$f(t) = \sin(1394\pi t) + \sin(3266\pi t)$$

在区间 $[0,1]$ 上均匀采样 256 个点得到的. 尽管 f 本身并不稀疏, 但是存在一组标准正交基使得 f 在该组基下的系数是稀疏的. 具体地, 设 $\Psi \in \mathbb{R}^{n \times n}$ 为对应着离散余弦变换

的正交矩阵, 令 $x_* = \Psi^\top f$, 我们有 $f = \Psi x_*$, 并且 x_* 为近似 4-稀疏向量 (如图 7.1 (b) 所示).

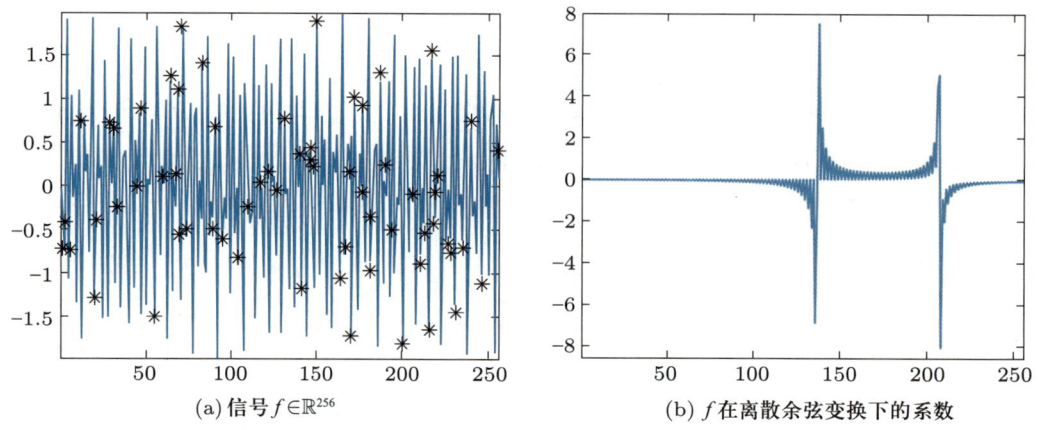

(a) 信号 $f \in \mathbb{R}^{256}$ (b) f 在离散余弦变换下的系数

图 7.1

一般情况下, 设 $f \in \mathbb{R}^n$ 是一个具有如下表示的离散信号:

$$f = \Psi x_*, \tag{7.5}$$

其中 Ψ 表示一组基底 (在信号和数据处理中又被称为字典), x_* 为信号 f 在这组基底下的系数, 是近似稀疏向量. 在不同的实际问题中, Ψ 的具体选取方式会有所不同. 为了简单起见, 假设 $\Psi \in \mathbb{R}^{n \times n}$ 为正交矩阵. 在信号处理的过程中, 人们通常无法直接观测到目标信号 f, 而是需要通过某种机制对 f 进行采样. 很多情况下, 采样过程是线性的, 因此存在一个矩阵 $\Phi \in \mathbb{R}^{m \times n}$, 使得采样得到的向量 b 可以表示为 Φ 和 f 的乘积,

$$b = \Phi f. \tag{7.6}$$

已知采样向量 b, 一个很自然的问题是如何重构目标信号 f, 这也是信号处理的一个基本任务. 记 $A = \Phi \Psi \in \mathbb{R}^{m \times n}$, 联立 (7.5) 和 (7.6) 可得

$$b = A x_*. \tag{7.7}$$

显然, 在 Φ 和 Ψ 已知的情形下, 重构信号 f 等价于重构系数向量 x_*, 进而就是求解线性方程组 $Ax = b$ 的问题. 由于 x_* 中有 n 个未知数, 在没有任何先验信息的情况下, 需要 n 个方程才能唯一地确定 x_*. 从采样的角度看, 这意味着至少需要 $m = n$ 个观测值才可以重构向量 x_*. 但是, 由于这里假设 x_* 是一个稀疏向量, 因此它的信息量仅仅和非零元的个数有关, 而非零元的个数往往远小于向量的长度. 此时我们是否能够通过更少的观测值确定和重构 x_*? 压缩感知为该问题提供了肯定的答案, 其基本原理表明:

若 x_* 是 k-稀疏向量, 能够实现重构所需的方程个数 m 总体上线性依赖于向量的稀疏度 k.

这也解释了名词 "压缩感知" 的由来, 即我们可以基于 "压缩" 的采样数据重构目标信号.

由于目标向量 x_* 是稀疏的, 可以通过求解最小化 ℓ_0-范数问题 (7.4) 来对其进行重构. 但是直接求解 (7.4) 是 NP-难的[①], 因此需要计算上更加可行的方法. 基于松弛的思想, 我们可以通过最小化 ℓ_1-范数求解欠定方程组的稀疏解.

7.1.3 最小化 ℓ_1-范数求解欠定线性方程组的稀疏解

首先, 我们再次明确一下问题的设定. 设 $x_* \in \mathbb{R}^n$ 为一未知 k-稀疏向量, 即 $\|x_*\|_0 \leqslant k$; 令 $b = Ax_* \in \mathbb{R}^m$ 为观测向量, 其中 $A \in \mathbb{R}^{m \times n}$ $(m < n)$ 为给定的测量矩阵. 如果采用最小化 ℓ_1-范数去重构稀疏向量 x_*, 一个基本的问题是: 什么时候问题 (7.3) 的解会是 x_*? 显然, 对于该问题的回答依赖测量矩阵的性质. 这里将基于矩阵的受限等距性质 (restricted isometry property, RIP) 对此进行讨论.

定义 7.1 设 $A \in \mathbb{R}^{m \times n}$, 其中 $m < n$. 给定 $1 \leqslant k \leqslant n$, 如果存在常数 $0 < \delta_k < 1$ 使不等式

$$(1 - \delta_k)\|x\|_2^2 \leqslant \|Ax\|_2^2 \leqslant (1 + \delta_k)\|x\|_2^2 \tag{7.8}$$

对所有的 k-稀疏向量 x 成立, 就称 A 满足参数为 δ_k 的受限等距性质.

假设 A 满足受限等距性质. 当 $\delta_k \ll 1$ 时, 不难看出 A 的任意 k 列所组成的子矩阵近似列正交并且有良好的条件数. 因此, 受限等距性质可以看作矩阵的正交性质和条件数由 n 阶方阵到 $m \times n$ 欠定矩阵的拓展.

定理 7.2 设 $x_* \in \mathbb{R}^n$ 为一未知 k-稀疏向量并且设 $b = Ax_*$. 如果矩阵 A 的受限等距参数满足

$$\delta_{2k} < \sqrt{2} - 1, \tag{7.9}$$

则 (1) x_* 为满足线性方程 $Ax = b$ 的唯一 k-稀疏解; (2) 最小化 ℓ_1-范数问题 (7.3) 的解即为 x_*.

结论 (1) 的证明留作习题 7.3, 而结论 (2) 的证明并不显然. 另外, 对于确定性矩阵, 计算受限等距参数并不容易 (因为需要遍历矩阵所有可能的 k 列组成的子矩阵). 尽管如此, 对于一类随机矩阵, 当 $m = O(k \log n)$ 时, 可以证明式 (7.9) 高概率成立. 有关定理 7.9 和受限等距性质的更多细节可以参考本章文献.

---

① 为了体会其中的计算难度, 可以考虑用暴力搜索的方法求解 (7.4) 的计算复杂度.

最后, 我们从几何观点解释为什么最小化 ℓ_1-范数的解会是稀疏的. 考虑 2 维情形, 此时线性方程的所有解组成了一条直线, 而其中的稀疏解则是该直线与坐标轴的交点, 见图 7.2. 从图中可以看出, 由于 ℓ_1-范数球的顶点在坐标轴上, 即它在坐标轴处是 "尖" 的, 因此当 ℓ_1-范数不断增大时, 与直线的交点最先发生在坐标轴上, 从而最小化 ℓ_1-范数可以得到稀疏解. 与此形成鲜明对比的是, ℓ_2-范数球与直线的交点并不在坐标轴上, 因此最小化 ℓ_2-范数的解并不稀疏. 从几何形状上看, ℓ_2-范数球是各向同性的, 因此在坐标轴方向上并无特殊之处, 而 ℓ_1-范数球在坐标轴方向相比于其他方向更加突出.

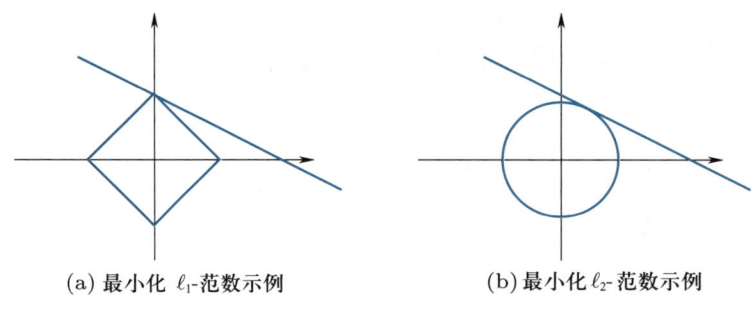

(a) 最小化 ℓ_1-范数示例　　　　　　　　(b) 最小化 ℓ_2-范数示例

图 **7.2**

7.1.4　近端梯度法及其加速

最小化 ℓ_1-范数问题 (7.3) 是带有等式约束的线性规划问题, 可以通过内点法或者单纯形法进行求解, 但是对于这些算法的介绍需要更多篇幅并且超出了本书的范围. 因此这里仅介绍求解 ℓ_1-范数正则化问题的算法:

$$\min_{x \in \mathbb{R}^n} \frac{1}{2} \|Ax - b\|_2^2 + \tau \|x\|_1, \tag{7.10}$$

其中 $\tau > 0$ 为可调参数. 在统计学和机器学习领域, 该问题又被熟知为 Lasso (least absolute shrinkage and selection operator). 由于最小化 (7.10) 中的目标函数意味着 $\|Ax - b\|_2^2$ 和 $\|x\|_1$ 都要足够小, 因此可以得到近似满足等式约束的稀疏解.

显然, ℓ_1-范数正则化问题是下面更一般优化问题的一个特殊形式:

$$\min_{x \in \mathbb{R}^n} f(x) + h(x), \tag{7.11}$$

其中 $f(x)$ 为光滑函数, 而 $h(x)$ 为非光滑函数 (即不处处可导). 我们将在这个更加一般的框架下对相关算法进行介绍. 在目标函数中不存在非光滑项 $h(x)$ 的情况下, 自然可以运用在第六章 6.3 节中讨论的梯度下降法对 (7.11) 进行求解, 基本迭代格式如下:

$$x_{k+1} = x_k - \alpha_k \nabla f(x_k). \tag{7.12}$$

其中, $-\nabla f(x_k)$ 为梯度下降方向, α_k 为搜索步长. 但是, 如果目标函数中存在非光滑项 $h(x)$, 梯度下降法不再直接适用. 此时, 我们可以对导数的定义进行拓展, 发展求解非光滑优化问题的次梯度方法. 不过下面我们将介绍受梯度下降法另一个解释角度启发得到的近端梯度法 (proximal gradient method) 和快速近端梯度法 (fast/accelerated proximal gradient method).

1. 近端梯度法

我们已经在第六章 6.3 节中提到, 迭代格式 (7.12) 的另一种表达方式为

$$x_{k+1} = \arg\min_{x\in\mathbb{R}^n} f(x_k) + \nabla f(x_k)^\mathsf{T}(x - x_k) + \frac{1}{2\alpha_k}\|x - x_k\|_2^2.$$

也就是说, 梯度下降法的每一步其实是在最小化函数 $f(x)$ 在 x_k 处的带有近端项的一阶 Taylor 展开. 既然式 (7.11) 中的第一项 $f(x)$ 是光滑函数, 我们可以在迭代更新时对 $f(x)$ 在当前估计值处采取相同的展开方式, 并同时保持 $h(x)$ 不变. 这样就会得到如下迭代格式:

$$\begin{aligned}
x_{k+1} &= \arg\min_{x\in\mathbb{R}^n} f(x_k) + \nabla f(x_k)^\mathsf{T}(x - x_k) + \frac{1}{2\alpha_k}\|x - x_k\|_2^2 + h(x) \\
&= \arg\min_{x\in\mathbb{R}^n} \frac{1}{2\alpha_k}\|x - (x_k - \alpha_k\nabla f(x_k))\|_2^2 + h(x) \\
&= \mathrm{Prox}_{\alpha_k h}(x_k - \alpha_k\nabla f(x_k)).
\end{aligned} \tag{7.13}$$

上式中的 $\mathrm{Prox}_{\alpha_k h}(\cdot)$ 称为近端算子. 对任意 $u \in \mathbb{R}^n$, 近端算子的定义如下:

$$\mathrm{Prox}_{\alpha_k h}(u) = \arg\min_{x\in\mathbb{R}^n} \frac{1}{2}\|x - u\|_2^2 + \alpha_k h(x).$$

由于近端算子的引入, 通常称迭代格式 (7.13) 为近端梯度法. 具体到 (7.10) 中的函数 $h(x) = \tau\|x\|_1$, 我们有 (见习题 7.4)

$$\mathrm{Prox}_{\alpha_k h}(u) = \begin{cases} u_i - \tau\alpha_k, & u_i \geqslant \tau\alpha_k, \\ 0, & -\tau\alpha_k \leqslant u_i \leqslant \tau\alpha_k, \\ u_i + \tau\alpha_k, & u_i \leqslant -\tau\alpha_k. \end{cases} \tag{7.14}$$

2. 快速近端梯度法

对于一般凸优化问题, 可以证明近端梯度法的收敛速度为 $O(1/k)$. 如果我们对算法稍加改变, 就可以得到具有 $O(1/k^2)$ 收敛速度的快速近端梯度算法. 给定 $y_0 = x_0$, 快速近端梯度法的迭代格式如下:

$$\begin{cases} x_{k+1} = \mathrm{Prox}_{\alpha_k h}(y_k - \alpha_k \nabla f(y_k)), \\ y_{k+1} = x_{k+1} + \beta_k(x_{k+1} - x_k). \end{cases} \tag{7.15}$$

直观上看, 快速近端梯度法在每次迭代之前把当前迭代点和上一步的迭代点进行适当的线性组合以期得到更好的迭代起始点, 这通常称作动量 (momentum) 加速. 如果说共轭梯度法是通过调整搜索方向实现的算法加速, 那么快速近端梯度法则是通过调整搜索的起始点达到加速的目的. 式 (7.15) 中的组合系数 β_k 有多种选取方式, 其中比较简单的一种取法为

$$\beta_k = \frac{k}{k+3}. \tag{7.16}$$

7.1.5 数值案例

本节最后对 7.1.2 小节中提到的稀疏信号 (见图 7.1 (a)) 进行压缩采样和重构. 假设我们只观测到信号 f 部分位置上的元素值 (例如图 7.1 (a) 中用 ∗ 标注的 64 个元素), 则得到的观测向量 b 可以表示为

$$b = f(\varOmega) = \varPhi\varPsi x_*,$$

其中 $\varOmega$ 为观测到的元素所在位置的集合, $\varPhi = I(\varOmega, :)$ 为单位矩阵 I 对应着 $\varOmega$ 的所有行组成的矩阵, $\varPsi$ 为余弦变换矩阵, 而 x_* 为 f 在变换矩阵 $\varPsi$ 下的系数 (图 7.1 (b) 表明 x_* 是一个近似 4 稀疏向量).

令 $A = \varPhi\varPsi$, 则 $b = Ax_*$. 我们通过 ℓ_1-范数正则化 (即 (7.10)) 近似求解 x_*, 并分别运用近端梯度法和快速近端梯度法 (β_k 由式 (7.16) 给出) 计算 ℓ_1-范数正则化问题的解. 在数值实验中, (7.10) 中 τ 取 0.1, 而两个算法所使用的步长均为 $\alpha_k = 1/\|A^\mathsf{T}A\|_2$. 图 7.3 展示了两个算法每步迭代得到的函数值随迭代步数的变化曲线. 从中可以看出快

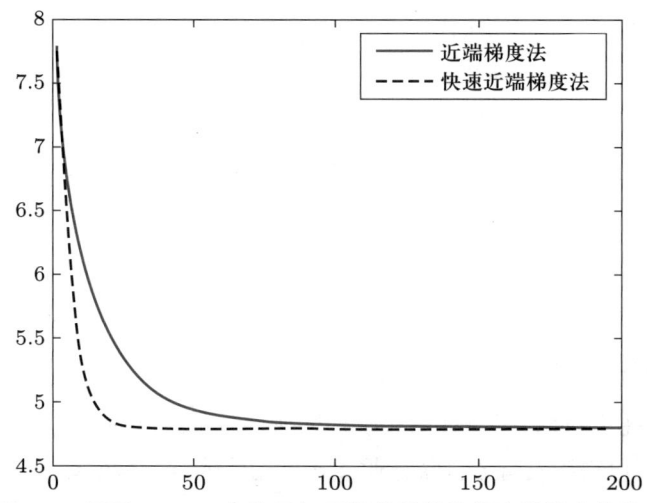

图 7.3 问题 (7.10) 中的目标函数值随着迭代步数的变化曲线

速近端梯度法收敛速度更快. 由于两个算法在运行 200 步之后得到的 x_{200} 大致相同, 图 7.4 (a) 只展示了快速近端梯度法得到的解. 从中不难看出, 通过 ℓ_1-范数正则化得到的解是近似 4-稀疏的, 符合目标解 x_* 的稀疏特征. 与此相反, 运用公式 (7.2) 得到的最小化 ℓ_2-范数解并不稀疏, 见图 7.4 (b).

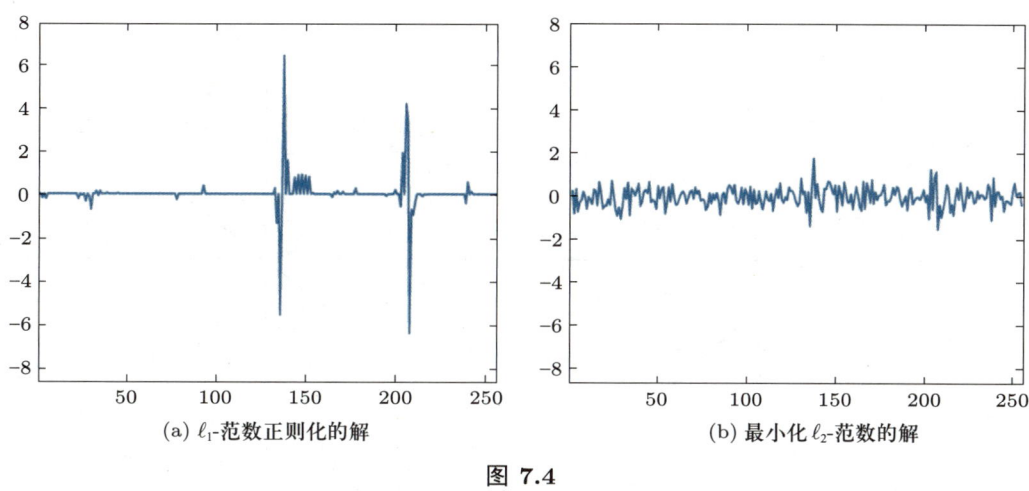

图 **7.4**

7.2 线性降维

我们已经在第五章 5.3 节介绍了一种线性降维方法: 主成分分析, 它是通过最小化投影误差或者最大化投影数据的方差来选择投影空间的. 当然, 我们还可以使用其他标准选择投影空间, 从而会得到不同的降维方法. 本节再介绍两类线性降维方法: 线性判别分析 (linear discriminant analysis, LDA) 和典型相关分析 (canonical correlation analysis, CCA). 这两类方法与矩阵的特征值分解和奇异值分解有密切的联系.

7.2.1 线性判别分析

尽管主成分分析得到的数据低维表示可以被进一步地用作数据分类, 但是它在选择投影空间时并没有考虑数据的分类信息. 对于高维数据的分类问题, 一个自然的想法是将投影和分类结合起来. 线性判别分析就是一种考虑数据分类信息的线性降维方法, 最先由 Fisher 在两类数据问题中提出, 因此又被称作 Fisher 判别分析.

1. 两类情形

本节也首先在两类情形下对线性判别分析进行介绍. 假设总共有 m 条数据 $\{x_k\}_{k=1}^m \subset \mathbb{R}^n$, 它们可以被分为两类 $\mathcal{X}_1$ 和 $\mathcal{X}_2$, 其中每一类的数据量分别为 m_1 和 m_2, 即 $m_1 + m_2 =$

m. 线性判别分析的基本想法为: 找到一条直线, 使得把所有数据向该直线投影之后, 同类数据的投影尽可能接近, 而不同类数据的投影尽可能远离. 图 7.5 中展示了一个把给定的两组数据向两条不同直线上投影的 2 维示例. 显然, 图 7.5(a) 中选取的直线更加符合线性判别分析的投影标准.

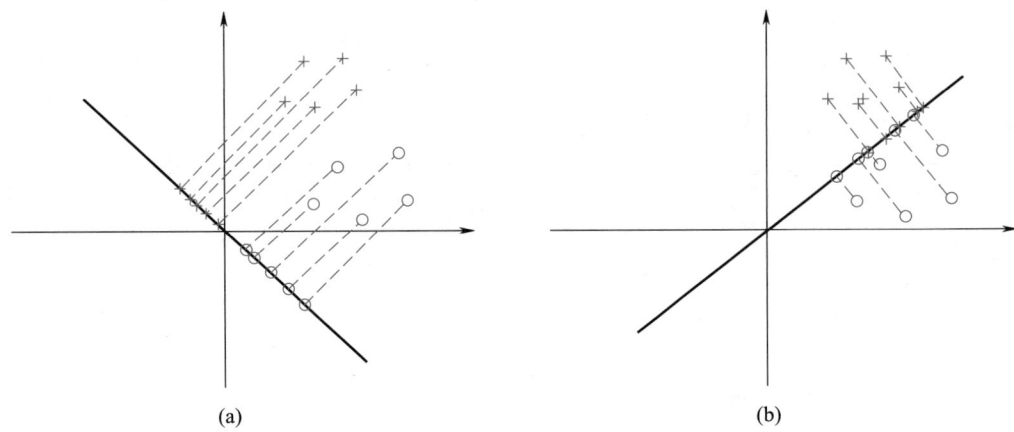

(a)   (b)

图 7.5   线性判别分析 2 维图例

线性判别分析中直线的选取依赖类内散度 (within-class scatter) 和类间散度 (between-class scatter) 这两个概念. 在忽略常数的情况下, 散度就是数据的协方差. 具体地, 令 μ 为全体数据的均值, 即

$$\mu = \frac{1}{m} \sum_{k=1}^{m} x_k,$$

全体数据的散度 S 为

$$S = \sum_{k=1}^{m} (x_k - \mu)(x_k - \mu)^{\mathsf{T}}. \tag{7.17}$$

同样地, 令 $\mu_i, i = 1, 2$ 为每类数据的均值,

$$\mu_i = \frac{1}{m_i} \sum_{x_k \in \mathcal{X}_i} x_k,$$

相应的散度为

$$S_i = \sum_{x_k \in \mathcal{X}_i} (x_k - \mu_i)(x_k - \mu_i)^{\mathsf{T}}. \tag{7.18}$$

如果用单位向量 $v \in \mathbb{R}^n$ 表示一条过原点的直线所在的方向, 我们可以类似地定义投影之后的散度. 通过简单计算可知, 所有数据向 v 所表示的直线投影之后的坐标数据的均值和散度分别为

$$v^{\mathsf{T}}\mu \text{ 和 } v^{\mathsf{T}}Sv,$$

而每类数据投影之后的均值和散度分别为

$$v^\mathsf{T}\mu_i \text{ 和 } v^\mathsf{T}S_i v.$$

我们可以进一步定义投影之后两类数据的类内散度和类间散度. 投影之后的类内散度就是指两类投影数据的散度之和:

$$\sum_{x_k \in \mathcal{X}_1} \left(v^\mathsf{T}(x_k - \mu_1)\right)^2 + \sum_{x_k \in \mathcal{X}_2} \left(v^\mathsf{T}(x_k - \mu_2)\right)^2 = v^\mathsf{T}(S_1 + S_2)v,$$

而类间散度则是两类投影数据的均值到总体均值的加权平方和:

$$\sum_{x_k \in \mathcal{X}_1} \left(v^\mathsf{T}(\mu_1 - \mu)\right)^2 + \sum_{x_k \in \mathcal{X}_2} \left(v^\mathsf{T}(\mu_2 - \mu)\right)^2$$

$$= v^\mathsf{T}\left(m_1(\mu_1 - \mu)(\mu_1 - \mu)^\mathsf{T} + m_2(\mu_2 - \mu)(\mu_2 - \mu)^\mathsf{T}\right)v.$$

因此, 要使得投影之后同类数据尽可能接近, 可以让类内散度尽可能地小; 而要使得投影之后不同类数据尽可能远离, 可以让类间散度尽可能地大. 这就是线性判别分析的基本想法.

如果令原始数据的类内散度为

$$S_w = S_1 + S_2, \tag{7.19}$$

类间散度为

$$S_b = m_1(\mu_1 - \mu)(\mu_1 - \mu)^\mathsf{T} + m_2(\mu_2 - \mu)(\mu_2 - \mu)^\mathsf{T}, \tag{7.20}$$

显然投影之后数据的类内散度和类间散度可以分别表示为

$$v^\mathsf{T}S_w v \quad \text{和} \quad v^\mathsf{T}S_b v.$$

那么线性判别分析的想法可以通求解如下优化问题来实现:

$$\max_{v \in \mathbb{R}^n} \frac{v^\mathsf{T}S_b v}{v^\mathsf{T}S_w v}. \tag{7.21}$$

根据广义特征值的变分表达形式 (定理 6.20), 该优化问题的解为广义特征值问题

$$S_b v = \lambda S_w v$$

最大的特征值所对应的特征向量, 同时也是矩阵 $S_w^{-1}S_b$ 最大的特征值所对应的特征向量.

2. 多类情形

我们自然可以将线性判别分析推广到多类情形. 假设有 m 条 n 维数据, 它们可以被分为 C 类 $(C > 2)$, 其中每一类的数据量为 $m_i, i = 1, \cdots, C$. 给定 $C - 1$ 条通过原点

的直线, 把每一条数据分别往这 $C-1$ 条直线上进行投影之后都会对应着一个 $C-1$ 维的坐标数据, 它们可以 "近似" 看作是原始数据在这 $C-1$ 条直线所张成的低维线性空间上的投影, 尽管并不是严格意义上的投影 (因为这里没有要求直线之间相互垂直). 类似两类情形, 多类线性判别分析的目标是选择一组直线使得投影之后类内数据尽可能接近, 而类间数据尽可能远离.

对于多类情形, 可以定义原始数据的类内散度为

$$S_w = \sum_{i=1}^{C} S_i,$$

类间散度为

$$S_b = \sum_{i=1}^{C} m_i (\mu_i - \mu)(\mu_i - \mu)^\mathsf{T},$$

其中 μ_i, μ 为每类数据和总体数据的均值, S_i 为每类数据的散度 (同 (7.18)). 假设用 $V \in \mathbb{R}^{n \times (C-1)}$ 表示 $C-1$ 条通过原点的直线, 其中 V 的每一列是与直线相对应的单位向量. 在定义了原始数据的类内散度和类间散度后, 我们可以类似地得到投影之后数据的类内散度和类间散度:

$$V^\mathsf{T} S_w V \quad \text{和} \quad V^\mathsf{T} S_b V. \tag{7.22}$$

注意, 对于多类情形, 类内散度和类间散度均是矩阵. 为了实现线性判别分析的基本想法, 这里考虑用行列式度量矩阵的大小, 从而求解如下优化问题[①]:

$$\max_{V \in \mathbb{R}^{n \times (C-1)}} \frac{\det(V^\mathsf{T} S_b V)}{\det(V^\mathsf{T} S_w V)}. \tag{7.23}$$

可以证明该优化问题的解为广义特征值问题

$$S_b v = \lambda S_w v$$

前 $C-1$ 个最大的特征值所对应的特征向量组成的矩阵, 同时也是矩阵 $S_w^{-1} S_b$ 前 $C-1$ 个最大的特征值所对应的特征向量组成的矩阵. 很显然, 当 $C=2$ 时, 得到的结果与两类情形一致.

例 7.1　在本例中, 我们比较主成分分析和线性判别分析在特定数据上的降维效果. 模拟数据由三类组成 (见图 7.6), 它们均是协方差矩阵为 $\mathrm{diag}(20, 10, 1)$ 的三维随机 Gauss 向量. 但是三类数据的均值不同, 分别为

$$\begin{bmatrix} -20 \\ 0 \\ -20 \end{bmatrix}, \quad \begin{bmatrix} 0 \\ 0 \\ 0 \end{bmatrix} \quad \text{和} \quad \begin{bmatrix} 20 \\ 0 \\ 20 \end{bmatrix}.$$

---

① 注意 (7.21) 和 (7.23) 中的目标函数与向量的长度无关, 因此无须显式施加单位向量约束.

随后, 三类数据分别围绕着均值点在 xz-平面上做 $30°$ 的旋转. 主成分分析和线性判别分析的降维结果见图 7.7. 由于这里主成分分析的目标是寻找一个 2 维空间使得投影之后所有数据的方差最大, 其降维后的数据并不能反映数据的分类信息, 而线性判别分析的降维结果则能够较好地反映数据的分类特征.

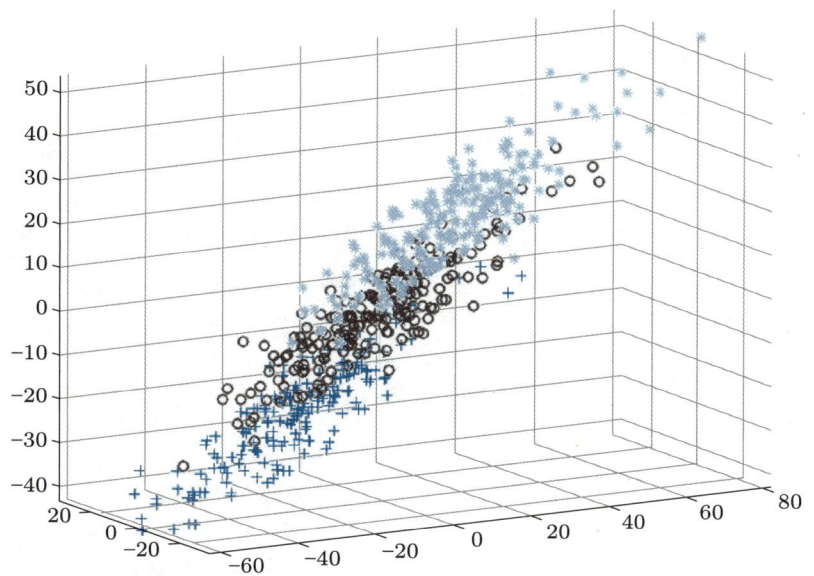

图 7.6 三类模拟数据: 每类数据均有 100 个数据点, 三类数据在空间中呈现分层平移的关系

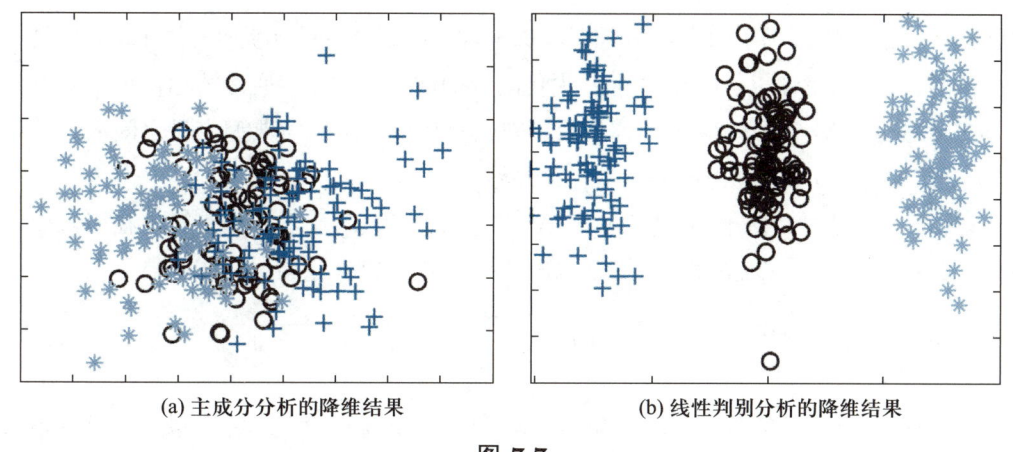

(a) 主成分分析的降维结果   (b) 线性判别分析的降维结果

图 7.7

关于线性判别分析, 有以下几点值得说明. 首先, 通过相似变换可知, $S_w^{-1}S_b$ 的所有特征值都非负. 由于 S_b 的秩小于等于 $C-1$, 因此 $S_w^{-1}S_b$ 最多有 $C-1$ 个非零特征值. 这意味着线性判别分析中可选投影空间的维数和数据的类数紧密相关, 最多为 $C-1$. 其次, 我们这里并不要求 V 为正交矩阵. 如果在优化问题 (7.23) 中施加正交约束, 它在 $C>2$ 时通常没有闭式解. 最后, 式 (7.23) 中的目标函数是通过矩阵的行列式构造的, 我们还可以使用矩阵的迹来构造目标函数, 即通过求解

$$\max_{V \in \mathbb{R}^{n \times (C-1)}} \frac{\mathrm{trace}\big(V^\mathsf{T} S_b V\big)}{\mathrm{trace}\big(V^\mathsf{T} S_w V\big)} \tag{7.24}$$

进行线性判别分析. 但是在这种情况下, 优化问题的解在 $C > 2$ 时不一定由广义特征值问题 $S_b v = \lambda S_w v$ 的特征向量给出.

7.2.2　典型相关分析

典型相关分析由 Hotelling 在 1936 年引入, 它是一种度量两组数据之间相关性的降维方法. 假定 $X \in \mathbb{R}^{m \times n_1}$ 和 $Y \in \mathbb{R}^{m \times n_2}$ 为两个数据矩阵, 其中矩阵的一行代表一条数据. 注意, 这里两组数据的维数可以不同, 但是条数必须相同 (可以理解为对任意 i, $X(i,:)$ 和 $Y(i,:)$ 来自相同的个体). 粗略地说, 典型相关分析的目标是找到几个典型方向, 使得投影之后两组数据之间的相关性尽可能地大.

不失一般性, 假设 X 和 Y 表示中心化之后的数据, 即有 $\sum\limits_{k=1}^{m} X(k,:) = 0$ 以及 $\sum\limits_{k=1}^{m} Y(k,:) = 0$. 考虑如下优化问题:

$$(\alpha_1, \beta_1) = \arg\max_{\alpha, \beta} (X\alpha)^\mathsf{T}(Y\beta), \quad \text{s.t.} \begin{cases} \|X\alpha\|_2 = 1, \\ \|Y\beta\|_2 = 1. \end{cases} \tag{7.25}$$

从统计角度看, 它刻画了两类数据分别向选定方向投影之后的相关性, 也可以看作是数据不同特征之间线性组合的相关性. 优化问题的解 α_1 和 β_1 通常被称作第一对典型方向, 而变量 $X\alpha_1$ 和 $Y\beta_1$ 则被称作第一对典型变量. 第一对典型变量之间的相关系数 $\rho_1 = (X\alpha_1)^\mathsf{T}(Y\beta_1)$ 称为第一典型相关系数.

为了求解问题 (7.25), 令 $C_{xx} = X^\mathsf{T} X$, $C_{yy} = Y^\mathsf{T} Y$, 以及 $C_{xy} = X^\mathsf{T} Y$. 在引入变量替换 $\widetilde{\alpha} = C_{xx}^{\frac{1}{2}}\alpha$, $\widetilde{\beta} = C_{yy}^{\frac{1}{2}}\beta$ 之后, 不难看出式 (7.25) 可以转化为

$$(\widetilde{\alpha}_1, \widetilde{\beta}_1) = \arg\max_{\widetilde{\alpha}, \widetilde{\beta}} \widetilde{\alpha}^\mathsf{T}\big(C_{xx}^{-\frac{1}{2}} C_{xy} C_{yy}^{-\frac{1}{2}}\big)\widetilde{\beta}, \quad \text{s.t.} \quad \|\widetilde{\alpha}\|_2 = 1, \ \|\widetilde{\beta}\|_2 = 1. \tag{7.26}$$

根据矩阵奇异值分解的基本性质可知, $\widetilde{\alpha}_1, \widetilde{\beta}_1$ 分别由矩阵 $C_{xx}^{-\frac{1}{2}} C_{xy} C_{yy}^{-\frac{1}{2}}$ 最大的奇异值所对应的左奇异向量和右奇异向量给出. 也就是说, 设 $C_{xx}^{-\frac{1}{2}} C_{xy} C_{yy}^{-\frac{1}{2}} = U \Sigma V^\mathsf{T}$ 为矩阵的奇异值分解, 我们有 $\widetilde{\alpha}_1 = U(:,1)$, $\widetilde{\beta}_1 = V(:,1)$. 从而对于问题 (7.25) 有

$$\alpha_1 = C_{xx}^{-\frac{1}{2}} U(:,1) \quad \text{和} \quad \beta_1 = C_{yy}^{-\frac{1}{2}} V(:,1).$$

例 7.2　通过如下方式产生数据矩阵: 产生随机 Gauss 矩阵 $A \in \mathbb{R}^{200 \times 2}$, $B \in \mathbb{R}^{200 \times 2}$, $Z \in \mathbb{R}^{2 \times 2}$, $E_1 \in \mathbb{R}^{200 \times 2}$, $E_2 \in \mathbb{R}^{200 \times 2}$, 令

$$X = AZ + 0.5 * E_1, \quad Y = BZ + 0.5 * E_2,$$

并对它们进一步中心化. 两组数据的 2 维散点见图 7.8 (a). 由典型相关分析得到的第一对典型变量 $X\alpha_1$ 和 $Y\beta_1$ 见图 7.8 (b), 它们之间的相关系数约为 $\rho_1 = 0.845$. 从图中也能看出 $X\alpha_1$ 和 $Y\beta_1$ 呈现较强的线性关系.

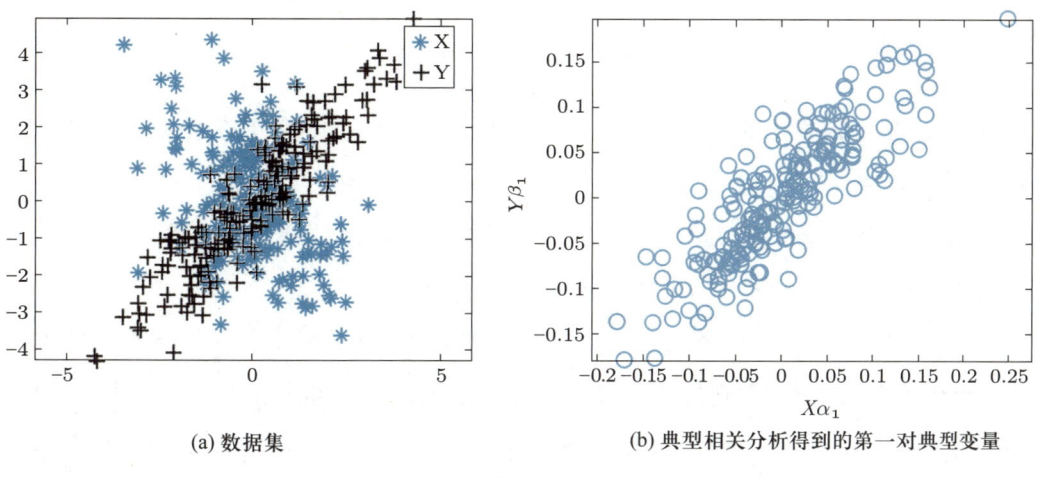

(a) 数据集　　　　　　　　　　(b) 典型相关分析得到的第一对典型变量

图 **7.8**

在定义了第一对典型方向之后, 我们可以递归地定义更多典型方向. 给定前 $k-1$ 对典型方向, 第 k 对典型方向 α_k 和 β_k 的定义为

$$(\alpha_k, \beta_k) = \arg\max_{\alpha, \beta}(X\alpha)^\mathsf{T}(Y\beta), \quad \text{s.t.} \begin{cases} \|X\alpha\|_2 = 1, \ \|Y\beta\|_2 = 1, \\ (X\alpha_j)^\mathsf{T}(X\alpha_j) = 0, \ j = 1, \cdots, k-1, \\ (Y\beta_j)^\mathsf{T}(Y\beta_j) = 0, \ j = 1, \cdots, k-1. \end{cases}$$

通过类似的求解方式可知 α_k 和 β_k 为

$$\alpha_k = C_{xx}^{-\frac{1}{2}} U(:, k) \ \text{和} \ \beta_k = C_{yy}^{-\frac{1}{2}} V(:, k),$$

其中 $U(:, k)$ 和 $V(:, k)$ 分别为矩阵 $C_{xx}^{-\frac{1}{2}} C_{xy} C_{yy}^{-\frac{1}{2}}$ 第 k 大的奇异值所对应的左奇异向量和右奇异向量.

7.3 随机数值线性代数

随着科学技术的不断发展, 我们面临越来越多的大规模矩阵计算问题. 为此, 随机算法能够通过随机抽样或者投影降低问题的规模以达到加速计算的目的, 为处理大规模计算问题提供了一条行之有效的途径. 本节将介绍几个典型的随机数值线性代数算法.

7.3.1 随机矩阵乘积

给定 $m \times n$ 矩阵 A 和 $n \times q$ 矩阵 B, 我们知道它们的乘积可以表示为一组秩 1 矩阵的加和,

$$AB = \sum_{\ell=1}^{n} A(:,\ell)B(\ell,:),$$

其中 $A(:,\ell)$ 为矩阵 A 的第 ℓ 列, $B(\ell,:)$ 为矩阵 B 的第 ℓ 行. 基于该表达式, 自然可以考虑如下问题:

如何选取 $c < n$ 个 $A(:,\ell)B(\ell,:)$, 使它们的加权和能够尽可能好地近似 AB?

这样做不仅能够节省存储空间, 还可以节约计算时间.

给定 $c < n$, 一个直接的选取方法是遍历 A 所有可能的 c 个列以及 B 相应的 c 个行, 考察哪种选取方式得到的结果和 AB 之间的误差最小. 但是由于总共有 $\binom{n}{c}$ 种可能性, 这种方法在计算上通常是不可行的. 相较之下, 随机矩阵乘积通过随机抽样提供了一种更加高效的计算方法.

令 $\{p_\ell\}_{\ell=1}^{n}$ 为一组概率向量, 其中 $p_\ell \geqslant 0$ 且 $\sum_{\ell=1}^{n} p_\ell = 1$. 假设随机矩阵 $X \in \mathbb{R}^{m \times q}$ 满足如下分布:

$$\mathbb{P}\left[X = \frac{A(:,\ell)B(\ell,:)}{p_\ell}\right] = p_\ell, \quad \ell = 1, \cdots, n.$$

也就是说, X 是一个离散的随机矩阵, 它有 n 个可能的取值, 每个取值的概率为 p_ℓ. 注意上式分母中的 p_ℓ 可以确保 X 的均值 (mean) 是 AB,

$$\mathbb{E}[X] = \sum_{\ell=1}^{n} p_\ell \frac{A(:,\ell)B(\ell,:)}{p_\ell} = \sum_{\ell=1}^{n} A(:,\ell)B(\ell,:) = AB. \tag{7.27}$$

另外, X 的方差 (variance) $\mathbb{V}[X]$ 为

$$\mathbb{V}[X] = \mathbb{E}\left[\|X - AB\|_F^2\right] = \sum_{\ell=1}^{n} p_\ell \left\|\frac{A(:,\ell)B(\ell,:)}{p_\ell} - AB\right\|_F^2$$

$$= \sum_{\ell=1}^{n} p_\ell \left(\frac{\|A(:,\ell)B(\ell,:)\|_F^2}{p_\ell^2} - \frac{2\langle A(:,\ell)B(\ell,:), AB\rangle}{p_\ell} + \|AB\|_F^2\right)$$

$$= \sum_{\ell=1}^{n} \frac{\|A(:,\ell)\|_2^2 \|B(\ell,:)\|_2^2}{p_\ell} - \|AB\|_F^2. \tag{7.28}$$

既然 AB 是随机矩阵 X 的均值, 矩阵乘积的计算问题也可以看作是统计中的参数估计问题. 因此, 我们可以用样本均值

$$\frac{1}{c} \sum_{i=1}^{c} X_i$$

去估计 AB, 其中 X_i, $i = 1, \cdots, c$ 为 c 个与 X 同分布的独立抽样. 由期望的线性可加性不难看出 $\dfrac{1}{c}\sum\limits_{i=1}^{c} X_i$ 是 AB 的无偏估计 (unbiased estimator), 而基于方差对独立随机变量的可加性有

$$\mathbb{V}\left[\frac{1}{c}\sum_{i=1}^{c} X_i\right] = \frac{1}{c^2}\sum_{i=1}^{c}\mathbb{V}[X_i] = \frac{1}{c}\mathbb{V}[X]. \tag{7.29}$$

此外, 设 ℓ_i, $i = 1, \cdots, c$ 为 X_i 选取的秩 1 矩阵所对应的 (随机) 指标, 定义

$$C = \left[\frac{A(:, \ell_1)}{\sqrt{cp_{\ell_1}}}, \cdots, \frac{A(:, \ell_c)}{\sqrt{cp_{\ell_c}}}\right], \quad R = \begin{bmatrix} \dfrac{B(\ell_1, :)}{\sqrt{cp_{\ell_1}}} \\ \vdots \\ \dfrac{B(\ell_c, :)}{\sqrt{cp_{\ell_c}}} \end{bmatrix}, \tag{7.30}$$

易知 $\dfrac{1}{c}\sum\limits_{i=1}^{c} X_i$ 有如下更紧凑的表达形式:

$$\frac{1}{c}\sum_{i=1}^{c} X_i = CR.$$

用随机抽样的方法近似矩阵乘积的完整过程见算法 7.1. 注意算法中的抽样过程可以通过如下方式实现:

(1) 产生满足 $[0, 1)$ 均匀分布的随机数 x;

(2) 记 $p_0 = 0$, 如果 x 满足

$$\sum_{j=0}^{\ell-1} p_j \leqslant x < \sum_{j=0}^{\ell} p_j, \quad \ell = 1, \cdots, n,$$

则令 $\ell_i = \ell$.

算法 7.1 矩阵乘积随机近似

给定矩阵 $A \in \mathbb{R}^{m \times n}$, $B \in \mathbb{R}^{n \times q}$, 秩 1 矩阵的个数 c, 概率向量 $\{p_\ell\}_{\ell=1}^{n}$

for $i = 1, \cdots, c$ **do**

　　产生满足 $\mathbb{P}[\ell_i = \ell] = p_\ell$, $\ell = 1, \cdots, n$ 的随机数 ℓ_i

　　令 $C(:, i) = A(:, \ell_i)/\sqrt{cp_{\ell_i}}$, $R(i, :) = B(\ell_i, :)/\sqrt{cp_{\ell_i}}$

end

算法 7.1 中并没有指定具体的概率向量 $\{p_\ell\}_{\ell=1}^{n}$. 显然, 当采用不同的概率分布进行抽样时, Frobenius 范数下的均方误差 $\mathbb{E}\left[\|CR - AB\|_F^2\right]$ 也会不同. 可以证明当

$$p_\ell = \frac{\|A(:, \ell)\|_2 \|B(\ell, :)\|_2}{\sum\limits_{\ell'=1}^{n} \|A(:, \ell')\|_2 \|B(\ell', :)\|_2}, \quad \ell = 1, \cdots, n \tag{7.31}$$

时, $\mathbb{E}\big[\|CR-AB\|_F^2\big]$ 的值会达到最小, 见习题 7.11. 此时有

$$\mathbb{E}\big[\|CR-AB\|_F^2\big] \leqslant \frac{\|A\|_F^2\|B\|_F^2}{c}. \tag{7.32}$$

由于 $\|A(:,\ell)\|_2\|B(\ell,:)\|_2 = \|A(:,\ell)B(\ell,:)\|_F$, 式 (7.31) 中所定义的概率和每个秩 1 矩阵在所有秩 1 矩阵中所占的比重有关. 通俗地讲, 如果某个秩 1 矩阵所占的比重较大, 我们就应该以更高的概率把它选到. 特别地, 当 $B = A^\mathsf{T}$ 时, 式 (7.31) 可以简化为

$$p_\ell = \frac{\|A(:,\ell)\|_2^2}{\|A\|_F^2}. \tag{7.33}$$

也就是说, 使 $\mathbb{E}\big[\|CC^\mathsf{T}-AA^\mathsf{T}\|_F^2\big]$ 达到最小的概率向量和矩阵 A 每一列长度的平方成正比. 因此, 通常称基于 (7.31) 和 (7.33) 的抽样方式为长度平方抽样 (length-squared sampling).

例 7.3 我们在本例中数值验证 (7.32). 简单起见, 这里仅考虑 $B = A^\mathsf{T}$ 的情形. 测试矩阵 $A \in \mathbb{R}^{1000 \times 1000}$ 的每个元素以 $1/2$ 的概率为 0, $1/2$ 的概率为 1. 在产生 A 之后, 用算法 7.1 并采用长度平方抽样计算 AA^T 的随机近似 CC^T. 我们总共测试了 12 个不同的 c: $c = 50 : 50 : 600$. 对于每一个固定的 c, 重复 100 次随机实验, 并记每次实验得到的子矩阵为 C_i. 实验结果见图 7.9, 从中可以看出式 (7.32) 中的上界能够较好地刻画均方误差.

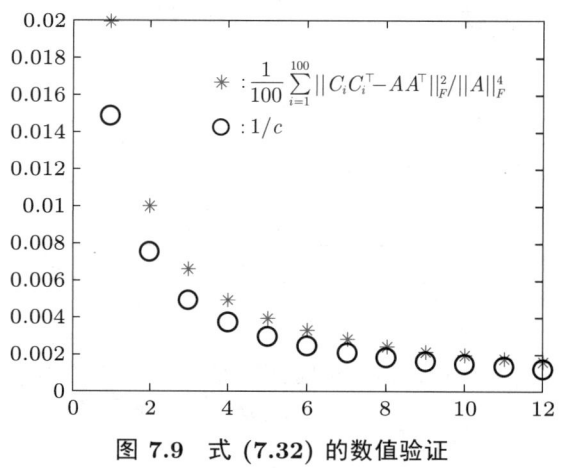

图 7.9 式 (7.32) 的数值验证

7.3.2 CX 和 CUR 分解

粗略地讲, CX 和 CUR 分解是两种通过矩阵的行和列来构造低秩近似的方法. 不失一般性, 假设 A 为 n 阶实方阵, 并且令 $A = U\Sigma V^\mathsf{T}$ 为 A 的奇异值分解. 设 $U_k = U(:,1:k)$, $\Sigma_k = \Sigma(1:k,1:k)$, $V_k = V(:,1:k)$, 我们知道 $U_k\Sigma_k V_k^\mathsf{T}$ 是矩阵 A 的最佳秩 k 近似. 尽管这在数值逼近的意义下是最优的, $U_k\Sigma_k V_k^\mathsf{T}$ 通常缺少符合应用背景的可解释性. 比

如, 在很多应用问题中, 矩阵 A 的每一列表示数据的某个特征, 而矩阵 U_k 的每一列由于和 A 的每一列并没有较为直观的联系从而很难去解释其实际含义. 因此, 在很多时候, 人们往往对由矩阵 A 的部分行或者列构成的低秩近似感兴趣. 这里我们考虑如下形式的分解: $A \approx CX$ 或者 $A \approx CUR$, 其中 C 表示 A 的部分列组成的矩阵, R 表示 A 的部分行组成的矩阵, 而 X 和 U 则是在有了 C 和 R 之后通过计算得到的使 A 和 CX 之间或者 A 和 CUR 之间误差尽可能小的矩阵. 注意 CUR 分解里的矩阵 U 和奇异值分解里的矩阵 U 二者含义不同, 不过读者应该很容易从上下文中看出 U 的具体含义.

1. CX 分解

图 7.10 展示了 CX 分解的基本形式. 显然, 计算 CX 分解的关键是从 A 中选取足够好的列以构造矩阵 C. 借鉴随机矩阵乘积的思想, 我们可以通过随机抽取的方式获取 C 的每一列.

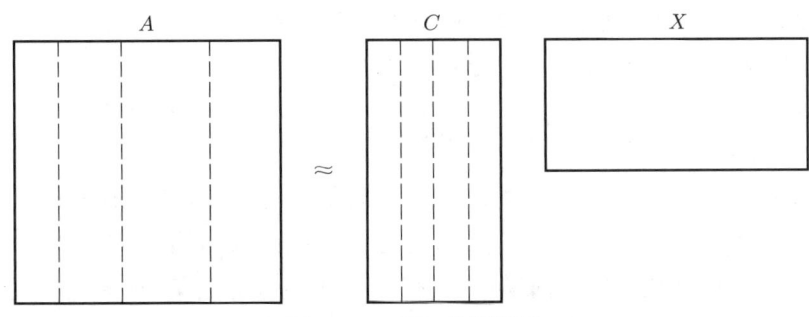

图 7.10　CX 分解图示

具体地, 令 $\{p_\ell\}_{\ell=1}^n$ 为抽样概率向量, 其中 p_ℓ 表示矩阵 A 的第 ℓ 列被抽到的概率. 给定矩阵 C 的目标列数 c, 我们可以根据 $\{p_\ell\}_{\ell=1}^n$ 做 c 次独立抽样, 然后令 $C(:,i) = A(:,\ell_i)$, $i = 1, \cdots, c$, 其中 ℓ_i 表示第 i 次抽到的列. 进一步地, 为了使 A 和 CX 之间的距离尽可能地小, 可以求解下面的广义最小二乘问题

$$X = \arg\min_{Z \in \mathbb{R}^{c \times n}} \|A - CZ\|_F^2. \tag{7.34}$$

由 Frobenius 范数的平方关于矩阵列的可加性可知, 该优化问题的解为 $X = C^\dagger A$, 其中 $C^\dagger$ 为 C 的伪逆. 计算矩阵 CX 分解的完整过程见算法 7.2.

算法 7.2 CX 分解

给定矩阵 $A \in \mathbb{R}^{n \times n}$, 目标列数 c, 概率向量 $\{p_\ell\}_{\ell=1}^n$

for $i = 1, \cdots, c$ **do**

　　产生满足 $\mathbb{P}[\ell_i = \ell] = p_\ell$, $\ell = 1, \cdots, n$ 的随机数 ℓ_i

　　令 $C(:,i) = A(:,\ell_i)$

end

令 $X = C^\dagger A$

接下来, 我们讨论算法 7.2 中概率向量 $\{p_\ell\}_{\ell=1}^n$ 的选取问题, 以及不同的概率分布下的误差分析. 由于 $U_k \Sigma_k V_k^\mathsf{T}$ 是 A 的最佳秩 k 逼近, 一个衡量 CX 分解近似效果的自然想法就是比较 $\|A - CX\|_F$ 和 $\|A - U_k \Sigma_k V_k^\mathsf{T}\|_F$. 在理想情况下, 如果 C 的列空间包含 U_k 所张成的 k 维空间, 显然有 $\|A - CX\|_F \leqslant \|A - U_k \Sigma_k V_k^\mathsf{T}\|_F$. 但是当 $c = k$ 时, 这种理想情况一般很难实现. 因此我们希望通过更多抽样 (即 $c > k$) 使得 U_k 足够多的成分能够包含在 C 的列空间中.

算法 7.2 中可以使用上一节提及的长度平方抽样 (见式 (7.33)). 此时, 能够证明当 $c = \mathrm{poly}(k, 1/\varepsilon)$ 时[①], 以高概率 (比如以概率 $1 - \delta$, 其中 δ 是很小的数) 有

$$\|A - CX\|_F \leqslant \|A - U_k \Sigma_k V_k^\mathsf{T}\|_F + \varepsilon \|A\|_F. \tag{7.35}$$

以上误差形式被称为加性误差, 我们还可以考虑相对误差形式的理论界, 即 $\|A - CX\|_F$ 是否小于等于 $\|A - U_k \Sigma_k V_k^\mathsf{T}\|_F$ 的某个倍数. 为此, 下面将考虑另一种抽样分布.

为了更好地介绍第二种抽样分布, 首先考察矩阵的最佳秩 k 逼近 $U_k \Sigma_k V_k^\mathsf{T}$ 能够给我们带来什么样的启示. 假设 $A \approx U_k \Sigma_k V_k^\mathsf{T}$, 则有

$$U_k^\mathsf{T} A(:, \ell) \approx \Sigma_k V_k(\ell, :)^\mathsf{T}.$$

此式表明, A 的第 ℓ 列与 U_k 的相关性由 V_k 的第 ℓ 行决定. 由于我们希望能够选取和 U_k 相关性较强的列, 因此如果 $\|V_k(\ell, :)\|_2$ 较大, $A(:, \ell)$ 就应该以较高的概率被抽中. 注意到 $\|V_k\|_F^2 = k$, 我们可以根据 V_k 每一行 ℓ_2-范数的平方定义如下概率向量:

$$p_\ell = \frac{\|V_k(\ell, :)\|_2^2}{k}, \quad \ell = 1, \cdots, n. \tag{7.36}$$

在线性回归分析中, $\frac{\|V_k(\ell, :)\|_2^2}{k}$, $k = 1, \cdots, n$ 又被称作为杠杆值 (leverage score), 它可以用来衡量不同变量在线性模型中的重要性. 这里, $\frac{\|V_k(\ell, :)\|_2^2}{k}$, $k = 1, \cdots, n$ 刻画了矩阵的不同列在最佳低秩逼近中所占的比重. 如果在算法 7.2 中使用杠杆值抽样, 能够证明当 $c = O(k \log k / \varepsilon^2)$ 时, 以高概率有

$$\|A - CX\|_F \leqslant (1 + \varepsilon/2)\|A - U_k \Sigma_k V_k^\mathsf{T}\|_F. \tag{7.37}$$

通过比较式 (7.35) 和式 (7.37) 可知, 相比于长度平方抽样, 使用杠杆值抽样能够得到更好的误差结果. 不过精确计算杠杆值需要预先知道原始矩阵的奇异值分解, 为此我们可以通过某些带有快速变换的随机算法去估计矩阵的杠杆值, 详见本章参考文献.

例 7.4 图 7.11 (a) 是图像处理问题中常用的 baboon 图像, 其大小为 512×512. 这里我们计算该图像的 CX 分解. 假定 $c = 120$, 使用杠杆值抽样, 算法 7.2 的输出结果满足 $\|A - CX\|_F / \|A\|_F \approx 0.131$. 图 7.11 (b) 展示了 CX 分解的结果, 视觉上能够达到较好的效果.

---

① 这里 $\mathrm{poly}(k, 1/\varepsilon)$ 表示 k 和 $1/\varepsilon$ 的一个多项式函数.

 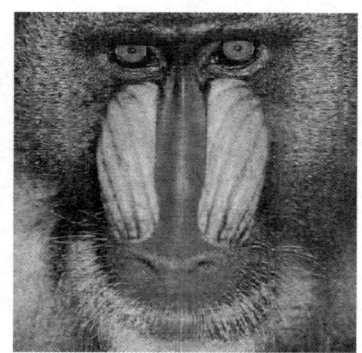

(a) 原始图像 (512×512)　　　　(b) 通过CX分解得到的图像 ($c=120$)

图 **7.11**

2. CUR 分解

图 7.12 展示了矩阵 CUR 分解的基本形式, 它的计算方式和 CX 分解类似, 详见算法 7.3. 该算法首先通过随机抽样的方法构造矩阵 C 和矩阵 R, 然后通过求解如下广义最小二乘问题得到矩阵 U:

$$U = \arg\min_{Z\in\mathbb{R}^{c\times r}}\|A - CZR\|_F^2. \tag{7.38}$$

可以证明, 该问题的解为 $U = C^\dagger A R^\dagger$, 见习题 7.12. 另外, 算法 7.3 中第二个 for 循环中对矩阵 A 的行抽样等价于对 A^T 的列抽样.

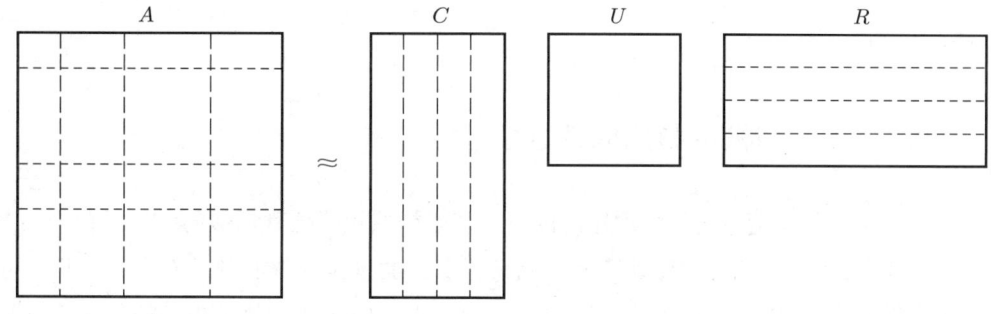

图 **7.12** CUR 分解图示

在算法 7.3 中, 我们同样可以使用长度平方抽样或者杠杆值抽样. 这里仅考虑杠杆值抽样的误差结果, 即在算法 7.3 中令

$$p_\ell^{(1)} = \frac{\|V_k(\ell,:)\|_2^2}{k} \quad \text{和} \quad p_\ell^{(2)} = \frac{\|U_k(\ell,:)\|_2^2}{k}.$$

注意由于第二个 for 循环等价于对 A^T 进行列抽样, 因此需要用到由 U_k 定义的杠杆值.

算法 7.3 CUR 分解

给定矩阵 $A \in \mathbb{R}^{n \times n}$，目标列数 c 和概率向量 $\{p_\ell^{(1)}\}_{\ell=1}^n$，目标行数 r 和概率向量 $\{p_\ell^{(2)}\}_{\ell=1}^n$

for $i = 1, \cdots, c$ **do**

　　产生满足 $\mathbb{P}[\ell_i = \ell] = p_\ell^{(1)}$, $\ell = 1, \cdots, n$ 的随机数 ℓ_i

　　令 $C(:, i) = A(:, \ell_i)$

end

for $i = 1, \cdots, r$ **do**

　　产生满足 $\mathbb{P}[\ell_i = \ell] = p_\ell^{(2)}$, $\ell = 1, \cdots, n$ 的随机数 ℓ_i

　　令 $R(i, :) = A(\ell_i, :)$

end

令 $U = C^\dagger A R^\dagger$

为了得到 CUR 分解的误差界, 首先注意到

$$\|A - CUR\|_F = \|A - CC^\dagger ARR^\dagger\|_F$$

$$\leqslant \|A - CC^\dagger A\|_F + \|A - ARR^\dagger\|_F.$$

因此, 分别对 A 和 A^T 应用式 (7.37), 可以得到如下结果: 当 $c = O(k \log k / \varepsilon^2)$ 以及 $r = O(k \log k / \varepsilon^2)$ 时, 以高概率有

$$\|A - CUR\|_F \leqslant (2 + \varepsilon)\|A - U_k \Sigma_k V_k^\mathsf{T}\|_F.$$

此外, 如果使用更加巧妙的抽样方式并对算法 7.3 进行适当的修改, 就能够得到以下误差结果:

$$\|A - CUR\|_F \leqslant (1 + \varepsilon)\|A - U_k \Sigma_k V_k^\mathsf{T}\|_F,$$

有关细节可以参考本章文献.

7.3.3　基于随机投影的低秩近似

上一小节介绍了通过随机选取矩阵的行和列来构造矩阵低秩近似的 CX 分解和 CUR 分解. 从前面的讨论不难看出, 计算矩阵低秩近似的关键是能够有效地获取矩阵行空间或者列空间的主要成分. 如果已知 U_k, 那么 $U_k U_k^\mathsf{T} A = U_k \Sigma_k V_k^\mathsf{T}$ 就是矩阵的最佳秩 k 逼近. 为了较好地捕捉 U_k 所张成的空间, CX 和 CUR 分解通过随机抽样的方法选取矩阵的部分列. 此外, 我们还可以通过随机投影得到矩阵主成分空间的良好近似, 见算法 7.4 第一阶段, 其中投影矩阵 Π 的每一个元素均服从标准正态分布.

如果算法 7.4 第一阶段得到的矩阵 Q 能够很好地近似矩阵 A 的列空间, 我们就能够进一步构造 A 的低秩近似. 具体的构造方法 (见算法 7.4 第二阶段) 由下面公式得到:

$$A \approx Q \underbrace{Q^\mathsf{T} A}_{B} = Q \underbrace{U_B \Sigma_B V_B^\mathsf{T}}_{B} = \underbrace{Q U_B}_{U} \underbrace{\Sigma_B}_{D} \underbrace{V_B^\mathsf{T}}_{V^\mathsf{T}}.$$

不难看出, 如果算法的第二阶段能够精确地计算矩阵 B 的奇异值分解, 则 A 和 UDV^T 之间的误差完全取决于第一阶段的列空间近似误差, 即

$$\|A - UDV^\mathsf{T}\| = \|A - QQ^\mathsf{T}A\|.$$

这里 $\|\cdot\|$ 既可以是矩阵的谱范数, 又可以是矩阵的 Frobenius 范数. 另外, 如果想要从算法 7.4 中得到矩阵 A 的秩 k 近似, 可以在算法的第二阶段计算矩阵 B 秩 k 截断的奇异值分解.

算法 7.4 基于随机投影的低秩近似

给定矩阵 $A \in \mathbb{R}^{n \times n}$, 目标秩 k, 抽样参数 p

第一阶段:

产生 $n \times (k+p)$ 随机 Gauss 矩阵 Π

计算矩阵 $Y = A\Pi$

计算矩阵 Y 的 QR 分解得到 $n \times (k+p)$ 正交矩阵 Q

第二阶段:

计算 $(k+p) \times n$ 矩阵 $B = Q^\mathsf{T}A$

计算矩阵 B 的奇异值分解 $B = U_B \Sigma_B V_B^\mathsf{T}$

设 $U = QU_B, D = \Sigma_B, V = V_B$

算法 7.4 的误差分析以及参数 p 的选择问题可以查阅本章参考文献. 需要说明的是, 在一般情况下, 该算法的复杂度为 $O(mn(k+p))$, 这主要是由算法两阶段中涉及的矩阵乘积 $A\Pi$ 和 $Q^\mathsf{T}A$ 带来的. 表面上看, 这和计算一个 n 阶方阵秩 k 截断的奇异值分解没有区别. 但是, 由于矩阵乘积运算在很多算法库中都是经过高度优化的, 算法 7.4 的实际计算速度要更快. 此外, 我们可以在算法 7.4 的第一阶段采用具有快速矩阵–向量乘积的结构化投影矩阵, 比如随机 Fourier 矩阵和随机 Hadamard 矩阵等.

例 7.5 用算法 7.4 计算图 7.11 (a) 中矩阵的低秩近似. 令 $k+p = 120$, 算法的输出结果满足 $\|UDV^\mathsf{T} - A\|_F / \|A\|_F \approx 0.118$, 而该图像的最佳秩 120 逼近的相对误差大约为 0.0794.

7.3.4 随机子空间嵌入

前面介绍的构造矩阵低秩近似的关键是随机投影 (或随机抽样) 能够很好地获取矩阵的主成分空间. 随机投影在数值线性代数中另一个重要应用是它能够近似保范数地进行子空间嵌入 (subspace embedding), 这也是通过素描 (sketch) 求解最小二乘问题的基础.

给定矩阵 $A \in \mathbb{R}^{n \times d}$, 假设 $d < n$ 并且 $\mathrm{rank}(A) = d$. 显然, A 的列空间 $\mathrm{Range}(A)$ 是 $\mathbb{R}^n$ 的一个 d 维子空间. 子空间嵌入是指能否将 $\mathrm{Range}(A)$ 中的所有点近似保范数地映

射到一个低维空间. 如果考虑线性映射, 该问题可以被表述为是否存在矩阵 $\Pi \in \mathbb{R}^{k \times n}$ ($k < n$) 以及小常数 $\varepsilon > 0$ 使得下式成立:

$$(1 - \varepsilon)\|Ax\|_2^2 \leqslant \|\Pi Ax\|_2^2 \leqslant (1 + \varepsilon)\|Ax\|_2^2, \quad x \in \mathbb{R}^d. \tag{7.39}$$

如果该结论成立, 可以证明最小二乘问题

$$\min_x \|Ax - b\|_2$$

的解和素描后最小二乘问题

$$\min_x \|\Pi Ax - \Pi b\|_2$$

的解在残差的意义下是相近的. 因此可以通过求解素描后规模更小的最小二乘问题得到原最小二乘问题的近似解. 此外, 我们还可以通过素描后矩阵 ΠA 的 QR 分解为求解原最小二乘问题的迭代法构造良好的预条件子, 见习题 7.14.

关于式 (7.39) 中矩阵 Π 的存在性, 有两个关键问题需要回答: (1) 低维空间的维度 k 需要多大; (2) 是否能够在不利用 A 的信息[①]的前提下构造矩阵 Π. 由于 (7.39) 实际上意味着对一个 d 维空间中的点近似保范数, 因此 k 本质上应该和 d 在一个数量级上. 随机投影为第二个问题提供了答案. 粗略地讲, 可以证明当 $k = O(d \log d / \varepsilon^2)$ 时, 随机 Gauss 矩阵和某些具有快速矩阵–向量乘积的随机结构化矩阵均能以高概率满足式 (7.39). 对此详细的讨论超出了本书的范围, 感兴趣的读者可以查阅本章参考文献.

最后我们叙述随机子空间嵌入的一个离散版本, 即著名的 Johnson-Lindenstrauss 引理. 该引理表明, 我们可以把高维空间的点集投影到一个低维空间, 并保持点与点之间的距离近似不变, 见图 7.13.

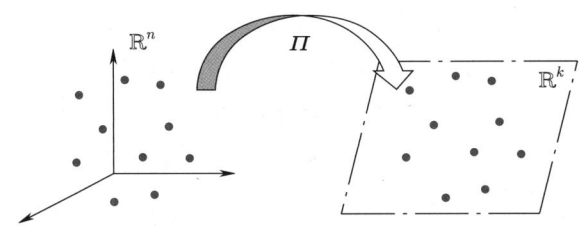

图 7.13 高维数据向低维空间的近似保距投影

引理 7.3 (Johnson–Lindenstrauss 引理) 设 $x_1, \cdots, x_m$ 为 n 维空间中的 m 个点, $\varepsilon > 0$ 为一个小常数. 若 $k \geqslant 8 \log m / \varepsilon^2$, 则存在线性投影 $\Pi : \mathbb{R}^n \mapsto \mathbb{R}^k$ 使得投影之后点与点之间的距离近似不变:

$$(1 - \varepsilon)\|x_i - x_j\|_2^2 \leqslant \|\Pi x_i - \Pi x_j\|_2^2 \leqslant (1 + \varepsilon)\|x_i - x_j\|_2^2.$$

---

① 这里主要是为了避免直接对 A 进行运算, 否则我们可以通过 A 的 QR 分解得到 Range(A) 的一组直角坐标系并计算 Range(A) 中每个点在该坐标系下的系数. 相应的映射能够使 (7.39) 对 $\varepsilon = 0$ 成立. 然而此时的计算复杂度和直接求解以 A 为系数矩阵的最小二乘问题没有本质区别.

此外, 很多随机投影矩阵都以高概率满足上述近似保距性质, 比如随机 Gauss 矩阵.

值得注意的是, 由于这里关注的是点与点之间的距离, 因此投影空间的维数 k 和点集所在空间的维数 n 没有本质联系, 而是和点的个数相关. 另外, 投影空间的维数可以为 $O(\log m/\varepsilon^2)$, 从数量级上讲远小于 m.

7.4　深度神经网络

实际应用中许多问题都可以被建模为函数学习问题: 给定输入 x 和输出 y, 寻找一个函数 h 使得 $y \approx h(x)$. 第三章讨论的线性回归就属于其中的一种. 这样当有新的输入时就能够通过学习到的函数预测相应的输出. 深度神经网络 (deep neural networks) 由于其深层的结构和内部的非线性算子具有强大的表达能力, 因此在函数学习和其他相关问题中发挥着重要作用, 特别是在数据量不断增加和计算能力不断提高的情况下. 深度神经网络的典型应用包括图像识别、语音识别和自然语言处理等. 本节将主要介绍基础的深度前馈神经网络 (deep feedforward neural network), 以及其中涉及的计算问题. 为此, 我们首先简要介绍逻辑回归 (logistic regression), 它可以被视为没有隐藏层 (hidden layer) 的单个神经元模型.

7.4.1　逻辑回归

假设我们欲研究一个城市的房价. 显然, 房价会和房产的特征 (比如位置、大小、户型、学区等) 有紧密的联系. 如果用向量 $x \in \mathbb{R}^n$ 来表示房产的特征 (其中 x 的元素表示房产的不同特征), 用 $y \in \mathbb{R}$ 来表示房价, 我们的目标则是寻找 x 和 y 之间的关系. 这里考虑非常简单的线性模型, 即假设 y 和 x 之间呈现线性关系:

$$y = h_{w,b}(x) \triangleq w^\mathsf{T}x + b, \quad w \in \mathbb{R}^n,\ b \in \mathbb{R}\ \text{未知}. \tag{7.40}$$

这样, 寻找 y 和 x 之间关系的问题就变成了参数 w 和 b 的估计问题. 在统计学中, 线性回归的基本想法是通过已有样本数据拟合以上线性模型. 设 $\{(x^{(i)}, y^{(i)})\}_{i=1}^m$ 为 m 条房产特征和相应房价的数据. 由于模型误差或者噪声等方面的原因, 我们并不期望把 $x^{(i)}$ 代入到模型 (7.40) 后得到的输出 $\hat{y}^{(i)} = h_{w,b}(x^{(i)})$ 和实际数据 $y^{(i)}$ 完全相等, 但是会希望它们越近越好. 因此可以通过求解如下优化问题来估计 w 和 b:

$$\min_{w,b} \frac{1}{m} \sum_{i=1}^m \mathcal{L}(h_{w,b}(x^{(i)}), y^{(i)}). \tag{7.41}$$

上式中的损失函数 $\mathcal{L}(\hat{y}, y)$ 刻画了模型输出 $\hat{y}$ 和真实数据 y 之间的误差. 当 $\mathcal{L}(\hat{y}, y) = (\hat{y} - y)^2$ 时, 式 (7.41) 就是前面讨论过的最小二乘问题.

线性回归适用于变量 y 连续的情形, 但是对离散变量的情形并不适用. 仍然以房产问题为例, 但是考察的不再是房价, 而是房产是否值得投资. 这里向量 x 的含义保持不变, 仍然是房产的特征向量, 但是 y 的含义将发生变化. 假设 $y \in \{0, 1\}$, 其中 0 代表房产 "不值得投资", 而 1 代表 "值得投资". 房产是否值得投资的问题本质上是一个分类 (classification) 问题, 一个基本的求解思路为: 首先根据房产的特征为其打分, 然后根据分数决定是否值得投资. 简单起见, 假设房产的评分 z 和房产的特征 x 呈线性关系:

$$z = w^\mathsf{T} x + b.$$

注意我们并不能把上式等号左边的 z 换成 y, 因为二者之间没有直接的可比性: z 代表房产的评分, 可以是一个连续变量; 而 y 表示房产是否值得投资, 仅取 0 和 1 两个值. 因此, 对于房产是否值得投资问题, 线性回归模型并不适合用来描述 y 和 x 的关系.

为了能够合理地描述 y 和 x 之间的关系, 我们假定 $y = g(z)$, 其中 g 具有某种激活的作用, 通常被称为激活函数 (activation function), 其选择方式依赖具体的问题. 回到房产是否值得投资问题, 一个非常直接的选择为 $g = I_{[0, \infty)}(z)$, 其中 $I_{[0, \infty)}(z)$ 为阶跃函数 (step function, 见图 7.14 (a)), 定义为

$$I_{[0, \infty)} = \begin{cases} 1, & z \geqslant 0, \\ 0, & \text{其他}. \end{cases} \tag{7.42}$$

换句话说, 如果房产的评分大于等于 0, 我们就认为它是值得投资的; 否则就认为它不值得投资. 从这里不难看出 g 的激活功能. 在引入了激活函数之后, 可以假设 y 和 x 满足如下关系:

$$y \approx h_{w,b}(x) \triangleq g(w^\mathsf{T} x + b). \tag{7.43}$$

类似线性回归中的参数估计方法, 在给定数据集 $\{(x^{(i)}, y^{(i)})\}_{i=1}^m$ 之后, 可以通过求解如下最优化问题来估计模型 (7.43) 中的参数 w 和 b:

$$\min_{w,b} \frac{1}{m} \sum_{i=1}^m \mathcal{L}(h_{w,b}(x^{(i)}), y^{(i)}). \tag{7.44}$$

由于函数 g 的存在, 式 (7.44) 一般是非凸问题, 通常没有闭式解, 因此需要用某些优化算法来对其进行求解. 典型的优化方法, 如梯度下降方法等, 往往依赖目标函数的梯度信息. 但是, 如果用式 (7.42) 中的激活函数, 函数的梯度会几乎处处为零, 很多优化算法

将无法工作. 一个可行的解决方案为使用下面的 Sigmoid 函数作为激活函数:

$$g(z) = \frac{1}{1 + \mathrm{e}^{-z}}, \tag{7.45}$$

见图 7.14 (b). 从图中不难看出, Sigmoid 函数可以看作是阶跃函数的光滑近似.

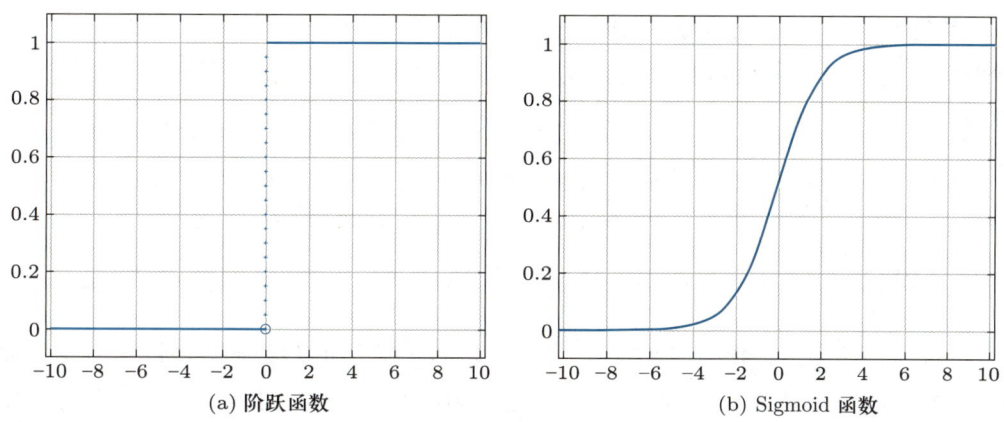

(a) 阶跃函数　　　　　　　　　(b) Sigmoid 函数

图 **7.14**

尽管我们可以在 (7.44) 中使用平方损失函数 $\mathcal{L}(\hat{y}, y) = (\hat{y} - y)^2$, 但是对于分类问题, 人们倾向于使用在实际应用中通常表现更好的逻辑损失函数. 该函数可以从最大似然估计的角度推导得到. 注意, 不论是使用阶跃函数还是 Sigmoid 函数作为激活函数, 总是有 $0 \leqslant h_{w,b}(x) \leqslant 1$. 因此, $h_{w,b}(x)$ 可以看作是给定 x 后相应的 y 值为 1 的概率. 需要注意的是, 此时模型 (7.43) 中有关 $h_{w,b}(x)$ 和 y 关系的描述也不再合适, 更加准确的描述应该是下面条件概率的形式:

$$\mathbb{P}[y = 1|x] = h_{w,b}(x), \quad \mathbb{P}[y = 0|x] = 1 - h_{w,b}(x).$$

该条件概率可以更紧凑地表述为

$$\mathbb{P}[y|x] = [h_{w,b}(x)]^y [1 - h_{w,b}(x)]^{1-y}.$$

给定 m 个独立同分布的样本 $\{(x^{(i)}, y^{(i)})\}_{i=1}^m$, 最大似然估计 (maximum likelihood estimation) 希望通过最大化似然函数

$$\prod_{i=1}^m [h_{w,b}(x^{(i)})]^{y^{(i)}} [1 - h_{w,b}(x^{(i)})]^{1-y^{(i)}}$$

来对参数 w 和 b 进行估计. 由对数函数的单调性可知, 这等价于最小化

$$\sum_{i=1}^m \left\{ -\left[y^{(i)} \log h_{w,b}(x^{(i)}) + (1 - y^{(i)}) \log(1 - h_{w,b}(x^{(i)})) \right] \right\}.$$

设 $\hat{y} = h_{w,b}(x)$ 为模型的输出, 不难看出这实际上就是令 (7.44) 中的 $\mathcal{L}$ 如下形式的逻辑损失函数:

$$\mathcal{L}(\hat{y}, y) = -[y \log \hat{y} + (1-y) \log(1-\hat{y})], \qquad (7.46)$$

因此相应的参数估计方式称为逻辑回归.

给定新的样本 x, 我们可以根据 $h_{w,b}(x)$ 的值预测输出 y 的值为 0 还是 1. 当 g 取阶跃函数或者 Sigmoid 函数时, 基于 $h_{w,b}(x)$ 是 x 给定后 y 值为 1 的概率这一解释, 可以令

$$y = \begin{cases} 1, & w^\mathsf{T} x + b \geqslant 0, \\ 0, & w^\mathsf{T} x + b < 0. \end{cases} \qquad (7.47)$$

通过以上讨论, 特别是式 (7.47), 可知逻辑回归模型可以看作是线性分类器, 因此它对线性可分的数据集是有效的. 例如, 考虑图 7.15 (a) 中的逻辑 "与" 门点集分布: 当 $x_1 = 1$, $x_2 = 1$ 时, $y = 1$ (图中用 "+" 表示); 其他情形下 $y = 0$ (图中用 "o" 表示). 从图中可以看出, 该点集分布是线性可分的. 假设 g 为阶跃函数, 可以验证如果 (仅是一种可能性)

$$w = \begin{bmatrix} 1 \\ 1 \end{bmatrix}, \quad b = -1.5,$$

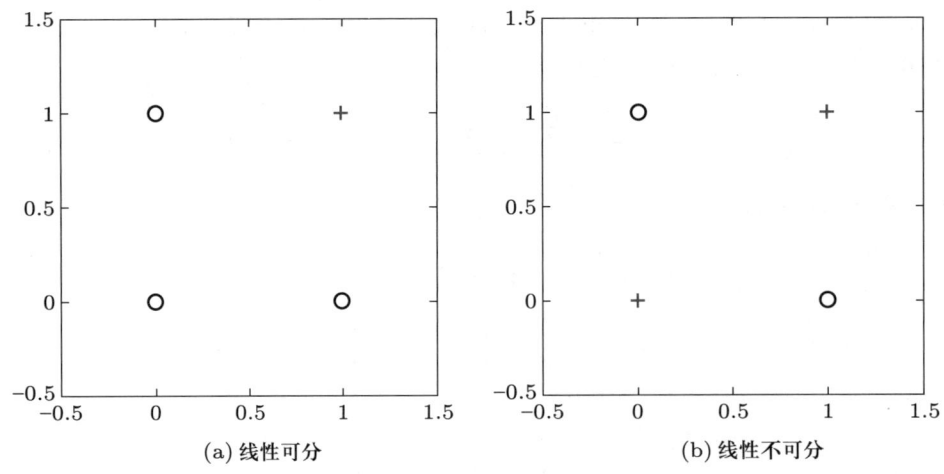

图 7.15   两类不同的点集分布

通过 (7.47) 就能精确地把逻辑 "与" 门点集分开. 但是, 对于线性不可分点集分布 (比如图 7.15 (b) 中的逻辑 "异或" 门), 逻辑回归作为线性分类器, 对于任何学习到的 (w, b), 都无法把它们有效地分开. 为了考察逻辑回归的局限性, 我们可以把它看作是一个两层

神经网络, 见图 7.16 (a), 图中的每个节点通常被称作人工神经元 (artificial neuron), 简称神经元. 由于该网络结构过于简单, 因此无法完成非线性分类任务. 为了增强其学习能力, 一个比较自然的想法就是使用更加复杂的网络以提供更多可能性. 事实上, 我们可以使用一个三层的神经网络来表示逻辑 "异或" 门. 该网络 (见图 7.16 (b)) 在输入层和输出层之间还有一层神经元. 输入层和输出层之间的神经元通常被称为隐藏层 (hidden layer), 逻辑回归可以看作是一种没有隐藏层的神经网络. 对于图 7.16 (b) 中的网络, 如果用 $a^{[1]} \in \mathbb{R}^2$ 表示其中的隐藏层, 则有

$$a^{[1]} = g(W^{[1]}x + b^{[1]}), \quad W^{[1]} \in \mathbb{R}^{2\times 2}, \; b^{[1]} \in \mathbb{R}^2;$$

$$\hat{y} = g(W^{[2]}a^{[1]} + b^{[2]}), \quad W^{[2]} \in \mathbb{R}^{1\times 2}, \; b^{[2]} \in \mathbb{R}.$$

在上式的第一行 $g(\cdot)$ 表示对向量的每个元素应用激活函数. 如果令

$$W^{[1]} = \begin{bmatrix} 1 & -1 \\ -1 & 1 \end{bmatrix}, \quad b^{[1]} = \begin{bmatrix} -0.5 \\ -0.5 \end{bmatrix}, \quad W^{[2]} = \begin{bmatrix} -1, -1 \end{bmatrix}, \quad b^{[2]} = 0.5,$$

且使用阶跃函数作为激活函数, 则不难验证图 7.16 (b) 中的网络能够精确地区分图 7.15 (b) 中的点集. 由此表明, 在增加了一个隐藏层之后, 网络拥有了更强的学习能力.

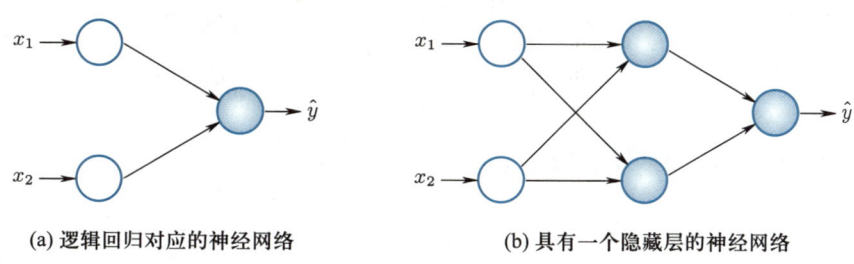

(a) 逻辑回归对应的神经网络　　　　　　　(b) 具有一个隐藏层的神经网络

图 7.16

7.4.2　深度前馈神经网络

在深度神经网络中, 输入层和输出层之间通常有很多隐藏层, 而且每一层会有很多神经元. 在图 7.17 表示的网络中, 输入层和输出层之间有 3 个隐藏层. 在该网络中, 只有相邻的层之间存在连接, 并且所有连接均由前一层的神经元指向后一层的神经元, 通常称这种网络结构为前馈神经网络.

考虑共有 $L+1$ 层的深度前馈神经网络, 其中第 0 层为输入层, 第 L 层为输出层. 设第 ℓ, $\ell = 0, \cdots, L$ 层包含 n_ℓ 个神经元, 并且用 $a^{[\ell]} \in \mathbb{R}^{n_\ell}$ 来表示第 ℓ 层所有的神经元. 在前馈神经网络中, 后一层的每个神经元和前一层所有的神经元呈现式 (7.43) 中的关系. 具体地, 设 $a_j^{[\ell]}$, $\ell = 1, \cdots, L$, $j = 1, \cdots, n_\ell$ 为网络第 ℓ 层的第 j 个神经元, 则存

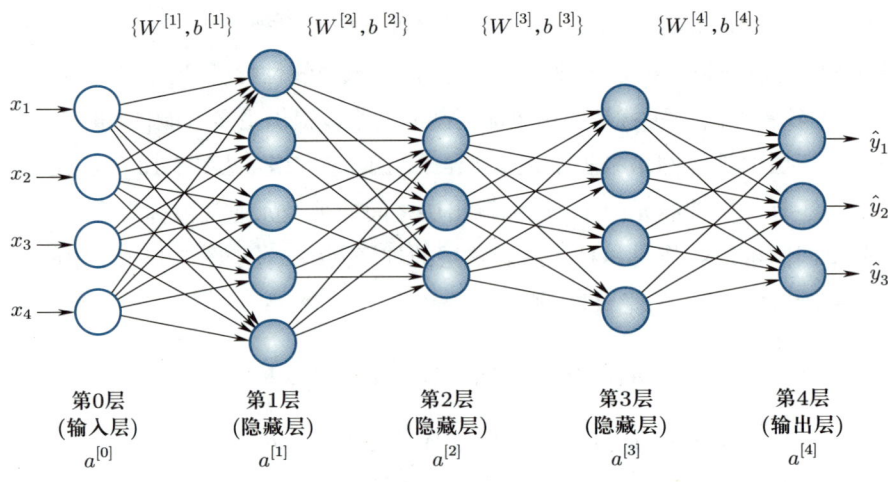

图 7.17 深度前馈神经网络示意图

在 $w_j^{[\ell]} \in \mathbb{R}^{n_{\ell-1}}, b_i^{[\ell]}$ 使得

$$a_j^{[\ell]} = g(w_j^{[\ell]\mathsf{T}} a^{[\ell-1]} + b_j^{[\ell]}),$$

其中 g 为某种激活函数. 如果记

$$W^{[\ell]} = \begin{bmatrix} w_1^{[\ell]\mathsf{T}} \\ \vdots \\ w_{n_\ell}^{[\ell]\mathsf{T}} \end{bmatrix} \in \mathbb{R}^{n_\ell \times n_{\ell-1}}, \quad b^{[\ell]} = \begin{bmatrix} b_1^{[\ell]} \\ \vdots \\ b_{n_\ell}^{[\ell]} \end{bmatrix},$$

则第 ℓ 层和第 $\ell-1$ 层的所有神经元之间有如下关系:

$$a^{[\ell]} = g(W^{[\ell]} a^{[\ell-1]} + b^{[\ell]}). \tag{7.48}$$

通俗地说, $W^{[\ell]}$ 的每一个元素 $W_{jk}^{[\ell]}$ 代表连接神经元 $a_j^{[\ell]}$ 和 $a_k^{[\ell-1]}$ 边上的权重, 而 $b_j^{[\ell]}$ 为神经元 $a_j^{[\ell]}$ 上的偏置 (bias). 以图 7.17 表示的神经网络为例, 我们有

$$n_0 = 4,\ n_1 = 5,\ n_2 = 3,\ n_3 = 4,\ n_4 = 3;$$

$$W^{[1]} \in \mathbb{R}^{5 \times 4},\ W^{[2]} \in \mathbb{R}^{3 \times 5},\ W^{[3]} \in \mathbb{R}^{4 \times 3},\ W^{[4]} \in \mathbb{R}^{3 \times 4};$$

$$b^{[1]} \in \mathbb{R}^5, b^{[2]} \in \mathbb{R}^3,\ b^{[3]} \in \mathbb{R}^4,\ b^{[4]} \in \mathbb{R}^3.$$

值得注意的是, 如果去掉式 (7.48) 中的激活函数, 那么第 ℓ 层和第 $\ell-1$ 层之间完全就是线性关系.

在确定了深度前馈神经网络的结构之后, 深度学习的目标就是使用给定的训练数据学习网络参数 $W \triangleq \{W^{[\ell]}\}_{\ell=1}^L$, 以及 $b \triangleq \{b^{[\ell]}\}_{\ell=1}^L$. 令 $\{x^{(i)}, y^{(i)}\}_{i=1}^m$ 为训练数据, 类似

上一小节的讨论, 我们可以通过求解如下最优化问题来学习 W 和 b:

$$\min_{W,b} \frac{1}{m} \sum_{i=1}^{m} \mathcal{L}(h_{W,b}(x^{(i)}), y^{(i)}). \tag{7.49}$$

这里, $h_{W,b}(x)$ 代表当输入为 x 时网络的输出. 为了符号上的简单, 我们有时也会用 $\hat{y}$ 代表网络的输出. 由于网络的深层结构以及每层非线性算子 g 的存在, 问题 (7.49) 中的优化问题具有很强的非凸性. 接下来将介绍求解该问题的随机梯度下降法和其中涉及的计算梯度的反向传播算法.

1. 随机梯度下降法和反向传播算法

记 $J(W,b) = \frac{1}{m} \sum_{i=1}^{m} \mathcal{L}(h_{W,b}(x^{(i)}), y^{(i)})$, 我们可以用梯度下降法计算该函数的极小值点, 迭代格式如下:

$$W \leftarrow W - \alpha \nabla_W J(W,b),$$
$$b \leftarrow b - \alpha \nabla_b J(W,b).$$

这里, α 为搜索步长 (在统计和机器学习领域也通常被称为学习率, learning rate), $\nabla_W J(W,b)$ 是指函数 $J(W,b)$ 关于所有 $W^{[\ell]}$ 的梯度, $\nabla_b J(W,b)$ 是指关于所有 $b^{[\ell]}$ 的梯度, 而 W 和 b 的更新是指所有 $W^{[\ell]}$ 和 $b^{[\ell]}$ 的更新.

注意到函数 $J(W,b)$ 是所有 m 个样本损失函数的平均, 所以其梯度也是每个损失函数梯度的平均. 当样本量很大时 (即 m 非常大), 计算函数 $J(W,b)$ 的梯度会耗费很大的计算量. 为了降低每步的计算复杂度, 一个简单的替代方法是每次只在其中一个损失函数的负梯度方向上进行更行. 由于这可以看作是损失函数全体梯度的一个抽样近似, 一般称这类方法为随机梯度下降法 (stochastic gradient descent method, SGD), 见算法 7.5.

算法 7.5 随机梯度下降法

初始值 $W = \{W_0^{[\ell]}\}_{\ell=1}^{L}$, $b = \{b_0^{[\ell]}\}_{\ell=1}^{L}$

for $k = 1, \cdots$ **do**

    随机抽取一个样本 i_k

    $W \leftarrow W - \alpha \nabla_W \mathcal{L}(h_{W,b}(x^{(i_k)}), y^{(i_k)})$

    $b \leftarrow b - \alpha \nabla_b \mathcal{L}(h_{W,b}(x^{(i_k)}), y^{(i_k)})$

end

算法 7.5 中的关键一步是求解函数 $\mathcal{L}(h_{W,b}(x), y)$ 关于参数 $W^{[\ell]}$ 和 $b^{[\ell]}$ 的梯度. 得益于神经网络的嵌套结构, 我们能够通过反向传播算法 (backpropagation, BP) 计算梯

度. 首先考虑损失函数关于最后一层参数 $W^{[L]}$ 和 $b^{[L]}$ 的梯度. 由于最后一层为输出层 (即 $h_{W,b}(x) = a^{[L]}$), 设

$$z^{[L]} = W^{[L]}a^{[L-1]} + b^{[L]}, \quad \delta^{[L]} = \frac{\partial \mathcal{L}}{\partial z^{[L]}}.$$

我们有

$$\mathcal{L}(h_{W,b}(x), y) = \mathcal{L}(\hat{y}, y), \quad \hat{y} = a^{[L]} = g(z^{[L]}).$$

因此, 由链式法则可知

$$\delta^{[L]} = \frac{\partial \mathcal{L}}{\partial \hat{y}}(a^{[L]}) \circ g'(z^{[L]}), \tag{7.50}$$

其中 $\circ$ 表示 Hadamard 乘积, 即两个向量的对应元素相乘. 注意, 由于 $a^{[L-1]}$ 中并没有涉及 $W^{[L]}$ 和 $b^{[L]}$, 同样由链式法则可知:

$$\frac{\partial \mathcal{L}}{\partial W^{[L]}} = \delta^{[L]}a^{[L-1]^{\mathsf{T}}}, \quad \frac{\partial \mathcal{L}}{\partial b^{[L]}} = \delta^{[L]}. \tag{7.51}$$

接下来计算损失函数关于隐藏层参数 $\{W^{[\ell]}, b^{[\ell]}\}_{\ell=1}^{L-1}$ 的梯度. 记

$$z^{[\ell]} = W^{[\ell]}a^{[\ell-1]} + b^{[\ell]}, \quad \delta^{[\ell]} = \frac{\partial \mathcal{L}}{\partial z^{[\ell]}}, \tag{7.52}$$

我们有

$$a^{[\ell]} = g(z^{[\ell]}), \tag{7.53}$$

并且下面等式成立

$$z^{[\ell+1]} = W^{[\ell+1]}g(z^{[\ell]}) + b^{[\ell+1]}.$$

基于前馈神经网络的结构, $\mathcal{L}(h_{W,b}(x), y)$ 可以看作是 $z^{[\ell+1]}$ 函数, 而同时 $z^{[\ell+1]}$ 又可以看作是 $z^{[\ell]}$ 的函数. 因此, 由链式法则可知

$$\delta^{[\ell]} = (W^{[\ell+1]^{\mathsf{T}}}\delta^{[\ell+1]}) \circ g'(z^{[\ell]}). \tag{7.54}$$

另一方面, $z^{[\ell]}$ 又是 $W^{[\ell]}$ 和 $b^{[\ell]}$ 的函数, 而 $a^{[\ell-1]}$ 没有涉及 $W^{[\ell]}$ 和 $b^{[\ell]}$. 再一次运用链式法则有

$$\frac{\partial \mathcal{L}}{\partial W^{[\ell]}} = \delta^{[\ell]}a^{[\ell-1]^{\mathsf{T}}}, \quad \frac{\partial \mathcal{L}}{\partial b^{[\ell]}} = \delta^{[\ell]}. \tag{7.55}$$

由以上讨论可知, $\delta^{[\ell]}$ 在计算损失函数的梯度时起到了关键作用, 它刻画了损失函数关于网络每层加权输出 (即在没有应用激活函数之前) 的敏感性. 由式 (7.54) 知, 该敏感性具有反向传播的性质. 总的来说, 为了计算损失函数对所有参数的梯度, 可以首先将输入 x 提供给网络的输入层 (即设 $a^{[0]} = x$) 并通过前向传播运用式 (7.52) 和 (7.53) 逐层输出 $z^{[\ell]}$ 和 $a^{[\ell]}$, 然后再通过反向传播运用式 (7.51) 和 (7.55) 计算关于 $W^{[\ell]}$ 和 $b^{[\ell]}$ 的梯度. 具体见算法 7.6.

算法 7.6 反向传播算法

给定样本 (x, y) 以及损失函数 $\mathcal{L}(\hat{y}, y)$

前向传播

for $\ell = 1, \cdots, L$ **do**
$$z^{[\ell]} = W^{[\ell]} a^{[\ell-1]} + b^{[\ell]}$$
$$a^{[\ell]} = g(z^{[\ell]})$$
end

反向传播
$$\delta^{[L]} = \frac{\partial \mathcal{L}}{\partial \hat{y}} (a^{[L]}) \circ g'(z^{[L]})$$
$$\frac{\partial \mathcal{L}}{\partial W^{[L]}} = \delta^{[L]} a^{[L-1]\mathsf{T}}, \quad \frac{\partial \mathcal{L}}{\partial b^{[L]}} = \delta^{[L]}$$
for $\ell = L - 1, \cdots, 1$ **do**
$$\delta^{[\ell]} = (W^{[\ell+1]\mathsf{T}} \delta^{[\ell+1]}) \circ g'(z^{[\ell]})$$
$$\frac{\partial \mathcal{L}}{\partial W^{[\ell]}} = \delta^{[\ell]} a^{[\ell-1]\mathsf{T}}, \quad \frac{\partial \mathcal{L}}{\partial b^{[\ell]}} = \delta^{[\ell]}$$
end

在使用随机梯度法学习网络参数的时候, 可以用随机的方式进行初始化. 比如, $W_0^{[\ell]}$ 和 $b_0^{[\ell]}$ 的元素服从均值为 0、方差较小的正态分布等. 在算法更新过程中, 可以使用以下两种方法抽取样本:

(1) 有放回的均匀抽样: 每次等概率地从 $\{1, \cdots, m\}$ 中抽取一个样本.

(2) 随机排列顺序抽样: 将 $\{1, \cdots, m\}$ 进行随机排列得到 $\{i_1, \cdots, i_m\}$, 算法顺序使用排列后的样本, 从而完成一个 epoch (一个 epoch 代表在算法循环的过程中所有样本均被使用了一次), 然后再次重复该过程.

注意到算法 7.6 的每一步仅使用了一个样本, 如果在每一步使用一小部分样本, 就会得到小批量随机梯度下降法 (minibatch stochastic gradient descent method). 本章 7.1 节中提到的动量加速的思想也可以用来加速随机梯度法的收敛. 另外, 在随机梯度法中, 梯度的估计都存在一定的方差, 因此可以考虑方差缩减 (variance reduction) 的策略. 具体细节可以查阅有关参考文献.

2. 补充说明和数值例子

显然, 在用随机梯度下降法训练一个神经网络 (即估计网络参数) 之前, 我们需要设计好网络的结构: 网络应该有多少层, 每一层有多少神经元等. 但是, 该问题比较复杂, 而且没有普适的指导原则, 这里对此不作详细的讨论. 本节最后, 我们仅简要讨论一下有关损失函数、激活函数的选择, 以及如何避免过拟合等问题.

损失函数的选择依赖具体的学习任务. 对于回归类任务, 可以取 $\mathcal{L}(\hat{y}, y) = \frac{1}{2}\|\hat{y} - y\|_2^2$. 对于二分类问题, 可以使用式 (7.46) 中定义的逻辑损失函数. 对于多分类任务学

习问题, 交叉熵 (cross-entropy) 是一种常用的损失函数. 假设共有 K 类数据, 我们可以用向量 $y = e_k$, $k = 1, \cdots, K$ 来表示数据的分类. 也就是说, y 只有第 k 个元素为 1, 其余元素均为 0, 表示输入数据 x 属于第 k 类. 为了完成多分类任务, 我们可以设计具有 K 个输出的网络, 即 $\hat{y} \in \mathbb{R}^K$, 并假设 $e^{\hat{y}_k} / \sum\limits_{k'=1}^{K} e^{\hat{y}_{k'}}$ 表示输入数据属于第 k 类的概率:

$$\mathbb{P}[y = e_k | \hat{y}] = \frac{e^{\hat{y}_k}}{\sum\limits_{k'=1}^{K} e^{\hat{y}_{k'}}}.$$

由此可以得到如下条件概率分布,

$$\mathbb{P}[y | \hat{y}] = \prod_{k=1}^{K} \left(\frac{e^{\hat{y}_k}}{\sum\limits_{k'=1}^{K} e^{\hat{y}_{k'}}} \right)^{y_k}.$$

在以上两式中, $\hat{y}_k$ 和 y_k 分别表示 $\hat{y}$ 和 y 的第 k 个元素. 类似上一小节有关逻辑损失函数的讨论, 由上式我们可以得到交叉熵损失函数

$$\mathcal{L}(\hat{y}, y) = -\sum_{k=1}^{K} y_k \log \left(\frac{e^{\hat{y}_k}}{\sum\limits_{k'=1}^{K} e^{\hat{y}_{k'}}} \right).$$

在神经网络的发展早期, 激活函数 g 常取 Sigmoid 函数 (见式 (7.45)) 和相关的变形. 随着神经网络应用范围的不断扩展, 人们发现使用 ReLU (rectified linear unit) 函数及其相关变形通常具有更好的效果. ReLU 函数的定义如下 (见图 7.18):

$$\text{ReLU}(z) = \max\{0, z\} = \begin{cases} 0, & z \leqslant 0, \\ z, & z > 0. \end{cases}$$

当使用 Sigmoid 函数作为激活函数时, 不难验证有 $g'(z) = g(z)(1 - g(z))$. 但是, 当使用 ReLU 函数作为激活函数时, $g(z)$ 在零点并不可导. 此时可以令 $g'(0) = 0$, 这可以被看作是一种次梯度.

深层网络具有很强的表达能力, 同时也意味着在训练的过程中可能会出现过拟合现象: 在训练数据上误差不断降低, 但是在测试数据集上误差反而会升高. 避免过拟合有多种策略, 常规的策略有早停 (early stopping) 和正则化.

顾名思义, 早停是指在训练的过程中提早结束算法的更新. 具体实现方面, 可以先把已有数据划分为训练集和验证集, 其中训练集用来训练网络 (即代入到式 (7.49) 中学

习网络参数), 验证集则用作误差估计. 如果在算法运行的过程中, 出现训练集上误差继续降低, 但是验证集上误差升高的现象, 就提早终止算法的更新.

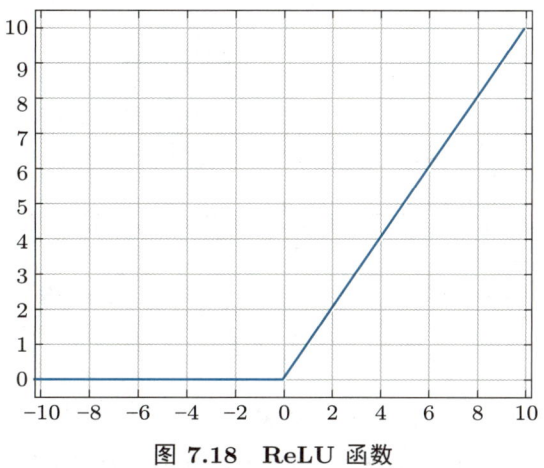

图 7.18   ReLU 函数

我们已经在第三章 3.4.1 小节提到了正则化, 其基本想法是在损失函数中增加一个正则化项, 用以惩罚待学习参数, 从而选择更加简单的模型. 由于深层网络的权重矩阵 $W^{[\ell]}$ 刻画了网络两层之间的联系, 而向量 $b^{[\ell]}$ 仅代表某一层上的偏置, 在网络训练的过程中通常只对权重矩阵进行惩罚. 例如, 在引入 ℓ_2-范数 (对应着矩阵的 Frobenius 范数) 正则化项之后, 优化问题 (7.45) 变为

$$\min_{W,b} \frac{1}{m} \sum_{i=1}^{m} \mathcal{L}(h_{W,b}(x^{(i)}), y^{(i)}) + \tau \sum_{\ell=1}^{L} \|W^{[\ell]}\|_F^2,$$

其中 $\tau > 0$ 为正则化参数, 用来平衡两部分的比重.

例 7.6   本例考察运用随机梯度法训练图 7.16 (b) 中的网络 (使用 Sigmoid 激活函数) 以求解图 7.15 (b) 中的逻辑 "异或" 门的分类问题. 优化问题见 (7.44), 其中 $\mathcal{L}$ 为式 (7.46) 中的逻辑损失函数. 在算法 7.5 中, 步长 α 取 0.03, 最大迭代步数取 10^6, 并且所有初始矩阵和向量的元素均服从均值为 0, 方差为 0.25 的正态分布. 最后训练得到的权重矩阵和偏置向量为

$$W^{[1]} = \begin{bmatrix} -5.704 & -5.714 \\ -7.141 & -7.134 \end{bmatrix}, \quad b^{[1]} = \begin{bmatrix} 8.516 \\ 3.031 \end{bmatrix},$$

$$W^{[2]} = \begin{bmatrix} -12.500, & 12.908 \end{bmatrix}, \quad b^{[2]} = 5.905.$$

算法的收敛曲线见图 7.19 (a), 训练后得到的网络的分类边界 (网络输出大于等于 0.5 的区域以及小于 0.5 的区域的分界线) 见 7.19 (b). 显然, 训练后得到的网络能够准确地将逻辑 "异或" 门的每一类分开.

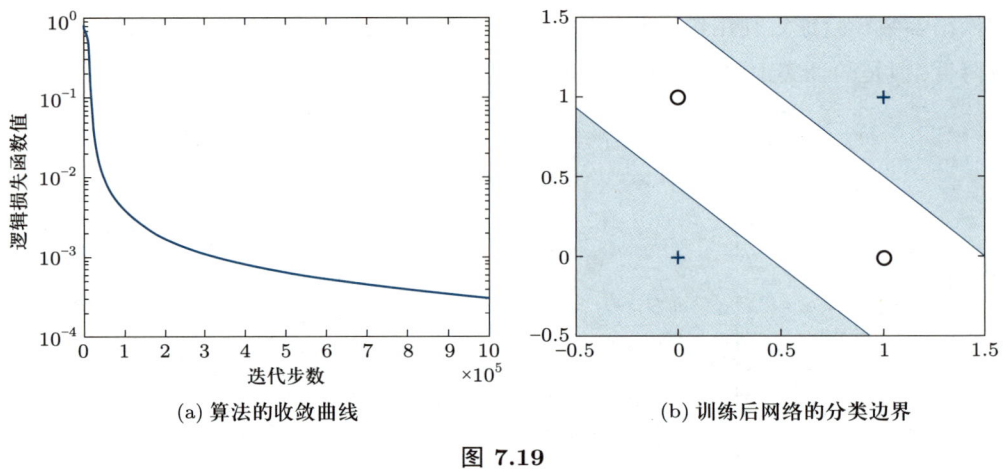

(a) 算法的收敛曲线　　　　　　　　　　　(b) 训练后网络的分类边界

图 **7.19**

例 7.7　本例中考虑一个比逻辑 "异或" 门复杂的 12 条 2 维数据的分类问题. 为此, 我们训练了一个 5 层的神经网络 (即有 3 个隐藏层), 每层神经元的个数分别为 2 (输入层), 4, 4, 4, 1 (输出层). 算法的设置和上例基本一样. 算法的收敛曲线见图 7.20 (a), 分类边界见图 7.20 (b).

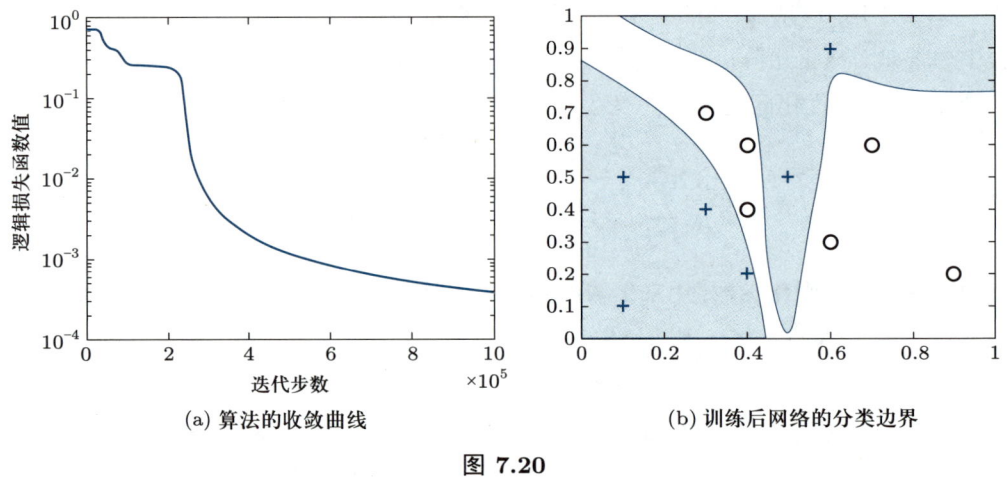

(a) 算法的收敛曲线　　　　　　　　　　　(b) 训练后网络的分类边界

图 **7.20**

7.4.3　卷积神经网络

卷积神经网络 (convolutional neural network, CNN) 是一种特殊的前馈神经网络, 它在计算机视觉中有广泛的应用.　上一小节介绍的前馈神经网络是全连接网络, 不仅有大量的参数, 还容易过拟合. 考虑一个输入为一个 256×256 的 RGB 图像的全连接网络. 显然, 网络输入层的维数为 $256 \times 256 \times 3 = 196608$. 这意味着全连接网络仅第一层的权重矩阵就有 196608 列. 由此可见, 如果网络有很多层, 而每层又有很多神经元, 网络的参数量会十分巨大. 这不仅会给计算机存储带来很大的挑战, 而且会大大降低网络的训练速度. 卷积神经网络通过 "卷积" 运算实现网络连接的权重共享, 在减少参数量的同时, 也能够有效抓住输入数据 (特别是图像数据) 的局部特征.

卷积是信号处理中的基本运算. 给定 1 维离散目标信号 $\{x(k)\}_{k \in \mathbb{Z}}$ 和 1 维滤波信号 (又称卷积核或者滤波器) $\{w(k)\}_{k \in \mathbb{Z}}$, 它们卷积的 $w*x = y = \{y(k)\}_{k \in \mathbb{Z}}$ 定义为

$$y(k) = \sum_{m \in \mathbb{Z}} x(k-m)w(m). \tag{7.56}$$

在 2 维情形下, 给定 $x = \{x(k,j)\}_{k,j \in \mathbb{Z}}$ 和 $w = \{w(k,j)\}_{k,j \in \mathbb{Z}}$, 它们的卷积 $w*x = y = \{y(k,j)\}_{k,j \in \mathbb{Z}}$ 定义为

$$y(k,j) = \sum_{m,n \in \mathbb{Z}} x(k-m, j-n)w(m,n). \tag{7.57}$$

在实际构建卷积神经网络的时候, 人们并不是严格地使用卷积运算, 而是使用和卷积运算紧密相关的互相关运算, 其定义如下:

$$(1 \text{ 维}) \quad z(k) = \sum_{m \in \mathbb{Z}} x(k+m)w(m), \tag{7.58}$$

$$(2 \text{ 维}) \quad z(k,j) = \sum_{m,n \in \mathbb{Z}} x(k+m, j+n)w(m,n). \tag{7.59}$$

互相关和卷积的区别在于在互相关中, 滤波信号 (或者目标信号) 没有进行翻转. 从严格意义上来说, 二者是不同的. 但是不难看出, 如果根据原始滤波信号重新定义一个新的滤波信号, 就可以把互相关写成卷积的形式或者把卷积写成互相关的形式. 在卷积神经网络中, 虽然使用的是互相关运算, 但是仍然称之为卷积神经网络. 因此, 接下来所说的卷积运算实际上是指互相关运算.

在目标信号和滤波信号长度有限的情况下 (而且通常情况下滤波信号的长度要远小于目标信号的长度), 我们可以类似地定义卷积. 图 7.21 展示了一个 2 维示例. 该图中的卷积每次只对滤波信号移动一格, 当然还可以一次移动多格. 另外, 我们还可以通过

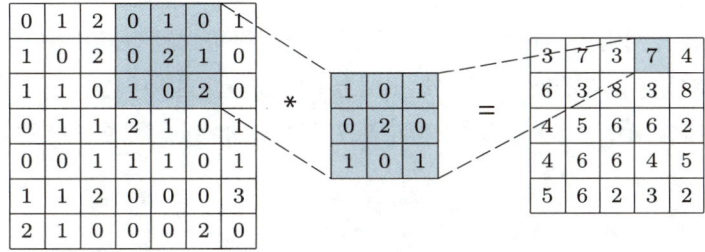

图 7.21 2 维卷积/互相关计算示意图

某种方式对信号进行扩充, 以使滤波信号的每一个元素能够接触到目标信号的每一个元素, 比如采用第一章例 1.3 中的循环边值条件.

接下来, 我们考察一个典型的卷积神经网络, 见图 7.22. 该网络的输入是 32×32 的图像. 第一个卷积层是通过 6 个 5×5 的滤波器对图像进行卷积, 然后再加上偏置并应用激活函数得到的 (为了强调卷积的作用, 简称这一系列的操作为 "卷积"). 每个滤波器会对图像进行不同的特征提取, 并得到一个 28×28 ($28 = 32 - 5 + 1$) 特征映射. 因此在第一个卷积层有 6 个 28×28 特征映射.

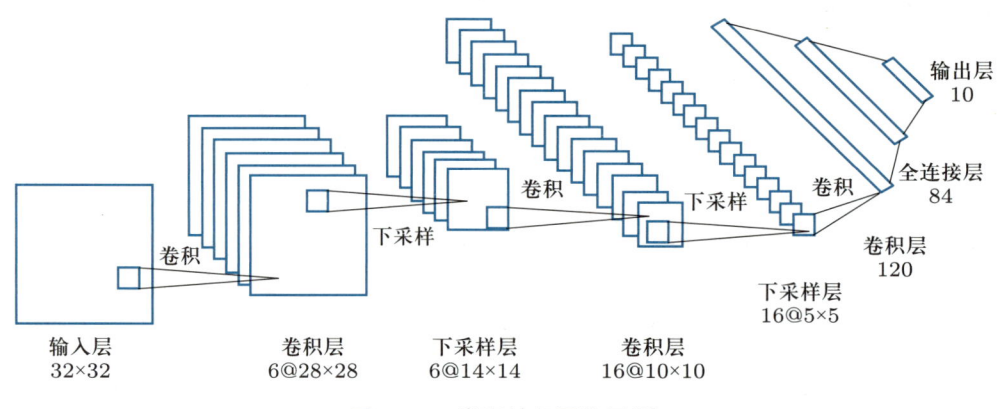

图 7.22   卷积神经网络示例

卷积层之后通常会跟着一个下采样 (downsampling; 亦称汇合或者池化, pooling) 层, 其作用是对特征映射进行局部欠采样, 从而能够减少数据量并同时去掉冗余信息. 从第一个卷积层到第一个下采样层, 图 7.22 中的卷积神经网络在特征映射的每个 2×2 的不相交区域内提取了一个有用信息, 从而得到 6 个 14×14 更小规模的特征映射. 常用的下采样方法有 max-pooling (即取 2×2 区域内数据的最大值) 以及 mean-pooling (即求 2×2 区域内数据的平均值).

对第一个下采样层进行卷积就会得到第二个卷积层. 具体地, 用 16 个 $5 \times 5 \times 6$ 的滤波器对第一个下采样层进行卷积 (即每个卷积运算计算的是 6 个特征映射在某个 5×5 邻域的加权和), 从而得到 16 个 10×10 的特征映射. 剩余的下采样层和卷积层可以类似得到. 卷积神经网络的最后几层通常为全连接层.

作为前馈神经网络的一种特殊形式, 卷积神经网络可以通过随机梯度法外加反向传播进行训练, 以优化相应的滤波器、(最后几层的) 权重矩阵和偏置等. 本书略去具体细节. 相比于全连接网络, 由于卷积神经网络权重共享的特点, 需要训练的参数量会大幅减少.

内容注释及参考文献

自原创性工作 [1,3] 发表以来, 压缩感知得到了广泛关注与深入研究, 为高维信号与数据处理提供了新的范式, 并在促进多学科交叉融合方面发挥了积极的作用. 有关压缩感知的更多内容, 参见文献 [4]. 压缩感知背后的核心想法是充分挖掘高维数据的低维结构, 这可以自然地拓展到更加一般的高维数据处理问题, 比如基于低秩结构的矩阵重构问题等. 有关这方面的全面介绍可以参考 [12]. MATLAB 的简单例子可以参看网页技术文档 "Magic" Reconstruction: Compressed Sensing.

除了本书介绍的几个线性降维方法之外, 更多的线性降维方法可以参考 [2]. 此外, 还有许多非线性降维方法 (又称流形学习, manifold learning), 比如基于核方法的主成分分析 (kernel PCA)、t-SNE 等方法 [7,8]. 深度学习也可以用来对数据进行降维, 比如各种自编码器 (Autoencoder) [5].

有关随机矩阵乘积、CX 分解、CUR 分解以及基于随机投影的低秩近似等方法的理论分析, 可以参考 [9, 10, 11]. 除了上述提到的矩阵运算, 许多其他矩阵运算同样存在对应的随机版本. 此外, 随机降维的想法还可以被应用到优化算法的每一步迭代过程中以降低计算复杂度. 更多随机数值线性代数的内容同样可以参考 [9, 10, 11].

深度学习经历了多个发展阶段, 并在现代人工智能中发挥着至关重要的作用. 通常, 不同的任务需要采用不同的神经网络架构. 除了本章介绍的全连接网络和卷积神经网络, 还有 RNN、LSTM、ResNet、GAN、Transformer、U-Net、Graph CNN 等多种架构, 它们广泛运用了大量的矩阵操作. 有关深度学习的全面介绍可以参考 [5]. 本章第四节的数值例子参考了论文 [6].

[1] EMMANUEL J CANDES, TERENCE TAO. Near-Optimal Signal Recovery from Random Projections: Universal Encoding Strategies? IEEE Transactions on Information Theory, 2006, 52(12): 5406-5425.

[2] JOHN P CUNNINGHAM, ZOUBIN GHAHRAMANI. Linear Dimensionality Reduction: Survey, Insights, and Generalizations. Journal of Machine Learning Research, 2015, 16(89): 2859-2900.

[3] DAVID L DONOHO. Compressed sensing. IEEE Transactions on Information Theory, 2006, 52(4): 1289-1306.

[4] SIMON FOUCART, HOLGER RAUHUT. A Mathematical Introduction to Compressive Sensing. Birkhäuser Basel, 2013.

[5] IAN GOODFELLOW, YOSHUA BENGIO, AARON COURVILLE. Deep Learning. MIT Press, 2016.

[6] CATHERINE F HIGHAM, DESMOND J HIGHAM. Deep Learning: An Introduction for Applied Mathematicians. SIAM Review, 2019(4): 860-891.

[7] JOHN A LEE, MICHEL VERLEYSEN. Nonlinear Dimensionality Reduction. Springer, 2007.

[8] LAURENS VAN DER MAATEN, GEOFFREY HINTON. Visualizing Data using t-SNE. Journal of Machine Learning Research, 2008(9): 2579-2605.

[9] MICHAEL W MAHONEY, PETROS DRINEAS. CUR Matrix Decompositions for Improved Data Analysis. Proceedings of the National Academy of Sciences, 2009, 106(3): 697-702.

[10] PER-GUNNAR MARTINSSON, JOEL A TROPP. Randomized Numerical Linear Algebra: Foundations and Algorithms. Acta Numerica, 2020(29): 403-572.

[11] DAVID P WOODRUFF. Sketching as a Tool for Numerical Linear Algebra. Foundation and Trends® in Theoretical Computer Science, 2014, 10(1-2): 1-157.

[12] JOHN WRIGHT, YI MA. High-Dimensional Data Analysis with Low-Dimensional Models: Principles, Computation, and Applications. Cambridge University Press, 2022.

习题

7.1 证明问题 (7.1) 的解由式 (7.2) 给出.

7.2 证明式 (7.8) 等价于

$$\left\| A_S^\mathsf{T} A_S - I_s \right\|_2 \leqslant \delta_s, \quad \text{其中 } A_S = A(:, S),\ S \subset \{1, \cdots, n\} \text{ 满足 } |S| = s.$$

7.3 证明定理 7.2 中的结论 (1).

7.4 证明式 (7.14).

7.5 证明式 (7.17), (7.19) 以及 (7.20) 中定义的矩阵 S, S_w 和 S_b 满足

$$S_w + S_b = S.$$

7.6 假设在两类线性判别分析问题中定义投影之后的类间散度为 $(v^\mathsf{T}\mu_1 - v^\mathsf{T}\mu_2)^2$, 证明得到的优化问题和 (7.21) 本质上是一样的.

7.7 设 $A \in \mathbb{R}^{n \times n}$ 为对称正定矩阵. 证明对 $1 \leqslant m \leqslant n$,

$$\max_{\substack{U \in \mathbb{R}^{n \times m} \\ U^\mathsf{T} U = I_m}} \det(U^\mathsf{T} A U)$$

的解为 A 的前 m 个最大的特征值所对应的特征向量组成的矩阵. 上述结论是否对一般的对称矩阵成立 (类比定理 4.4)?

7.8 证明式 (7.23) 的解为广义特征值问题 $S_b v = \lambda S_w v$ 前 $C - 1$ 个最大的特征值所对应的特征向量组成的矩阵.

7.9 举反例说明问题 (7.24) 的解不一定是广义特征值问题 $S_b v = \lambda S_w v$ 前 $C-1$ 个最大的特征值所对应的特征向量组成的矩阵.

7.10 证明

$$\max_{V \in \mathbb{R}^{n \times (C-1)}} \text{trace}\big((V^\mathsf{T} S_w V)^{-1} (V^\mathsf{T} S_b V) \big)$$

的解为广义特征值问题 $S_b v = \lambda S_w v$ 前 $C-1$ 个最大的特征值所对应的特征向量组成的矩阵.

7.11 证明在矩阵乘积的随机近似中, 式 (7.31) 的概率分布能够使 $\mathbb{E}\big[\|CR - AB\|_F^2\big]$ 的值达到最小.

7.12 证明 CUR 分解中式 (7.38) 的解为 $U = C^\dagger A R^\dagger$.

7.13 用 CUR 分解计算图 7.11 中矩阵的低秩近似, 分别考察长度平方抽样以及杠杆值抽样的效果.

7.14 考察式 (7.39), 令 $A = U \Sigma V^\mathsf{T}$ 为 A 的奇异值分解.

a) 证明式 (7.39) 等价于

$$\|I - (\Pi U)^\mathsf{T}(\Pi U)\|_2 \leqslant \varepsilon.$$

b) 令 $\Pi A = QR$ 为 ΠA 的 QR 分解. 假设上式成立, 证明

$$\kappa(AR^{-1}) = \kappa(\Pi U) \leqslant \frac{1+\varepsilon}{1-\varepsilon}.$$

7.15 对于超定线性方程组 $Ax = b$, 其中 $A \in \mathbb{R}^{m \times n}$, $m \geqslant n$, 随机 Kaczmarz 也是一种常见的迭代算法. 令 a_i^T, $i = 1, \cdots, m$ 为 A 的第 i 行. 记 x_k 为第 k 次迭代的估计值, 在第 $k+1$ 次迭代中, 随机 Kaczmarz 从 A 中随机地选取一行 (记为 i_k), 并将 x_k 正交投影到由第 i_k 个方程

$$a_{i_k}^\mathsf{T} x = b_{i_k}$$

决定的超平面上.

a) 根据上面思路推导随机 Kaczmarz 的迭代格式.

b) 编程测试并比较均匀分布抽样、长度平方 (矩阵 A 每一行 ℓ_2-范数的平方) 抽样下随机 Kaczmarz 的性能.

7.16 复现例 7.6 和 7.7 中的数值实验, 但是用 ReLU 而不是 Sigmoid 作为激活函数.

郑重声明

高等教育出版社依法对本书享有专有出版权。任何未经许可的复制、销售行为均违反《中华人民共和国著作权法》，其行为人将承担相应的民事责任和行政责任；构成犯罪的，将被依法追究刑事责任。为了维护市场秩序，保护读者的合法权益，避免读者误用盗版书造成不良后果，我社将配合行政执法部门和司法机关对违法犯罪的单位和个人进行严厉打击。社会各界人士如发现上述侵权行为，希望及时举报，我社将奖励举报有功人员。

反盗版举报电话 （010）58581999　58582371

反盗版举报邮箱 dd@hep.com.cn

通信地址 北京市西城区德外大街4号
高等教育出版社知识产权与法律事务部

邮政编码 100120

读者意见反馈

为收集对教材的意见建议，进一步完善教材编写并做好服务工作，读者可将对本教材的意见建议通过如下渠道反馈至我社。

咨询电话 400-810-0598

反馈邮箱 hepsci@pub.hep.cn

通信地址 北京市朝阳区惠新东街4号富盛大厦1座
高等教育出版社理科事业部

邮政编码 100029

防伪查询说明

用户购书后刮开封底防伪涂层，使用手机微信等软件扫描二维码，会跳转至防伪查询网页，获得所购图书详细信息。

防伪客服电话 （010）58582300

图书在版编目（CIP）数据

数值线性代数 / 高卫国，魏轲，柏兆俊编著．--
北京：高等教育出版社，2025.6. -- ISBN 978-7-04
-063892-9

Ⅰ . O241.6

中国国家版本馆 CIP 数据核字第 202571ZG27 号

Shuzhi Xianxing Daishu

策划编辑	张晓丽	出版发行	高等教育出版社
责任编辑	张晓丽	社　　址	北京市西城区德外大街4号
封面设计	王　洋	邮政编码	100120
版式设计	徐艳妮	购书热线	010-58581118
责任绘图	李沛蓉	咨询电话	400-810-0598
责任校对	王　雨	网　　址	http://www.hep.edu.cn
责任印制	赵义民		http://www.hep.com.cn
		网上订购	http://www.hepmall.com.cn
			http://www.hepmall.com
			http://www.hepmall.cn

印　　刷	北京盛通印刷股份有限公司
开　　本	787mm×1092mm　1/16
印　　张	17.25
字　　数	340千字
版　　次	2025年6月第1版
印　　次	2025年6月第1次印刷
定　　价	45.80元

本书如有缺页、倒页、脱页等质量问题，
请到所购图书销售部门联系调换

版权所有　侵权必究
物 料 号　63892-00

数学"101 计划"已出版教材目录

1.	《基础复分析》	崔贵珍　高　延
2.	《代数学（一）》	李　方　邓少强　冯荣权　刘东文
3.	《代数学（二）》	李　方　邓少强　冯荣权　刘东文
4.	《代数学（三）》	冯荣权　邓少强　李　方　徐彬斌
5.	《代数学（四）》	冯荣权　邓少强　李　方　徐彬斌
6.	《代数学（五）》	邓少强　李　方　冯荣权　常　亮
7.	《数学物理方程》	雷　震　王志强　华波波　曲　鹏　黄耿耿
8.	《概率论（上册）》	李增沪　张　梅　何　辉
9.	《概率论（下册）》	李增沪　张　梅　何　辉
10.	《概率论和随机过程 上册》	林正炎　苏中根　张立新
11.	《概率论和随机过程 下册》	苏中根
12.	《实变函数》	程　伟　吕　勇　尹会成
13.	《泛函分析》	王　凯　姚一隽　黄昭波
14.	《数论基础》	方江学
15.	《基础拓扑学及应用》	雷逢春　杨志青　李风玲
16.	《微分几何》	黎俊彬　袁　伟　张会春
17.	《最优化方法与理论》	文再文　袁亚湘
18.	《数理统计》	王兆军　邹长亮　周永道　冯　龙
19.	《数学分析》数字教材	张　然　王春朋　尹景学
20.	《微分方程 Ⅱ》	周蜀林
21.	《数学分析（上册）》	楼红卫　杨家忠　梅加强
22.	《数学分析（中册）》	杨家忠　梅加强　楼红卫
23.	《数学分析（下册）》	梅加强　楼红卫　杨家忠
24.	《微分方程数值解法》	李荣华　李永海　武海军
25.	《数值分析》	包　刚　杨志坚　李铁香　刘　歆　武海军
26.	《数值线性代数》	高卫国　魏　轲　柏兆俊